21世纪高等学校计算机规划教材

21st Century University Planned Textbooks of Computer Science

C语言程序设计实验教程

Experiment Tutorial of C Language Programming

顾国松 主编

贾小军 骆红波 许巨定 副主编

高校系列

人 民 邮 电 出 版 社

北 京

图书在版编目（CIP）数据

C语言程序设计实验教程 / 顾国松主编. -- 北京 : 人民邮电出版社, 2014.2（2016.1重印）
21世纪高等学校计算机规划教材
ISBN 978-7-115-33834-1

Ⅰ. ①C… Ⅱ. ①顾… Ⅲ. ①C语言－程序设计－高等学校－教材 Ⅳ. ①TP312

中国版本图书馆CIP数据核字(2013)第317529号

内容提要

C 语言是目前国内外使用最为广泛的程序设计语言之一，是高等学校计算机语言类课程的首选教学内容。本书是《C 语言程序设计》的配套教材，重点突出程序设计的实践性。全书主要包含 4 部分内容。实验分析与指导：全书提供了 20 个典型实验，每一个实验包含实验目的、实验内容、实验分析和提高实验。习题集：旨在加强 C 语言知识点的训练，便于读者掌握各类基本知识。主教材习题的参考答案：通过参考答案的学习，提高读者自身的程序设计能力。等级考试例题：便于读者检测学习的效果和熟悉等级考试题型。本书以培养程序设计思维为主，以知识点训练为辅，相得益彰，条理清晰。

本书可作为高等学校理工类专业“C 语言程序设计”课程的教学辅导用书，也可作为参加国家计算机等级考试（二级 C 语言）的辅导用书，或作为计算机程序设计爱好者的自学参考书。

◆ 主　　编　顾国松
　副 主 编　贾小军　骆红波　许巨定
　责任编辑　武恩玉
　责任印制　彭志环　杨林杰

◆ 人民邮电出版社出版发行　　北京市丰台区成寿寺路 11 号
　邮编　100164　　电子邮件　315@ptpress.com.cn
　网址　http://www.ptpress.com.cn
　北京中新伟业印刷有限公司印刷

◆ 开本：787×1092　1/16
　印张：18　　　　2014 年 2 月第 1 版
　字数：429 千字　　　　2016 年 1 月北京第 3 次印刷

定价：37.00 元

读者服务热线：(010)81055256　印装质量热线：(010)81055316
反盗版热线：(010)81055315
广告经营许可证：京崇工商广字第 0021 号

前 言

C语言是目前国内外使用最为广泛的程序设计语言之一，其具有语法丰富、结构清晰、使用方便、执行效率高以及可移植性好等特点。

C语言程序设计课程是一门实践性很强的课程，通过程序设计、上机调试和分析测试，不仅能使读者理解和掌握基本理论知识，更能增加读者程序编写的能力。

本书是《C语言程序设计》的配套实验教材，以培养程序设计思维为主线，注重实验实例的精选和算法分析，全书系统地介绍了C语言的基本知识点和常用的编程算法。

本书的主要核心内容是实验分析与指导，共包括20个实验，每个实验都由实验目的、实验内容、实验分析和提高实验4部分组成。为了满足不同层次读者的需要，本书安排了两个层次的实践内容。第1层次是供读者学习、模仿和验证的实验内容，每个实验内容由多个典型实例组成，并为每一个实例提供详细的题意解析、算法分析和程序代码。第2层次是本书的提高部分，主要为不满足于完成基本实验内容的读者提供独立分析、设计和编写程序的机会。

本书以培养程序设计思维为主线，同时兼顾C语言基本知识点的练习和掌握。因此，在第2部分为读者提供了大量的与理论知识配套的习题集，读者经过练习能更加深刻的理解C语言的基本知识。第3部分是教材习题的参考答案，读者可对此进行学习和研究，以便掌握更多的程序设计算法，提高自身的程序设计和编写能力。

本书注重程序设计算法的精细剖析，既注重培养读者设计程序的能力，又提倡良好的程序设计风格。全书以最新的C99为标准，每个实例的源程序代码均在C Free 5.0环境下调试通过，可直接使用。另外，本书提供了所有案例的数据及运行结果，方便读者参考及研究。

本书由多位优秀教师在多年C语言教学与程序设计实践的基础上，结合多次编写相关讲义和教材的经验总结而成，同时本书在编写过程中也参考了大量书籍，得到了许多同行的帮助与支持，在此向他们表示衷心的感谢。本书由顾国松任主编，贾小军、骆红波、许巨定任副主编。实验1由方玫编写，实验2由许巨定编写，实验3、4、5和实验14由顾国松编写、实验6、7、8、18和实验19由贾小军编写、实验9、10、11和实验20由骆红波编写，实验12、13和等级考试试题由潘云燕编写和整理、实验15、16和实验17由刘锦萍编写。全书由顾国松统稿。

由于时间仓促，编者才疏学浅，书中难免存在不足或者遗漏之处，恳请广大读者提出修改建议。

编 者

2013年10月

目 录

第一部分 实验分析与指导

第二部分 习题集

第三部分 主教材各章习题参考答案

第四部分 等级考试模拟题与参考答案

参考文献

第一部分
实验分析与指导

本部分共包含20个实验，每个实验由实验目的、实验内容、实验步骤和提高实验组成。

实验1　C语言程序的运行环境和运行方法
实验2　数据运算
实验3　顺序结构与分支结构程序设计
实验4　循环结构程序设计
实验5　循环综合程序设计
实验6　一维数组
实验7　二维数组
实验8　字符数组
实验9　函数的基本用法
实验10　函数的嵌套与递归
实验11　变量的作用域与存储类别
实验12　指针变量
实验13　指针与数组
实验14　预处理命令
实验15　结构体变量初始化与引用
实验16　结构体与函数
实验17　位运算
实验18　文件读写
实验19　文件定位与检测
实验20　C语言程序设计综合应用

实验 1 C 语言程序的运行环境和运行方法

1.1 实 验 目 的

1. 熟悉 Visual C++ 6.0、C-Free 5.0 两种 C 语言程序设计环境。
2. 掌握在两种运行环境下如何编辑、编译、运行和连接一个 C 程序。
3. 通过运行简单的 C 程序，认识 C 语言程序的结构特点，学习程序的基本编写方法。

1.2 实 验 内 容

1. 熟悉 C-Free 集成环境的使用。进入 C-Free5.0，编辑运行程序，实现输出一行信息。源程序如下：

```
#include <stdio.h>                                    /*包含标准库的信息*/
int main()                           /*定义名为 main 的函数，它不接受参考值*/
{                                      /*main 函数的语句都被包含在花括号中*/
    printf("Hello Kitty\n");    /*main 函数调用库函数 printf 显示打印的序列*/
    return 0;                                        /*其中\n 代表换行符*/
}
```

注：/*…*/表示对程序的注释，包含在/*与*/之间的内容将被编译器忽略。

将程序修改如下，观察输出结果。

```
#include <stdio.h>
int main()
{
    printf("Hello");
    printf("  Kitty");
    printf("\n");
    return 0;
}
```

若将 printf(" \n");删除，观察程序运行结果。

2. Visual C++6.0 运行环境的使用。进入 VC 环境，编辑运行上面的程序。
3. 在两种环境中分别编辑运行程序，实现两个整数的加法运算。

```
#include <stdio.h>
int main()
```

```
{
    int  a,b,sum;                                /*定义整型变量 a,b,sum*/
    a=110; b=120;                                /*对变量 a,b 赋值*/
    sum = a+b;                                   /*计算 sum 的值*/
    printf("sum=%d",sum);                        /*将 sum 的值以整型的方式输出*/
    return 0;
}
```

将以上程序修改如下，实现从键盘上输入任意两个整数，完成加法运算。

```
#include <stdio.h>
int main()
{
    int  a,b,sum;                                /*定义整型变量 a,b,sum*/
    scanf("%d,%d",&a,&b);                        /*从键盘上输入两个数给 a,b 赋值*/
    sum = a+b;                                   /*计算 sum 的值*/
    printf("sum=%d",sum);                        /*将 sum 的值以整型的方式输出*/
    return 0;
}
```

注：输入的两个数之间用逗号间隔，如输入4，5。

4. 程序的简单语法错误。修改上面的程序，观察运行结果。

（1）去掉printf语句末尾的分号，运行程序，观察错误信息。

（2）去掉scanf语句中的“&”符号，运行程序，观察错误信息。

（3）将程序中的表达式“sum = a+b”修改为“Sum = a+b”，运行程序，观察错误信息。

1.3 实验步骤

1. 实验内容1

（1）双击打开C-Free快捷方式，运行C-Free。

（2）单击工具栏上的“新建”按钮，这样就会产生一个新的代码编辑窗口，在编辑区中输入程序。

（3）在主菜单上，单击“文件→保存”菜单，将程序保存成扩展名为.c的文件（如保存为实验1-1.c文件）及选择保存的位置（如D:盘）。

（4）对文件进行编译，在主菜单上，单击“构建→运行”菜单或直接按【F5】键运行程序，如图1-1所示；若程序正确，输出结果如图1-2所示。

2. 实验内容2

使用Visual C++6.0编辑运行程序，新建一个文件有两种方法。

方法一：新建文件，编译后让系统自动生成一个工程。

方法二：先新建工程后新建文件。

下面我们详细介绍这两种方法。

方法一：系统自动生成工程文件。

（1）新建文件。选择File→New，之后选择File→C++ Source File，输入文件名，扩展名为.c，同时设置文件存放的路径，如图1-3所示。

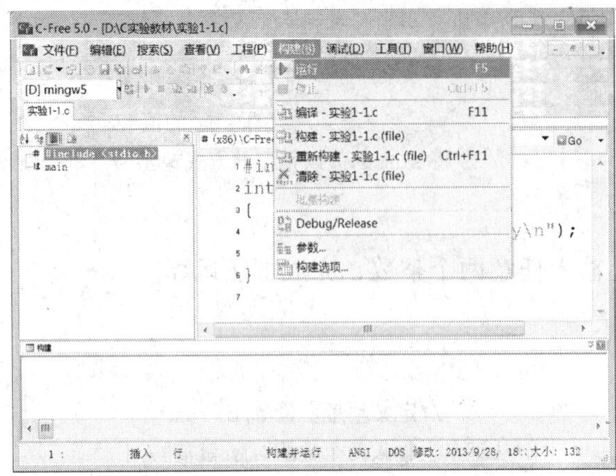

图 1-1 运行程序

图 1-2 运行结果

（2）输入程序。将程序输入到编辑区。

（3）编译程序。选择 Build→Compile。弹出如图 1-4 所示对话框。单击“是”按钮，自动生成默认的工程空间，如图 1-5 所示。

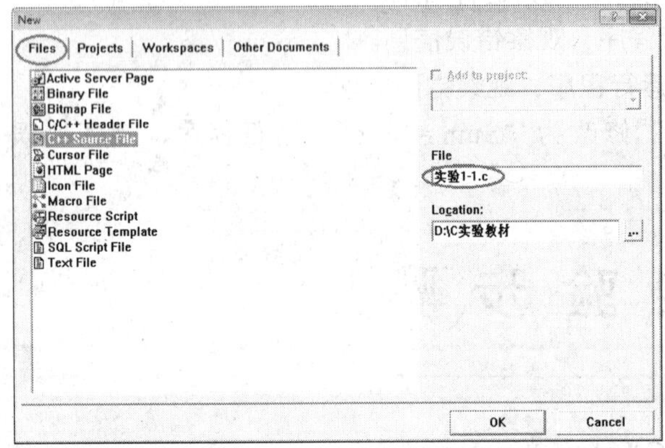

图 1-3 选择 File→C++ Source File

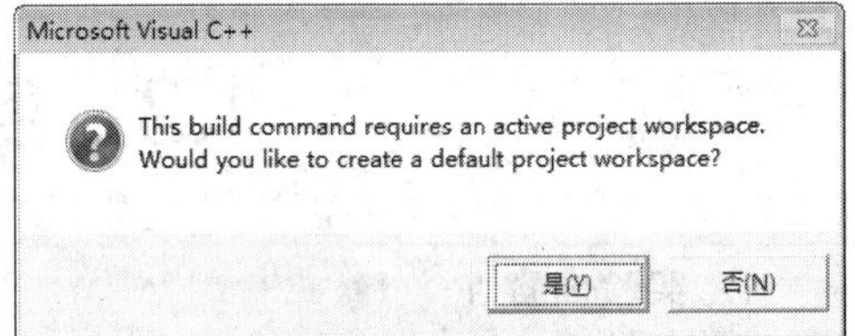

图 1-4 “生成默认工程空间”对话框

（4）连接程序。选择 Build→Rebuild All。若有错，修改错误到无错误为止。

（5）运行程序。选择 Build→Execute（或【Ctrl+F5】）。输出结果如图 1-6 所示。

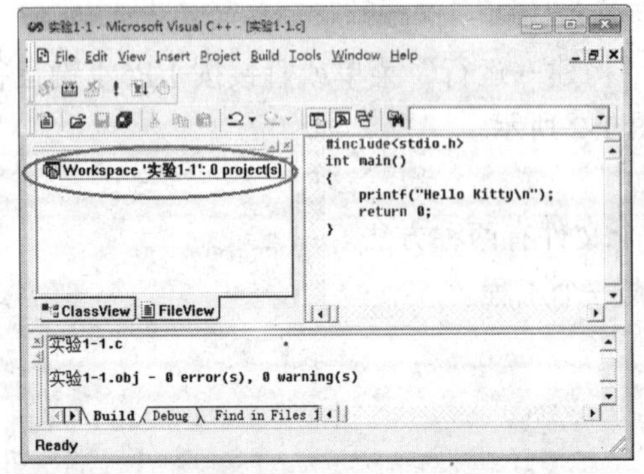

图 1-5 左边画圈处查看自动生成的工程空间

图 1-6 查看结果

方法二：先新建工程，后新建文件。

（1）新建工程。选择 File→New，选择 Projects 选项卡下的 Win32 Console Application，如图 1-7 所示。

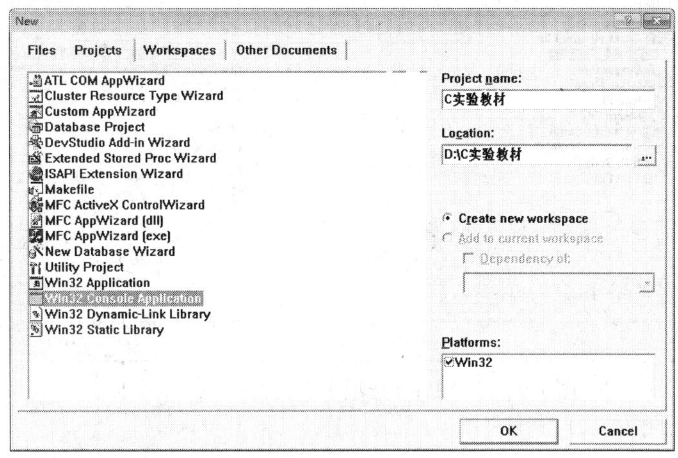

图 1-7　选择 Win32 Console Application

在 Project name 下输入您的工程名（如 C 实验教材），并选择该工程文件所存放的路径（如 D:\），最后单击 OK 按钮。

根据自己需求选择，可选第一项新建一个空的工程，如图 1-8 所示。单击 Finish 按钮完成新建工程。

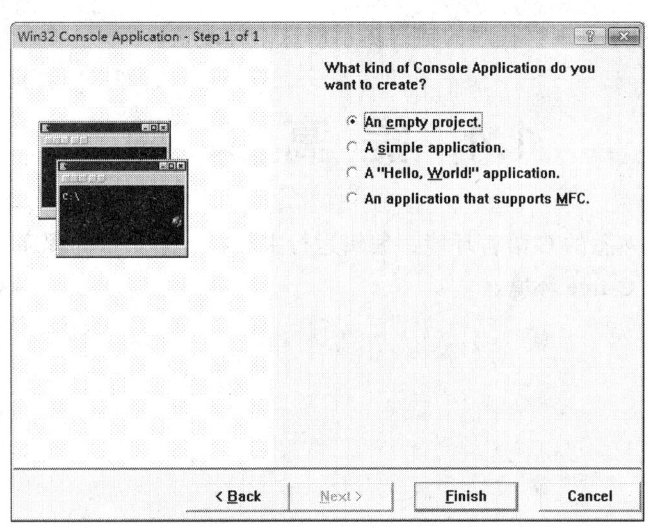

图 1-8　默认新建一个空工程

（2）新建文件。选择 File→New。之后在 File 选项卡下选择 C++ Source File，输入文件名，如实验 1-1.c，如图 1-9 所示。请注意：若不写扩展名.c 系统也会给文件一个扩展名.cpp，但是即使在程序完成正确的情况下，编译会出现错误。原因是 VC++的编译器认为.c 的为 C 程序，.cpp 的为 C++程序，C 程序与 C++程序中同样的函数在编译后的 obj 文件中的 symbol 是不同的，所以以 C 方式编译的 obj 文件与以 C++方式编译的 obj 文件无法成功链接。

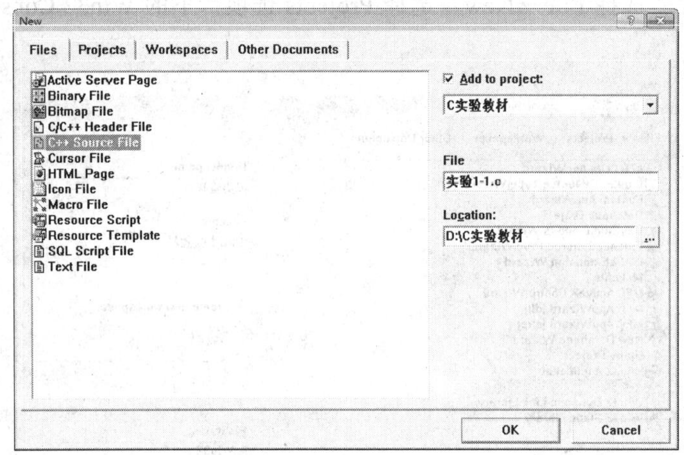

图 1-9　选择 Files 选项卡下的 C++ Source File

（3）输入程序。

（4）编译程序。选择 Build→Compile。

（5）连接程序。选择 Build→Rebuild（或【F7】)。

（6）运行程序。选择 Build→Execute（或【Ctrl+F5】)。

3. 实验内容 3

在两种环境中分别编辑运行实现两个整数加法运算的程序，并按要求修改程序。

4. 实验内容 4

根据要求修改程序，观察程序的错误提示信息，并改正。

1.4 提高实验

1. 选择一种较熟悉的 C 语言环境，编辑运行主教材上第 1 章的程序。
2. 进一步熟悉 C-free 环境。

实验 2 数据运算

2.1 实验目的

1. 了解 C 语言中数据类型的意义。
2. 理解常用运算符的意义。
3. 掌握 C 语言表达式的书写规则。
4. 掌握 C 语言程序基本输入、输出的格式。
5. 掌握逗号运算和条件运算的基本规则。
6. 掌握关系运算和逻辑运算的基本规则。

2.2 实验内容

1. 验证整型数据与字符型数据之间的互用性及限制。
2. 观察分析整型数据、无符号整型数据、长整型数据的使用。
3. 自加（++）和自减（--）运算符的使用。
4. 各种数据类型的综合使用。
5. 输入、输出语句的使用。
6. 逗号运算表达式和条件运算表达式的使用。
7. 关系运算表达式和逻辑运算表达式的使用。

2.3 实验步骤

1. 实验内容 1

按照要求修改程序，观察程序结果。程序如下：

```
/* 实验 2-1_1.C --- data type(char) definition  */
#include <stdio.h>
int main()
{
```

```
    char c1, c2;
    c1 = 'a';
    c2 = 'b';
    printf("%c %c\n", c1, c2);
    return 0;
}
```

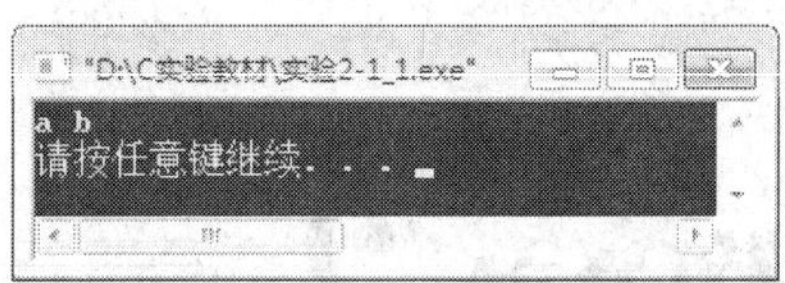

图 2-1　实验 2-1_1.C 的运行结果

程序运行结果如图 2-1 所示，c1、c2 都按照字符格式输出。

修改 1：在此基础上增加一个语句：printf("%d %d\n",c1,c2);，再运行，并分析结果。程序如下：

```
/* 实验 2-1_2.C --- data type(char) definition  */
#include <stdio.h>
int main()
{
    char c1, c2;
    c1 = 'a';
    c2 = 'b';
    printf("%c %c\n", c1, c2);
    printf("%d %d\n", c1, c2);
    return 0;
}
```

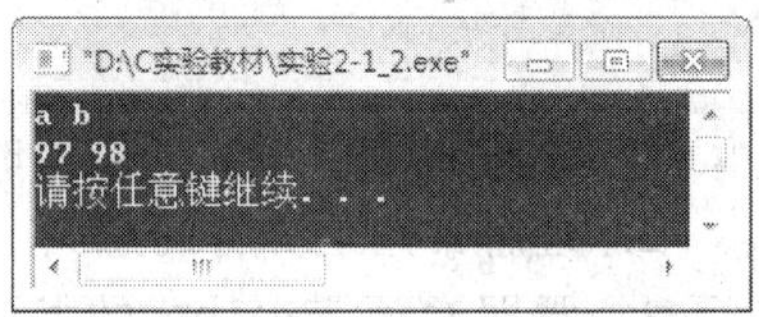

图 2-2　实验 2-1_2.C 的运行结果

运行结果如图 2-2 所示，c1、c2 也可以按照整数格式输出。(字母 a 的 ASCII 码是 97)

修改 2：再将第 2 行 char c1,c2；改为：int c1,c2;再运行，并分析结果。程序如下：

```
/* 实验 2-1_3.C --- data type(char) definition  */
#include<stdio.h>
int main()
{
    int c1,c2;
    c1 = 'a';
    c2 = 'b';
    printf("%c %c\n", c1, c2);
    printf("%d %d\n", c1, c2);
    return 0;
}
```

运行结果如图 2-3 所示。c1、c2 可以按照字符格式、整数格式输出。

修改 3：再将第 3、4 行改为：

```
c1=a; /* 不用单引号 */
c2=b;
```

再运行，分析其运行结果。编译通不过，不能运行。

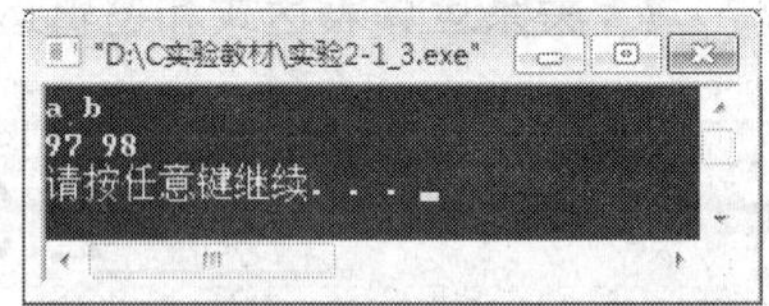

图 2-3　实验 2-1_3.C 的运行结果

修改 4：再将第 3、4 行改为：

```
c1="a"; /* 用双引号 */
c2="b";
```

再运行，分析其运行结果。编译通不过，不能运行。

修改 5：再将第 3、4 行改为：

```
c1=300; /* 输入大于 255 的整数 */
c2=400;
```

再运行，分析其运行结果。

程序如下：

```
/* 实验 2-1_4.C --- data type(char) definition  */
#include <stdio.h>
int main()
{
   int c1,c2;
   c1=300;
   c2=400;
   printf("%c %c\n", c1, c2);
   printf("%d %d\n", c1, c2);
   return 0;
}
```

运行结果如图 2-4 所示，c1、c2 按照字符格式输出时，只保留 1 个字节的数值，并输出和 ASCII 相对应的字符。

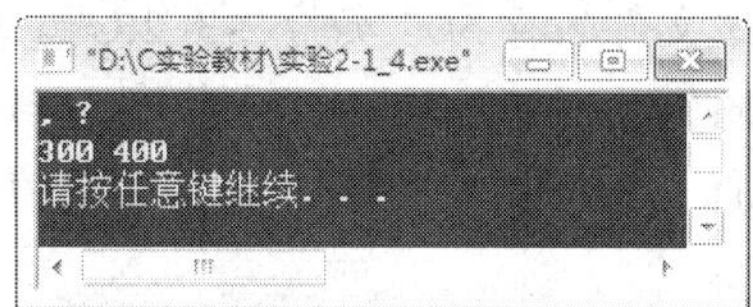

图 2-4 实验 2-1_4.C 的运行结果

2. 实验内容 2

对照程序和运行结果进行分析。

程序如下：

```
/* 实验 2-2.C --- data and expression  */
#include <stdio.h>
int main()
{
   int i,j,m,n;
   scanf("i=%d,j=%d",&i,&j);
   m=(i+1,j+2);
   n=i>j?i-1:j+1;
   printf("i=%d,j=%d\n",i,j);
   printf("m=%d,n=%d\n",m,n);
   return 0;
}
```

修改 1：设 i=10，j=90，该程序的运行结果如图 2-5 所示。m 的值为 92（即 j+2），n 的值为 91（即 j+1，因为 i>j 不成立）。

修改 2：设 i=80，j=20，该程序的运行结果如图 2-6 所示。m 的值为 22（即 j+2），n 的值为 79（即 i−1，因为此时 i>j 成立）。

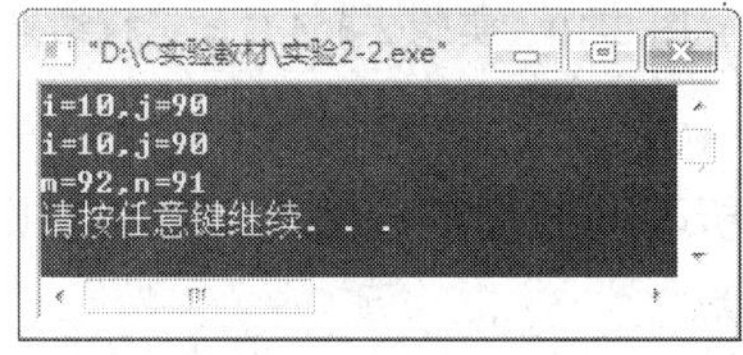

图 2-5 实验 2-2.C 的运行结果之一

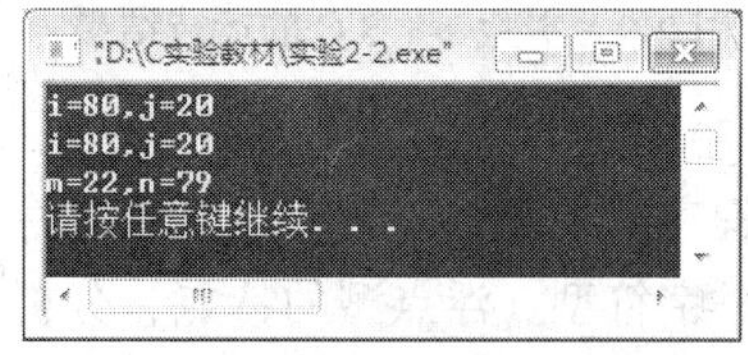

图 2-6 实验 2-2.C 的运行结果之二

3. 实验内容 3

按照要求修改程序，观察程序结果，分析自增（++）和自减（− −）运算规律。

程序如下：

```
/* 实验 2-3_1.C---  ++,--  */
#include <stdio.h>
int main()
{
```

```
    inti,j,m=0,n=0;
    i=8;
    j=10;
    m+=i;
    n-=j;
    printf("i=%d,j=%d,m=%d,n=%d\n",i,j,m,n);
    return 0;
}
```

运行该程序（实验 2-3_1.C），其结果如图 2-7 所示。观察 i、j、m、n 各变量的值。

修改 1：将语句“m+=i;”改为“m = i++;”，再将语句“n-=j;”改为“n =++j;”，并将程序文件另存为“实验 2-3_2.C”。运行该程序，其结果如图 2-8 所示。观察 i、j、m、n 各变量的值（对于 m=i++，先执行 m=i，此时 i 的值为 8，然后 i 自加 1；对于 n=++j，先执行 j 自加 1，然后执行 n=j，此时 j 的值为 11）。

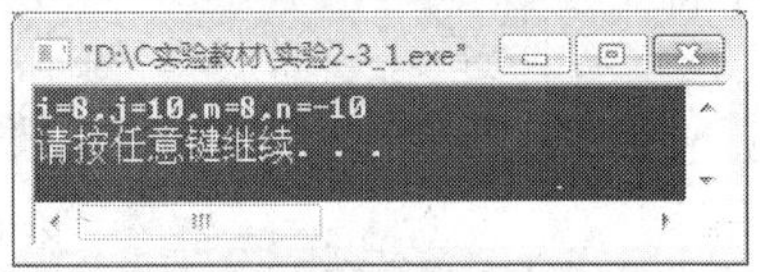

图 2-7　实验 2-3_1.C 的运行结果

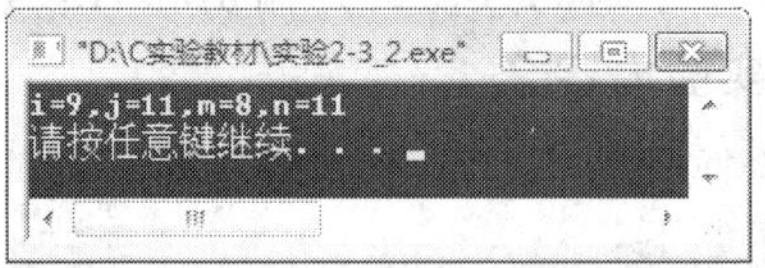

图 2-8　实验 2-3_2.C 的运行结果

修改 2：将程序“实验 2-3_1.C”中的 printf 语句改为：

```
printf("i=%d,j=%d,m=%d,n=%d\n", ++i, ++j,m,n);
```

并将程序文件另存为“实验 2-3_3.C”。运行该程序，其结果如图 2-9 所示。观察 i、j、m、n 各变量的值，并与图 2-7 的运行结果进行比较。（在输出时，i 先自加 1，然后输出 i 的值 9；j 也先自加 1，然后输出 j 的值 11。）

修改 3：再将程序“实验 2-3_3.C”中的语句“m+=i;”改为“m+ = i++;”、语句“n-=j;”改为“n- = --j;”，并将程序文件另存为“实验 2-3_4.C”。运行该程序，其结果如图 2-10 所示。观察 i、j、m、n 各变量的值，并与图 2-9 的运行结果进行比较（先执行 m=i，即 m=8；然后 i 有 2 次自加 1，输出 i 的值 10；j 先自减 1，使得 n 为−9，然后 j 自加 1，最后输出 j 的值 10）。

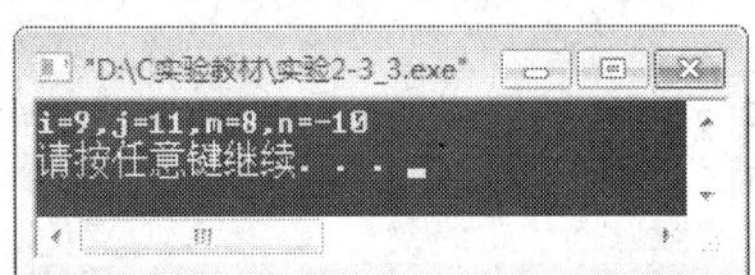

图 2-9　实验 2-3_3.C 的运行结果

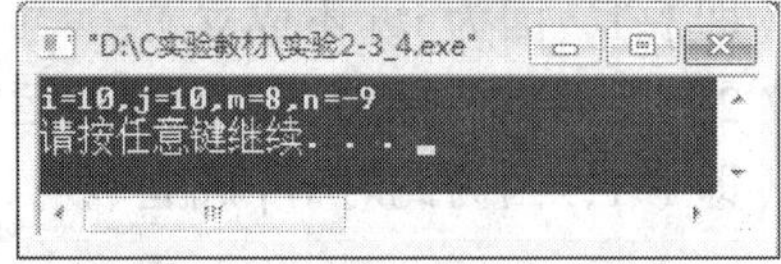

图 2-10　实验 2-3_4.C 的运行结果

4. 实验内容 4

运行程序“实验 2-4_1.C”，观察程序结果并分析不同数据类型的混合使用规则（提示，根据整型、字符型、浮点型的特点，分析输出结果）。

程序如下：

```
/* 实验 2-4_1.C --- data type  */
#include <stdio.h>
int main()
{
    int a,b;
    float d,e;
    char c1,c2;
    a=61; b=62;
    c1='a'; c2='b';
```

```
    d=3.56; e=-6.87;
    printf("a=%d,b=%d,c1=%c\n",a,b,c1);
    printf("c2=%c,d=%6.2f,e=%6.2f\n",c2,d,e);
    return 0;
}
```

程序“实验 2-4_1.C”的执行结果如图 2-11 所示。

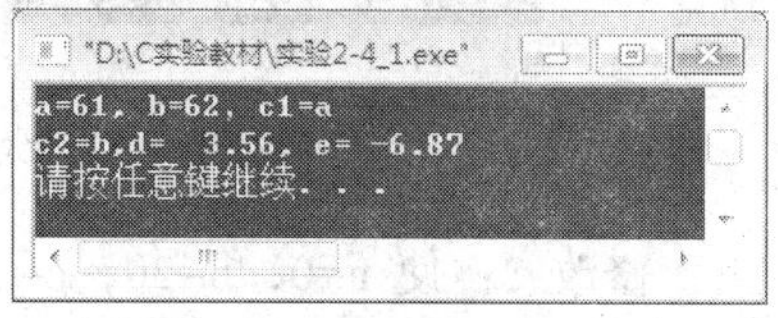

图 2-11　实验 2-4_1.C 的运行结果

运行程序“实验 2-4_2.C”，观察程序结果并分析（提示：假设输入的字符为 x 和 y。根据整型、无符号整型、字符输入/输出函数的特点，分析输出结果）。

程序如下：

```
/* 实验 2-4_2.C --- data type  */
#include <stdio.h>
int main()
{
    int a, b;
    char c1, c2;
    unsigned int p, q;
    a=50000; b=-60000;
    c1=getchar(); c2=getchar();
    p=32768; q=800000000;
    printf("a=%d,b=%d\n",a,b);
    printf("p=%u,q=%u\n",p,q);
    putchar(c1);putchar(c2);
    printf("\n");
    return 0;
}
```

程序“实验 2-4_2.C”的执行结果如图 2-12 所示。

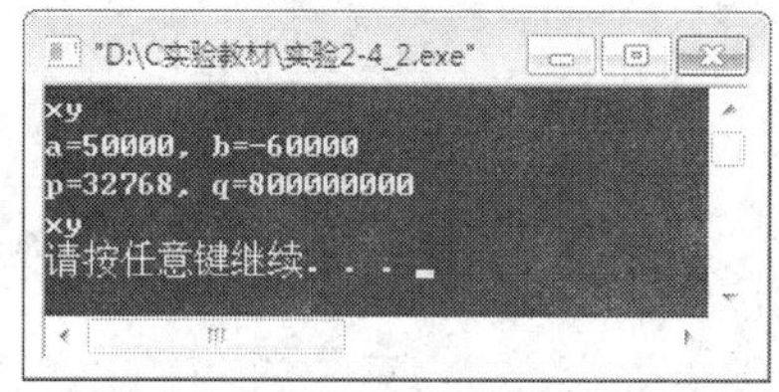

图 2-12　实验 2-4_2.C 的运行结果

5. 实验内容 5

按照要求修改程序，观察程序结果并分析逻辑表达式的使用规则。

程序如下：

```
/* 实验 2-5_1.C --- logical expression  */
#include <stdio.h>
int main()
{
    int a,b,c;
    a=10;
    b=20;
    c=0;
    printf("%d,%d\n",!a*b,!c);
    printf("%d,%d\n",a&&b-10||c,a+c>b&&b>a);
    printf("%d,%d\n",a||(c=a+b),c);
    return 0;
}
```

运行程序“实验 2-5_1.C”，其执行结果如图 2-13 所示（提示，逻辑值“真”用 1 表示，逻辑值“假”用 0 表示。反过来，0 表示“假”，非 0 表示“真”。没有执行语句“c=a+b”）。

修改 1：使 b=0，c=20，将程序文件另存为“实验 2-5_2.C”。再运行该程序并分析结果。其执行结果如图 2-14 所示（提示：!a*b 等价于（!a）*b，没有执行语句“c=a+b”）。

图 2-13　实验 2-5_1.C 的运行结果

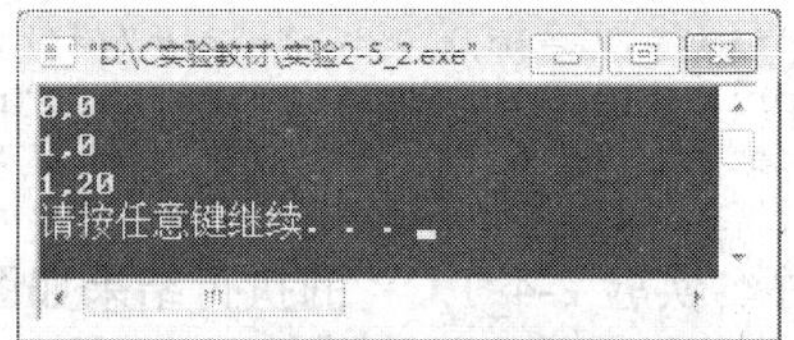

图 2-14　实验 2-5_2.C 的运行结果

修改 2：使 a=0，b=20，c=10，将程序文件另存为“实验 2-5_3.C”。再运行该程序并分析结果。其执行结果如图 2-15 所示（提示，printf ("%d,%d\n", a||(c=a+b), c);语句，先输出 c 的值 10，然后执行 c=a+b，使 c 的值为 20）。

修改 3：使 a=0，b=20，c=0，将程序文件另存为“实验 2-5_4.C”。再运行该程序并分析结果。其执行结果如图 2-16 所示（提示，printf ("%d,%d\n", a||(c=a+b), c);语句，先输出 c 的值 0，然后执行 c=a+b，使 c 的值为 20）。

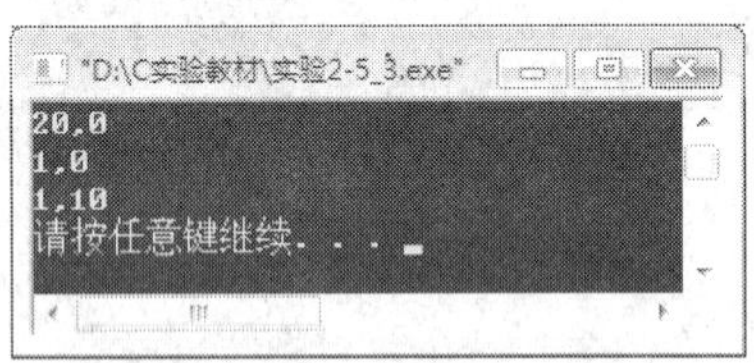

图 2-15　实验 2-5_3.C 的运行结果

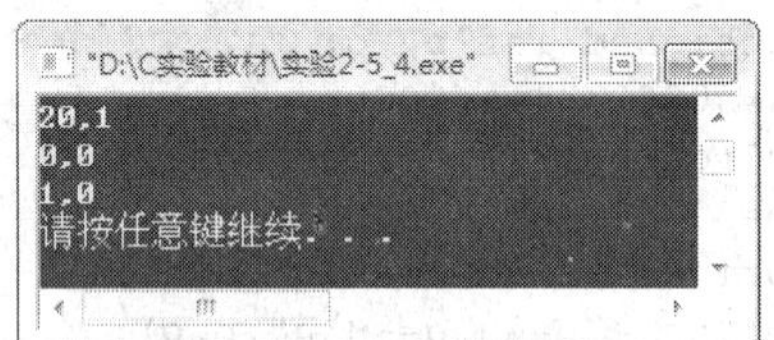

图 2-16　实验 2-5_4.C 的运行结果

2.4　提高实验

1. 设 a=0，b=1，c=2，设计一个简单的程序，验证下面两个表达式的结果。

表达式 1：a==10&&b||c==5

表达式 2：++a&&b−−&&(c=5)

2. 设 m、n 为整数，设计一个简单的程序，根据 m>n、m=n、m<n 的不同情况，验证下面两个表达式的结果。

表达式 1：i=m+1,j=n−3,k=m+n

表达式 2：m>=n?m+50:n−18

实验 3 顺序结构与分支结构程序设计

3.1 实验目的

1. 掌握顺序结构程序设计方法。
2. 理解 if、if...else 和 if...else...if 结构的规则，掌握其程序设计方法。
3. 理解 switch 结构的规则，掌握其程序设计方法。
4. 掌握分支结构的嵌套程序设计方法。

3.2 实验内容

1. 设计程序：用户输入圆的半径，求出该圆的面积和周长。
2. 设计程序：用户输入 x 的值，求解 y 的值。x、y 的关系式如下：

$$y=\begin{cases} x^2+\dfrac{1}{x} & (x \leqslant -1) \\ \sin(x)+2^x & (-1 < x \leqslant 1) \\ \sqrt{x+1}+3 & (x \geqslant 2) \end{cases}$$

3. 设计程序：用户输入三个数作为三角形的三条边长，判断该三角形的类型（等边、等腰、直角、其他）。

4. 某服装店经营套服，也单件出售。若买的不少于 50 套，每套 80 元；不足 50 套，每套 90 元；只买上衣每件 60 元；只买裤子每条 45 元。（假定所有款式价格都一样，任何上衣配裤子都算套装），设计程序实现输入购买的上衣和裤子数，计算应付款。

5. 设计程序：输入两个数和一个运算符号（+，-，*，/），求出这两个数的计算结果。例如，输入 4+5，输出“result=9.00”。

3.3 实验步骤

1. 实验内容 1

分析：由题意可知计算机需要一个输入的量作为圆的半径（设变量为 r）。根据圆面积和周长的计算公式，写出 C 语言的计算表达式。设面积变量 area，周长变量为 circle_length，符号常量 PI 为 3.1415926，写出表达式为：area=PI*r*r；circle_length=2*PI*r。程序运行效果如图 3-1 所示，程序代码如下：

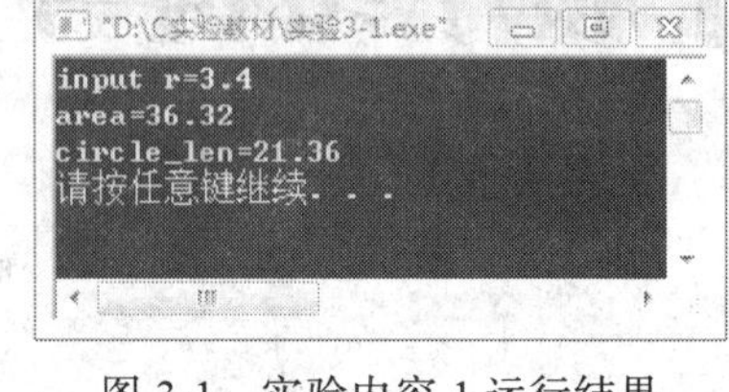

图 3-1 实验内容 1 运行结果

```
#include <stdio.h>
#define PI 3.1415926  //符号常量
int main()
{
    float r,area,circle_length;
    printf("input r=");
    scanf("%f",&r);
    area=PI*r*r;
    circle_length=2*PI*r;
    printf("area=%.2f\ncircle_len=%.2f\n",area,circle_length);
    return 0;
}
```

2. 实验内容 2

分析：分段函数，根据 x 的范围，计算出对应的 y 值，这里的关键有两个：第一个是判断 x 的值的范围，第二个是用 C 语言来描述对应 x 的 y 的函数表达式。需要注意的是三角函数、平方根函数和幂指数函数的应用都需要包含 math.h 头文件（CFREE 5.0 可省略这个操作，但不提倡）。程序运行结果如图 3-2 所示，程序代码如下：

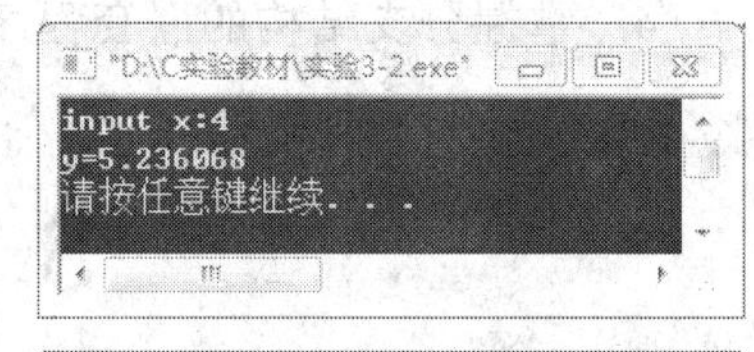

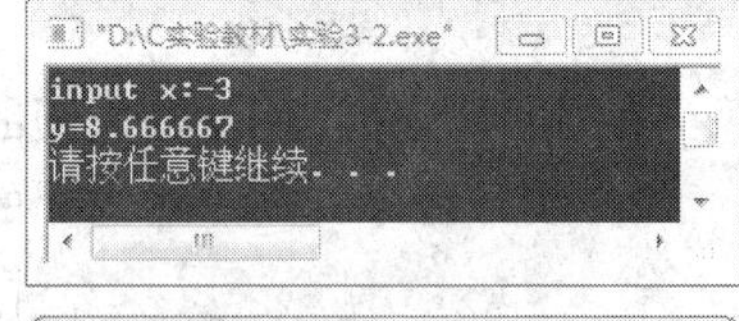

图 3-2 实验内容 2 运行结果

```
#include <math.h>
#include <stdio.h>
int main()
{
    float x,y;
    printf("input x:");
    scanf("%f",&x);
    if(x<=-1)
        y=x*x+1/x;
    else if(x>-1&&x<=1)
            y=sin(x)+pow(2,x);
        else if(x>=2)
            y=sqrt(x+1)+3;
    printf("y=%f\n",y);
    return 0;
}
```

3. 实验内容 3

分析：设 3 个变量 a、b 和 c。3 个变量的值由用户输入，将它们作为三角形的三条边来判断三角形的类型：等边、等腰、直角、其他三角形和非三角形（即无法组成三角形）。根据三角形类型的数学定义，对 a，b，c 的各种关系进行判断。程序结果如图 3-3 所示，程序代码如下：

```
#include <stdio.h>
int main()
{
    float a,b,c;
    printf("input three numbers:");
    scanf("%f%f%f",&a,&b,&c);
    if(a>0&&b>0&&c>0&&(a+b>c)&&(a+c>b)&&(b+c>a))
    {
        if(a==b&&b==c)
            printf("Equilateral triangle!\n");
        else if(a==b||b==c||a==c)
                printf("Isosceles triangle! \n");
              else if(a*a+b*b==c*c||a*a+c*c==b*b||b*b+c*c==a*a)
                    printf("Right triangle! \n");
                 else
                     printf("Other triangle! \n");
    }
    else
      printf("Not a triangle!\n");
    return 0;
}
```

4. 实验内容 4

分析：设衣服的数量为 upper_num，裤子的数量为 pants_num。由题意可知，零卖的衣服或裤子价格是固定的，因此不需要区分数量多少。但是，套装的价格和数量是有关系的，所以首先要区分套装的数量，然后再计算零卖的衣服或裤子的应付款。关系如表 3-1 所示。

表 3-1　衣服裤子关系表

数　量	数 量 关 系	应 付 款
upper _num>=50 pants_num>=50	衣服多于裤子	Payment=80*pants_num+(upper_num-pants_num)*60
	裤子多于衣服	Payment=80*upper_num+(pants_num-upper_num)*45
其他	衣服多于裤子	Payment=90*pants_num+(upper_num-pants_num)*60
	裤子多于衣服	Payment=90*upper_num+(pants_num-upper_num)*45

程序结果如图 3-4 所示，程序代码如下：

```
#include <stdio.h>
int main()
{
    int upper_num,pants_num,payment;
    printf("input upper_num and pants_num:");
    scanf("%d%d",&upper_num,&pants_num);
    if(upper_num>=50&&pants_num>=50)
        if(upper_num>pants_num)
            payment=80*pants_num+(upper_num-pants_num)*60;
        else
            payment=80*upper_num+(pants_num-upper_num)*45;
      else
        if(upper_num>pants_num)
            payment=90*pants_num+(upper_num-pants_num)*60;
```

```
        else
                payment=90*upper_num+(pants_num-upper_num)*45;
    printf("payment=%d\n",payment);
   return 0;
}
```

"D:\C实验教材\实验3-3.exe"
input three numbers:2 2 2
Equilateral triangle!
请按任意键继续. . .

"D:\C实验教材\实验3-3.exe"
input three numbers:3 4 5
Right triangle!
请按任意键继续. . .

"D:\C实验教材\实验3-3.exe"
input three numbers:1 1 7
Not a triangle!
请按任意键继续. . .

"D:\C实验教材\实验3-3.exe"
input three numbers:6 6 8
Isosceles triangle!
请按任意键继续. . .

图 3-3　实验内容 3 运行效果

图 3-4　实验内容 4 运行效果

可以看到代码中加粗部分的内容几乎一模一样，就是套装的价格不同。如果事先将套件的价格存放在变量 price 中，那么这两个 if...else 语句只要用一次就够了，具体代码如下：

```
#include <stdio.h>
int main()
{
    int upper_num,pants_num,payment,price;
    printf("input upper_num and pants_num:");
    scanf("%d%d",&upper_num,&pants_num);
    if(upper_num>=50&&pants_num>=50)
        price=80;
    else
        price=90;
     if(upper_num>pants_num)
        payment=price*pants_num+(upper_num-pants_num)*60;
     else
        payment=price*upper_num+(pants_num-upper_num)*45;
     printf("payment=%d\n",payment);
    return 0;
}
```

5. 实验内容 5

分析：设变量 x、y 为参加运算的两个数，oper 为输入的运算符号。由题意可知：oper

为一个关键的变量，x、y 的运算结果与 oper 的类别有关，因此程序需要判断 oper 的运算类型，然后根据该类型计算 x、y 的运算结果。

oper 的运算类型是确定的 4 种基本类型（+，-，*，/），因此可以用 switch 语句的多路分支结构来解决此类问题。程序结果如图 3-5 所示，程序代码如下：

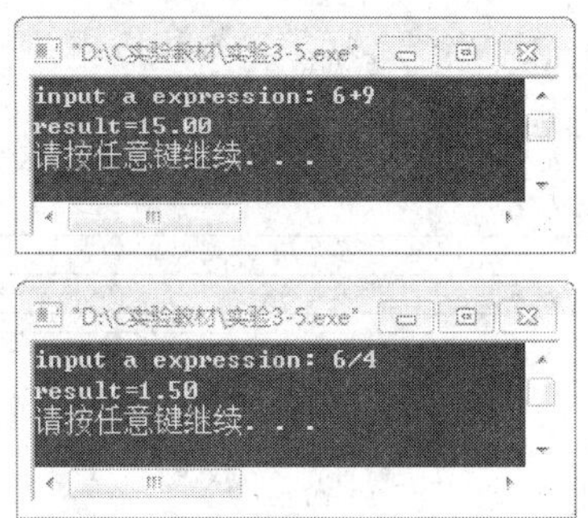

图 3-5　实验内容 5 运行效果

```
#include <stdio.h>
int main()
{
      float x,y;
      char oper;
      printf("input a expression: ");
      scanf("%f%c%f",&x,&oper,&y);
      switch(oper)
      {
          case'+':printf("result=%.2f\n",x+y);break;
          case'-':printf("result=%.2f\n",x-y);break;
          case'*':printf("result=%.2f\n",x*y);break;
          case'/':printf("result=%.2f\n",x/y);break;
          default:printf("Expression error!\n");
      }
      return 0;
}
```

3.4 提 高 实 验

1. 编程实现：输入一个整数，判断它是否能被 3、5、7 整除，并输出以下信息之一：

（1）能同时被 3、5、7 整除；

（2）能被其中两个数整除（要具体指出哪两个数）；

（3）能被其中一个数整除（要具体指出哪一个数）；

（4）不能被 3、5、7 任何一个数整除。

2. 假设奖金税率表如表 3-2 所示（bonus 代表奖金，rate 代表税率）。

表 3-2　　奖金税率表

bonus <500	rate =0%
500<=bonus<1000	rate =5%
1000<=bonus<2000	rate =8%
2000<= bonus<3000	rate =10%
3000<=bonus	rate =15%

编程实现：输入奖金数额，按照超额累进算法计算应缴税款（超额累进税率定义：指将应税所得额按照税法规定分解为若干段，每一段按其对应的税率计算出该段应交的税额，然后再将计算出来的各段税额相加，即为应交纳的所得税）。

实验4 循环结构程序设计

4.1 实验目的

1. 理解 for、while 和 do...while 3 种循环的执行过程。
2. 掌握 for，while 和 do...while 3 种循环结构的应用。
3. 学会用循环思想去分析和解决问题。
4. 理解多层循环的执行过程，掌握双重、三重循环的应用。

4.2 实验内容

1. 任意输入 *n* 个正整数，统计奇数个数、偶数个数以及计算奇数之和、偶数之和。

2. 一天一只猴子摘下一堆桃子，当天吃了一半，觉得不过瘾，又多吃了一个。第二天接着吃了前一天剩下的一半，再多吃了一个。以后每天如此，直到第 10 天，吃了第 9 天剩下的最后一个桃子。问：猴子第一天一共摘了多少桃子？

3. 编写程序，将公元 1500 年到公元 2000 年中的所有闰年年份输出，要求每 10 个闰年放在一行输出。

4. 输出用数字 0～9 组成的没有重复数字的三位数偶数。

5. 输出 1～100 之间满足以下条件的数：该数的每位数字之积大于每位数字之和。

6. 求两个正整数 *m*、*n* 的最小公倍数。

4.3 实验步骤

1. 实验内容 1

分析：由题意可知输入的数据个数是不确定的，需要不断的循环 scanf 函数来接收输入的数据。假设输入的数据存放在变量 x 中，因为 x 是单变量，不能同时保存多个数据。所以在接收一个新的数据存入 x 之前，需要对老的数据进行奇偶数判断与求和计算。

以上分析可以表述为：接收一个数据 x，对 x 进行奇偶数判断，并按照奇偶数分类求和。继续重复以上操作。

最后考虑程序的结束条件。题目要求输入的数据都为正数，因此可以将 x<0 作为循环结束条件。程序代码如下：

```
#include <stdio.h>
int main()
{
    int x,n,count_odd,count_even,sum_odd,sum_even;
    count_even=count_odd=0; //统计偶数、奇数变量
    sum_even=sum_odd=0; //偶数和、奇数和
    printf("input a number: ");
    scanf("%d",&x); //接收第一个数据存入 x 内
    while(x>0)
    {
      if(x%2)
        {
          count_odd++;
          sum_odd+=x;
        }
      else
        {
          count_even++;
          sum_even+=x;
        }
      printf("input a next number:");
      scanf("%d",&x);  //循环接收数据
    }
    printf("count_odd=%d\nsum_odd=%d\n",count_odd,sum_odd);
    printf("count_even=%d\nsum_even=%d\n",count_even,sum_even);
     return 0;
}
```

程序运行效果如图 4-1 所示。

思考：如果首先由用户确定输入数据的个数，同时又要考虑如果接收的 x 为负数，程序该如何修改呢？

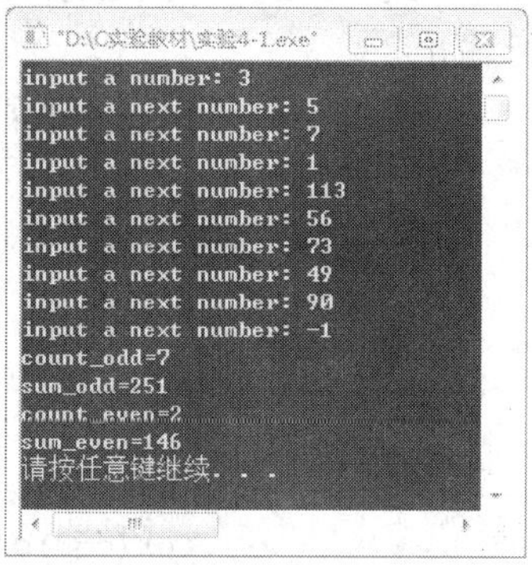

```
"D:\C实验教材\实验4-1.exe"
input a number: 3
input a next number: 5
input a next number: 7
input a next number: 1
input a next number: 113
input a next number: 56
input a next number: 73
input a next number: 49
input a next number: 90
input a next number: -1
count_odd=7
sum_odd=251
count_even=2
sum_even=146
请按任意键继续. . .
```

图 4-1　实验内容 1 运行效果

2. 实验内容 2

分析：k_i 表示第 i 天吃之前的桃子数目，k_{i+1} 表示第 i+1 天吃之前的桃子数目。有题意可知它们之间的数学关系：$\frac{k_i}{2}-1=k_{i+1}$ $(i\in[1,9])$。由此关系式得出 $k_i=2(k_{i+1}+1)$。当 i=9，得到第 9 天吃之前，即第 8 天吃剩下的桃子为 4 个。所以由 i=1，可以得到第 1 天吃之前，即刚摘下来的桃子数目。程序代码如下：

```
#include <stdio.h>
int main()
{
    int day,k;
    for(k=1,day=9;day>=1;day--)
    {
```

```
            k=2*(k+1);
        }
        printf("sum=%d\n",k);
        return 0;
    }
```

程序结果：sum=1534

3. 实验内容 3

分析：闰年 year 的判断依据是：year 是 4 的倍数但不是 100 的倍数，或者 year 是 400 的倍数。将 year 在 1500 和 2000 之间进行穷举，对每一个 year 进行是否闰年判断，并输出闰年年份。程序代码如下：

```
#include <stdio.h>
int main()
{
    int year,count=0;
    for(year=1500;year<=2000;year++)
        if(year%4==0&&year%100!=0||year%400==0)
        {
            printf("%6d",year);
            count++;
            if(count%10==0)
                printf("\n");
        }
    return 0;
}
```

程序运行效果如图 4-2 所示。

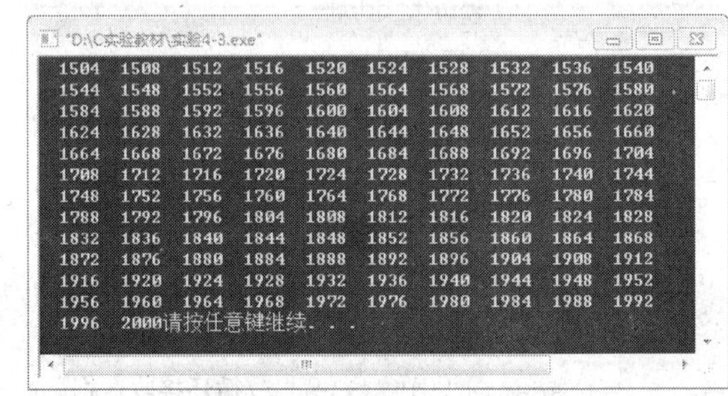

图 4-2 实验内容 3 运行效果

4. 实验内容 4

分析：假设三位数是 num，百位数为 a，十位数为 b，个位数为 c，则 num=a*100+b*10+c。显然 a 的范围 1～9，b 和 c 的范围 0～9。应用穷举法思想，使用三重循环列出每一个三位数，对于满足要求的三位数进行输出。

满足的条件是：num 是偶数并且 a，b，c 互相不同。

程序代码如下：

```
#include <stdio.h>
int main()
{
    int num,a,b,c;
    for(a=1;a<=9;a++)
        for(b=0;b<=9;b++)
            for(c=0;c<=9;c++)
            {
                num=a*100+b*10+c;
                if(num%2==0&&a!=b&&b!=c&&c!=a)
                    printf("%5d",num);
            }
    return 0;
}
```

程序运行结果如图 4-3 所示。

```
"D:\C实验教材\实验4-4.exe"
102  104  106  108  120  124  126  128  130  132  134  136  138  140  142  146
148  150  152  154  156  158  160  162  164  168  170  172  174  176  178  180
182  184  186  190  192  194  196  198  204  206  208  210  214  216  218  230
234  236  238  240  246  248  250  254  256  258  260  264  268  270  274  276
278  280  284  286  290  294  296  298  302  304  306  308  310  312  314  316
318  320  324  326  328  340  342  346  348  350  352  354  356  358  360  362
364  368  370  372  374  376  378  380  382  384  386  390  392  394  396  398
402  406  408  410  412  416  418  420  426  428  430  432  436  438  450  452
456  458  460  462  468  470  472  476  478  480  482  486  490  492  496  498
502  504  506  508  510  512  514  516  518  520  524  526  528  530  532  534
536  538  540  542  546  548  560  562  564  568  570  572  574  576  578  580
582  584  586  590  592  594  596  598  602  604  608  610  612  614  618  620
624  628  630  632  634  638  640  642  648  650  652  654  658  670  672  674
678  680  682  684  690  692  694  698  702  704  706  708  710  712  714  716
718  720  724  726  728  730  732  734  736  738  740  742  746  748  750  752
754  756  758  760  762  764  768  780  782  784  786  790  792  794  796  798
802  804  806  810  812  814  816  820  824  826  830  832  834  836  840  842
846  850  852  854  856  860  862  864  870  872  874  876  890  892  894  896
902  904  906  908  910  912  914  916  918  920  924  926  928  930  932  934
936  938  940  942  946  948  950  952  954  956  958  960  962  964  968  970
972  974  976  978  980  982  984  986请按任意键继续. . .
```

图 4-3　实验内容 4 运行结果

5. 实验内容 5

分析：结合穷举法，对 1～100 之间所有的数 *m* 进行拆分，将拆分出的数字分别进行累积和累加，用变量 mul 存储累积结果，sum 存储累加结果。将满足条件的数进行输出，由题意可知需要满足 mul>sum，则输出 *m*。程序代码如下：

```
#include <stdio.h>
int main()
{
    int m,sum,mul,count=0,temp;
    for(m=1;m<=100;m++)
        {
            sum=0;
            mul=1;
            temp=m;
            while(temp)
            {
              sum+=temp%10;//求和
              mul*=temp%10;//求积
              temp=temp/10;
            }
            if(mul>sum)
              {
                printf("%5d",m);
                count++;
                if(count%10==0)//每行输出 10 个
                    printf("\n");
              }
        }
    return 0;
}
```

程序运行结果如图 4-4 所示。

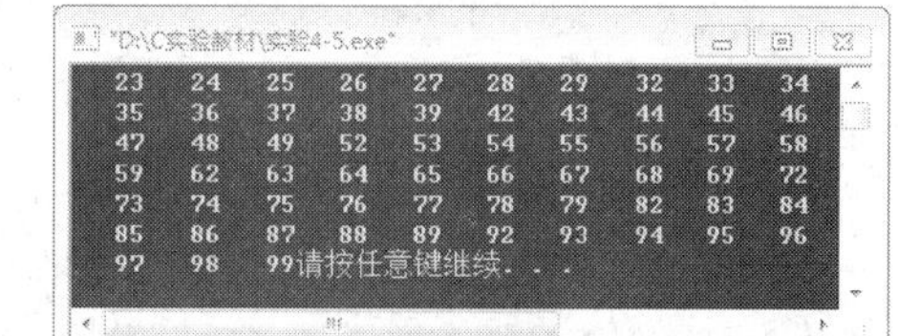

图 4-4　实验内容 5 运行结果

6. 实验内容 6

分析：假设最小公倍数为 min，则肯定满足 min%m==0，min%n==0。因此，设定 min 的初值为 *m*，即 min 为 *m* 的 1 倍，判断此时 min 是否是 *n* 的倍数，如果是 *n* 的倍数，则此时 min 就是所求的最小公倍数，如果不是 *n* 的倍数，则将 min 赋值为 *m* 的 2 倍，继续判断 min 是否是 *n* 的倍数，如此不断循环赋值 *m* 的倍数和判断 min 是否也是 *n* 的倍数，直到找到第一个满足条件的 min 为止。

总结以上分析可知：min 的取值为 m，2*m，3*m，…循环终止的条件是：min%n==0。程序运行效果如图 4-5 所示，程序代码如下：

```
#include <stdio.h>
int main()
{
    int min,m,n,flag,k=2;
    printf("input two numbers:");
    scanf("%d%d",&m,&n);
    if(m<=0||n<=0)
      flag=0; //表示 m，n 有负数
    else
      flag=1; //表示 m，n 为正整数
    min=m;
    while(flag)  //当输入正确时
    {
        if(min%n==0)
          break;
        min=k*m; //增加倍数
        k++;
    }
    if(flag)
        printf("min=%d\n",min);
    else
        printf("Data error!\n");
    return 0;
}
```

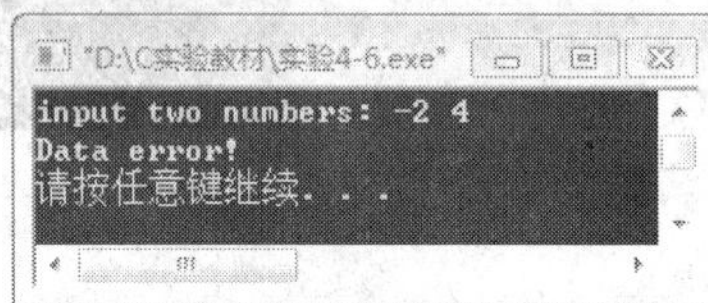

图 4-5　实验内容 6 运行效果

4.4　提高实验

1. 利用公式求 sin(*x*) 的近似值（精度为 10^{-6}）。

$$\sin(x)=x-\frac{x^3}{3!}+\frac{x^5}{5!}-\frac{x^7}{7!}+\cdots(-1)^{n-1}\frac{x^{2n-1}}{(2n-1)!}+\cdots$$

2. 王小二切饼：要求每 2 条线都有相交，如图 4-6 所示，求第 *x* 刀后，饼被分为多少块？

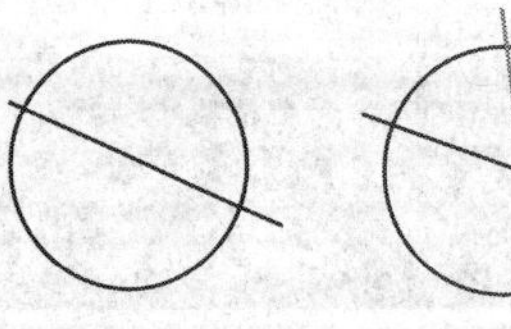
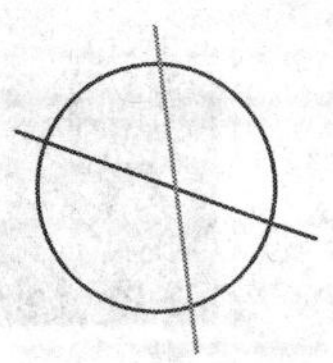
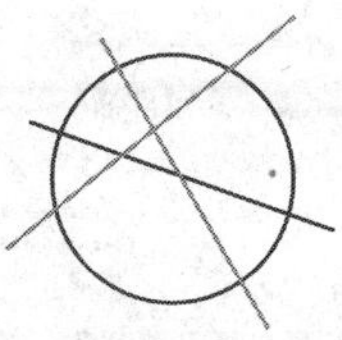
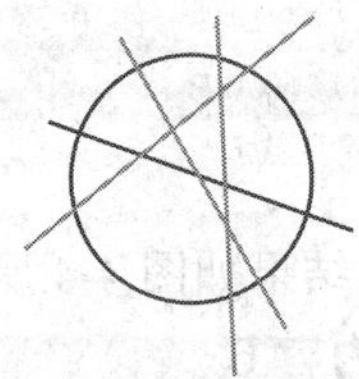

图 4-6　切饼示意图

实验 5 循环综合程序设计

5.1 实验目的

1. 掌握分支结构、循环结构的综合应用。
2. 学会建立简单的数学模型并转化为 C 语言描述。
3. 掌握常用的算法分类，并应用与解决实际问题。

5.2 实验内容

1. 验证谷角猜想。日本数学家谷角静夫在研究自然数时发现了一个奇怪现象：对于任意一个自然数 n，若 n 为偶数，则将其除以 2；若 n 为奇数，则将其乘以 3，然后再加 1。如此经过有限次运算后，总可以得到自然数 1。人们把谷角静夫的这一发现叫做“谷角猜想”。

编写一个程序，由键盘输入一个自然数 n，把 n 经过有限次运算后，最终变成自然数 1 的全过程打印出来。

2. 已知有 3 个红球、5 个白球、6 个黑球，从中任意取出 8 个球，并且必须有白球。编程输出所有可能的方案。

3. 运用辗转相除法求两个正整数 m、n 的最大公约数。

4. 编程实现：将一个正整数分解质因数。例如，90=2×3×3×5。

5. 编程实现：输出图 5-1 所示的图形，根据输入行数的变化而变化。

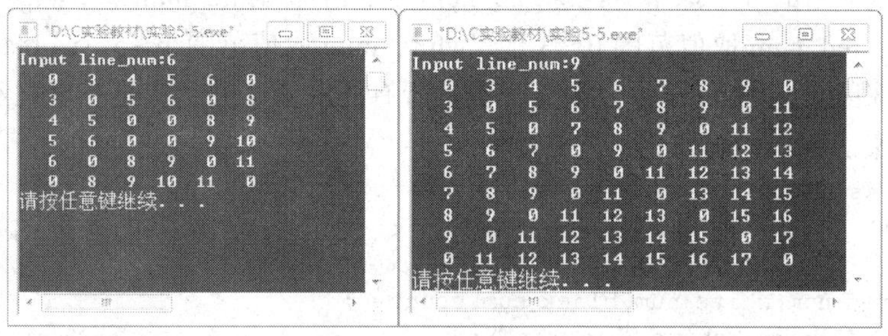

图 5-1 输出图形

6. 编程实现：输出图 5-2 所示的两个图形：三角形和平行四边形。

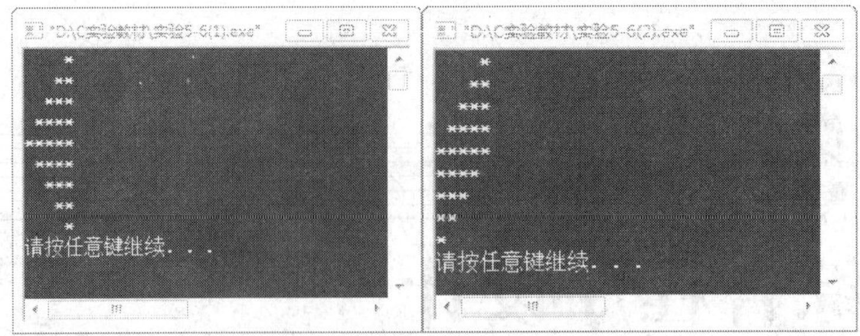

图 5-2　输出三角形和平行四边形

5.3 实 验 步 骤

1. 实验内容 1

分析：由谷角猜想可知：对于某个 num 自然数，首先进行奇偶数判断，然后根据判断的结果进行相应的计算，直到 num 的值为 1 为止。同时，对于每一次的判断都进行计数，得到运算的次数。程序运行效果如图 5-3 所示，程序代码如下：

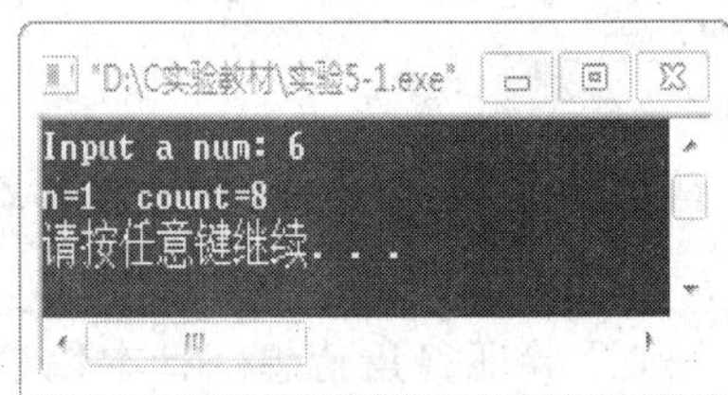

图 5-3　实验内容 1 运行效果

```
#include <stdio.h>
 int main()
{
    int num,count=0;
    printf("Input a num:");
    scanf("%d",&num);
    while(num!=1)
    {
        if(num%2)
          num=num*3+1;
        else
          num=num/2;
        count++;
    }
    printf("n=%d  count=%d\n",num,count);
    return 0;
}
```

2. 实验内容 2

分析：假设取出的 8 个球中有红球 red_num 个，白球 white_num 个，黑球 black_num 个。根据题意可知：red_num 取值范围 0～3 个，white_num 取值范围 1～5 个，black_num 取值范围：0～6 个。根据穷举法可知，穷举 3 个变量所有的取值，并且满足三者之和等于 8，就是一种可能的方案。程序代码如下：

```
#include <stdio.h>
int main()
{
    int red_num,white_num,black_num,count=0;
    printf("\nred  white  black\n");
    for(red_num=0;red_num<=3;red_num++)
        for(white_num=1;white_num<=5;white_num++)
```

```
            for(black_num=0;black_num<=6;black_num++)
                if(red_num+white_num+black_num==8)
                    {
                      printf("%3d%5d%7d\n",
                                  red_num,white_num,black_num);
                      count++;
                    }
    printf("count=%d\n",count);
    return 0;
}
```

程序运行结果如图 5-4 所示。

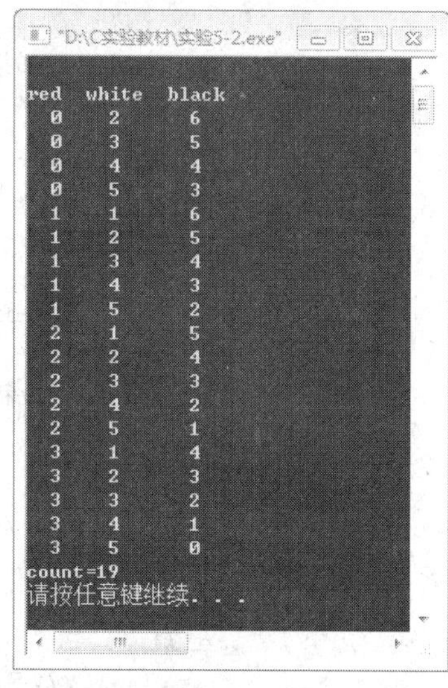

图 5-4　实验内容 2 运行结果

3. 实验内容 3

分析：假设 remainder 为余数，*m* 为被除数，*n* 为除数。转辗相除法的规则是：remainder=m%n，如果 remainder!=0，则 m=n，n=remainder，重复以上操作，直到 remainder=0 为止。程序运行效果如图 5-5 所示，程序代码如下：

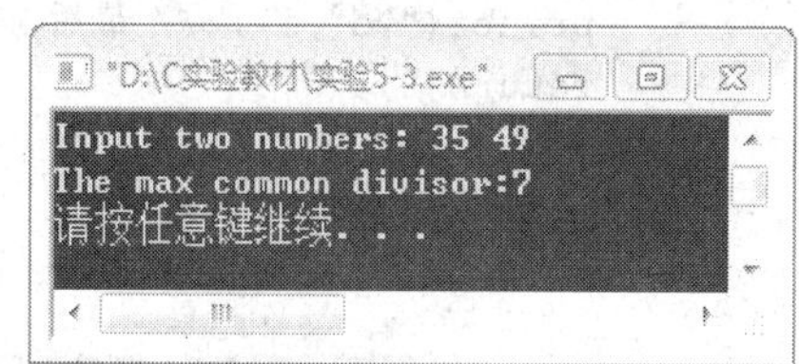

图 5-5　实验内容 3 运行效果

```
#include <stdio.h>
int main()
{
    int remainder,m,n,flag;
    printf("Input two numbers:");
    scanf("%d%d",&m,&n);
    if(m>0&&n>0)
       flag=1;
    else
       flag=0;
    while((remainder=m%n)!=0)
       {
            m=n;
            n=remainder;
       }
    if(flag)
       printf("The max common divisor:%d\n",n);
    else
       printf("Data error!\n");
      return 0;
}
```

4. 实验内容 4

分析：最小的质数是 2，因此质因数应该从 *k*=2 开始，不断增大。假设一个数 *m*，不断的求出 *m* 的因子 *k*，对于每一个 *k*，如果 *k* 是质数，则 *m* 减小 *k* 倍，继续除以 *k*，直到 *k* 不是 *m* 的因子，则 *k*++。进行下一次循环，直到 *m* 等于 *k* 为止。

由以上分析可知需要双重循环：

（1）外循环主要是：当 *k* 不是因子时，改变 *k* 的取值；当 *k* 是因子且为质数的时候将 *m* 减小 *k* 倍，保留和输出 *k* 值。

（2）内循环主要是：判断因子 *k* 是否是质数。

程序代码如下：

```
#include <stdio.h>
int main()
{
    int m,k,i,flag;
```

```
    printf("Input a number:");
    scanf("%d",&m);
    printf("%d=",m);
    k=2; //最小质数
    while(k<m)//当 k 小于 m 时
      {
         if(m%k==0) //如果 k 为 m 的因子
           {
             for(flag=1,i=2;i<k;i++)//判断 k 是否质数
                 if(k%i==0)
                   {
                       flag=0;//质数标识置为 0
                       break;
                   }
           if(flag)//如果 k 为质数
             {
                 printf("%d*",k);//输出质因子
                 m=m/k;//m 减小 k 倍，保留 k 值不变
                 }
           }
           else
             k++;  //k 不是因子，则 k 递增 1
      }
    printf("%d",m); // 最后 k==m，在这里输出避免多输出一个星号
    return 0;
}
```

程序运行效果如图 5-6 所示。

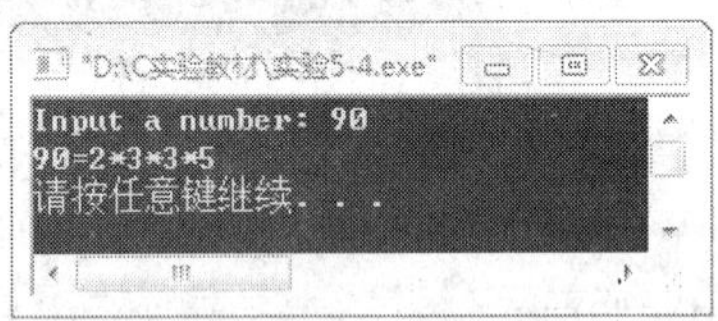

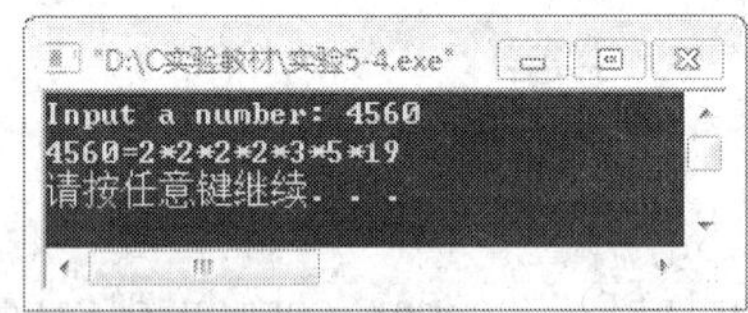

图 5-6　实验内容 4 运行效果

思考：如果输入负数，程序该如何响应？请修改以上代码。

5. 实验内容 5

分析：假设行是 row，列是 col，行数 line_num。分析图中的数字特征可知：主对角线和副对角线上的数据都为 0，即 row==col 或者 row+col==line_num+1，输出 0。其他位置的数字都等于该数字所在的行 row 与列 col 之和，即输出：row+col，回顾九九乘法表的输出方式确定外循环为行 row 的变化，内循环为列 col 的变化，满足条件的情况下输出数字。

条件为：满足 row==col 或者 row+col==line_num+1，输出 0；其他输出 row+col。程序代码如下：

```
#include <stdio.h>
int main()
{
    int row,col,line_num;
    printf("Input line_num:");
```

```
    scanf("%d",&line_num);
    for(row=1;row<=line_num;row++)
      {
         for(col=1;col<=line_num;col++)
          {
             if(row==col||row+col==line_num+1) //主对角线与副对角线
                  printf("%4d",0);
             else
                printf("%4d",row+col);//其他数字
          }
          printf("\n");
    }
    return 0;
}
```

6. 实验内容 6

分析：观察三角形图形：以中间一行即第 5 行作为分隔行，将原三角形分为上三角形（第 1 行～第 5 行）和下三角形（第 6 行～第 9 行）两部分。

（1）上三角形：

假设行号 row，则 row 的变化范围 1～5，在每一行上输出空格和星号。假设空格数 blank，星号数目 star，由题目示例图可知具有如下关系：

blank=5-row，star=row，因此 blank 的范围是 0～5-row，star 的范围 1～row。

（2）下三角形：将下三角形的第 1 行 row 设初值 4，因此 row 的变化顺序为 4,3,2,1。同样的分析可知如下关系：

blank=5-row, star=row。

以上分析可知：行号与空格数、星号数的关系式在上下三角形中是一样的，不同的是 row 的变化规律。程序代码如下：

```
#include <stdio.h>
int main()
{
    int row,col,blank,star;
    for(row=1;row<=5;row++)
      {
         for(blank=1;blank<=5-row;blank++)
              putchar(' ');
         for(star=1;star<=row;star++)
              putchar('*');
         putchar('\n');
    }
    for(row=4;row>=1;row--)
          {
            for(blank=1;blank<=5-row;blank++)
                 putchar('');
            for(star=1;star<=row;star++)
              putchar('*');
           putchar('\n');
          }
    return 0;
}
```

思考：应用类似的分析方法，找出 row 与 blank、row 与 star 的关系式，编程输出平行四

边形图形？

5.4 提高实验

1. 计算：$s=1+\frac{1}{2}+\frac{1}{4}+\frac{1}{7}+\frac{1}{11}+\frac{1}{16}+\frac{1}{22}+\frac{1}{29}+\cdots$，当第 i 项的值小于 10^{-5} 时结束计算。

提示：第 i 项的分母是第 $i-1$ 的分母加上表示有分母项开始计数的项数。例如：$\frac{1}{2}$是有分母项的第 1 项，$\frac{1}{4}$是有分母项的第 2 项，所以该项的分母就是 2+2=4。

2. A、B、C、D、E 五人夜间合伙捕鱼，凌晨时都疲倦不堪，各自在河边的树丛中找地方睡着了。日上三竿，A 第一个醒来，他将鱼分作五份，把多余的一条扔回河中，拿自己的一份回家去了。B 第二个醒来，也将鱼分作五份，扔掉多余的一条，拿走自己的一份，接着 C、D、E 依次醒来，也都按同样的办法分鱼，问五人至少合伙捕了多少条鱼？

程序代码如下，请仔细阅读完代码，分析出程序的算法和计算逻辑？

```
#include <stdio.h>
int main()
{
     int count=1,flag,temp;
     float fish_num,sum;
     fish_num=1; //初始 E 拿了 1 条。
     do
     {
       sum=fish_num*4;//每个人拿了之后剩下的总数
       flag=0;
       for(count=1;count<=5;count++)//求出五个 sum
         {
            sum=sum*5/4; //计算前一个 sum 即丢一条鱼后的总数
            if(sum-(int)sum!=0)//如果 sum 不是 4 的倍数
                 {
                   fish_num++;//就重置初值，即重新设定 E 拿的鱼数
                   flag=1; //重置循环标志
                   break; //退出 for 循环
                 }
            sum++; //前面一次总的鱼数
         }
     }while(flag); //sum 有不满足条件的，就继续寻找下一个 sum
printf("Total fish number:%.0f\n",sum);
return 0;
}
```

提示：应用穷举法假设 E 拿的鱼为 fish_num 条，范围 1～……。需要找到某个 fish_num 值，满足内循环中的关系式：sum=sum*5/4，并且 sum 必须是 4 的倍数。因为每一个人分的鱼都是前面剩下的 4/5。所以用逆推法对每一个 fish_num 进行逆推，直到找到满足条件的 sum 为止。本题的特点是：条件不是一次判断而是循环判断，只有每一次循环判断都成立才停止。

实验6 一维数组

6.1 实验目的

1. 掌握一维数组的定义。
2. 掌握一维数组的初始化、数组元素引用的方法。
3. 掌握一维数组的输入/输出方法，能用循环结构处理数组。
4. 掌握一维数组有关的常用算法，如：求最大值、最小值、冒泡法排序、折半查找等算法。

6.2 实验内容

1. 输入包含 10 个实数的一维数组，分别计算出数组中所有的正数和负数之和。

2. 输入某个班级所有学生（假定不超过 50 人）的某门课程成绩，分别计算出最高分、最低分和平均分，并统计高于平均分的学生人数。

3. 任意输入 10 个实数，用选择法将这 10 个实数按从小到大的顺序输出。

4. 任意输入 10 个整数，用冒泡法将这 10 个整数按从小到大的顺序输出。

5. 编制程序，求 Fibonacci 数列的前 10 项，每行显示 3 个数据。

6. 将一个整数数组中的值按逆序重新存放，例如原来的顺序为：1 5 3 6 7，要求改为：7 6 3 5 1。

7. 假设在数组 a 中有如下 10 个数：−30 −20 3 7 10 12 19 20 25 50，从键盘上输入一个数 12，判定该数是否在数组中。若在，输出所在序号（显示数组下标）；若不在，输出相应提示信息。用折半查找算法实现。

6.3 实验步骤

1. 实验内容 1

分析：定义一个一维数组，用来存放这 10 个实数，利用循环结构，逐一读入这些数据。定义两个变量，将其初值设为零，分别用来存放正数和负数累加的结果。再建立一个循环结构，逐一取出这 10 个数，判断正负，分别累加到两个变量中，可得最终结果。

程序代码如下：

```
#include <stdio.h>
int main()
{
    int i;
    float data[10],sum1=0.0,sum2=0.0;
    printf("Please input 10 float numbers:\n");
    for(i=0;i<10;i++)
        scanf("%f",&data[i]);
    for(i=0;i<10;i++)
    {
        if(data[i]>0.0)
            sum1+=data[i];
        else
            sum2+=data[i];
    }
    printf("The sum of all the positive numbers is%.4f\n",sum1);
    printf("The sum of all the negitive numbers is%.4f\n",sum2);
    return 0;
}
```

程序运行结果如图 6-1 所示。

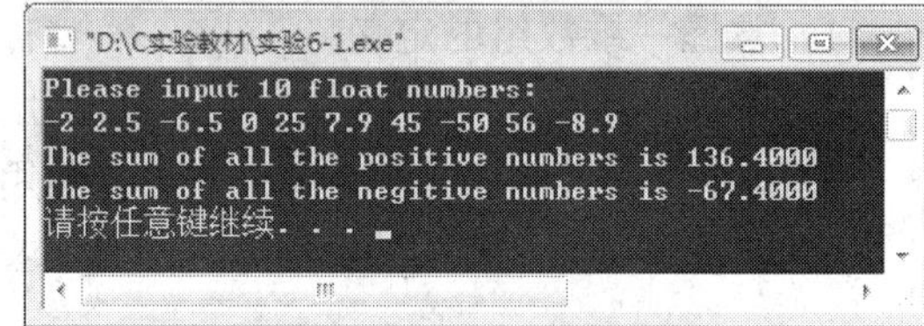

图 6-1　实验内容 1 运行结果

2. 实验内容 2

分析：由于该班级的学生人数不确定，但范围不超过 50 人。因此，可先定义一个符号常量 *N* 为 50，在定义数组时通过此符号常量来确定数组的大小，学生实际人数可通过输入变量 *n* 来确定。通过定义该一维数组来表示该班级每人的该门课程成绩。最高分与最低分通过不断比较来实现的。通常是将数组的第一个元素存放在基准变量中，用基准变量与第二个元素进行比较：如果第二个元素大，则将它的值重新存入基准变量中，否则基准变量的值保持不变，这样基准变量中的值为最高分，可求得最高分。同理，如果第二个元素小，将它的值存入另一个基准变量中，否则基准变量中的值保持不变，这样基准变量中的值为最低分，可求得最低分。平均分的求法是先累加每个学生的成绩，然后除以学生人数得到。高于平均分的学生人数是利用一个独立循环结构来实现，用平均分作为基准变量，和每个学生的成绩进行比较，然后通过统计高于平均分的学生人数来完成。现在分别定义一个变量来表示最高分、最低分、成绩之和、平均分及高于平均分的学生人数，如 max、min、sum、aver、s_sum。

程序代码如下：

```
#include <stdio.h>
#define N 50
int main()
{
    float score[N],max,min,sum,aver;
    int i,n,s_sum=0;
    printf("Please input student number:");
    scanf("%d",&n);
    if(n>0){
        printf("Please input student scores:\n");
        for(i=0;i<n;i++)
            scanf("%f",&score[i]);
        max=min=sum=score[0];
```

```
        for(i=1;i<n;i++){
            if(score[i]>max)  max=score[i];
            if(score[i]<min)  min=score[i];
            sum+=score[i];
        }
        aver=sum/n;
        for(i=0;i<n;i++)
            if(score[i]>=aver)   s_sum++;
        printf("The highest score is:%6.2f\n",max);
        printf("The lowest score is:%6.2f\n",min);
        printf("The average score is:%6.2f\n",aver);
        printf("The number of above average score is:%d\n",s_sum);
    }
    else
        printf("Number of student is 0, please run again!\n");
    return 0;
}
```

程序运行结果如图 6-2 所示。

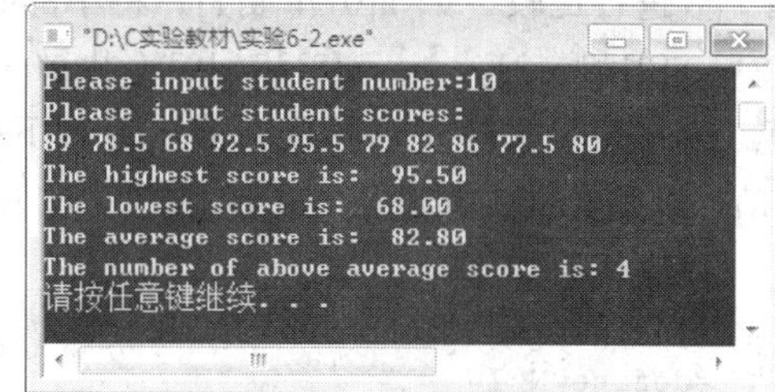

图 6-2 实验内容 2 运行结果

3. 实验内容 3

选择法排序的思路为：定义一个一维数组 a[10]，存放这 10 个实数，分别为 a[0]～a[9]，数据可通过循环结构由键盘输入。将 a[0]与 a[1]～a[9]进行比较，若 a[0]比 a[1]～a[9]都小，则不进行交换，即无任何操作。若 a[1]～a[9]中有一个以上比 a[0]小，则将其中最小的一个（假设为 a[i]）与 a[0]交换，此时 a[0]中存放了 10 个数中最小的数，完成第一轮的排序。第二轮将 a[1]与 a[2]～a[9]进行比较，将剩下 9 个数中的最小数 a[i]与 a[1]进行交换，此时 a[1]存放的是 10 个数中的第二小的数。依此类推，共进行 9 轮比较，a[0]～a[9]就按从小到大的顺序存放了。

程序代码如下：

```
#include <stdio.h>
#define N 10
int main()
{
    int i,j;
    float t,a[N];
    printf("Please input 10 float number:\n");
    for(i=0;i<N;i++)
        scanf("%f",&a[i]);
    for(i=0;i<N-1;i++){
        for(j=i+1;j<N;j++)
            if(a[i]>a[j]){
                t=a[i];
                a[i]=a[j];
                a[j]=t;
            }
    }
    printf("The sorted result is:\n");
    for(i=0;i<N;i++)
        printf("%.2f  ",a[i]);
    printf("\n");
    return 0;
}
```

程序运行结果如图 6-3 所示。

```
"D:\C实验教材\实验6-3.exe"
Please input 10 float numbers:
-2.9 63 56 12 -23 -9 9.8 15 24 -5
The sorted result is:
-23.00  -9.00  -5.00  -2.90  9.80  12.00  15.00  24.00  56.00  63.00
请按任意键继续. . .
```

图 6-3　实验内容 3 运行结果

4. 实验内容 4

冒泡法排序的思路为：定义一个一维数组 a[10]，存放这 10 个整数，分别为 a[0]～a[9]，数据可通过循环结构由键盘输入。开始进行第一遍排序，从第一个元素 a[0]开始，将相邻的两个数进行比较，如 a[0]和 a[1]，将小的数据放在前面，大的放在后面，然后再比较 a[1]和 a[2]，a[2]和 a[3]，…，a[8]和 a[9]（共 10 个数），产生一个最大值 a[9]，并完成第一遍排序。第二遍排序是去掉产生的最大值，对剩下的 9 个数按第一遍排序方法进行，产生第二大数 a[8]。以此类推，共进行 *N*-1 遍排序实现 *N* 个数从小到大的排序。

程序代码如下：

```
#include <stdio.h>
#define N 10
int main()
{
    int i,j,t,a[N];
    printf("Please input 10 integers:\n");
    for(i=0;i<N;i++)
        scanf("%d",&a[i]);
    for(i=0;i<N-1;i++){
        for(j=0;j<N-1-i;j++)
            if(a[j]>a[j+1]){
                t=a[j];
                a[j]=a[j+1];
                a[j+1]=t;
            }
    }
    printf("The sorted result is:\n");
    for(i=0;i<N;i++)
        printf("%d  ",a[i]);
    printf("\n");
    return 0;
}
```

程序运行结果如图 6-4 所示。

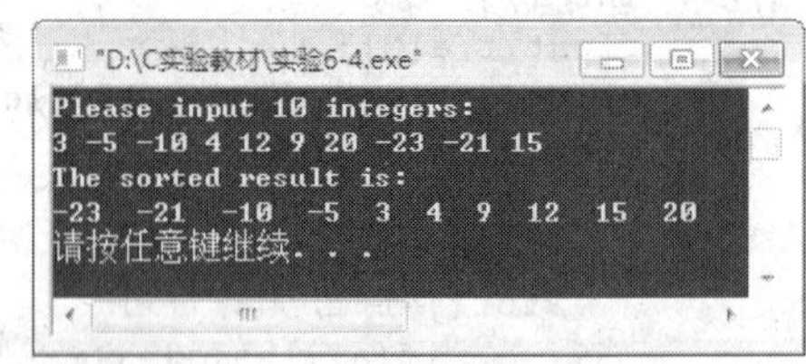

图 6-4　实验内容 4 运行结果

5. 实验内容 5

分析：Fibonacci 数列的特点是数列的第 1 项和第 2 项的值均为 1。从第 3 项开始，以后的每一项是其前 2 项之和。可以定义一个数组 f[10]，其中，元素 f[0]和 f[1]的值均为 1。利用循环结构，从 f[2]开始，每一项为前 2 项之和，可以生成前 10 项元素值。然后再利用循环结构，结合分支结构，利用每行显示 3 个数组元素方式显示生成的 10 个数据。

程序代码如下：

```
#include <stdio.h>
int main()
```

```
{
    int f[10]={1,1},i;
    for(i=2;i<10;i++)
        f[i]=f[i-2]+f[i-1];
    for(i=0;i<10;i++)
    {
        if(i%3==0)printf("\n");
        printf("%10d",f[i]);
    }
    printf("\n");
    return 0;
}
```

程序运行结果如图 6-5 所示。

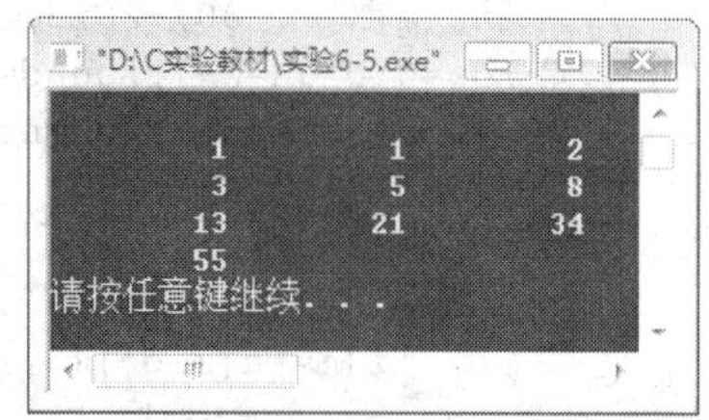

图 6-5 实验内容 5 运行结果

6. 实验内容 6

分析：定义一个一维数组用于存储输入的整数。逆序（倒序）存放的思路为：将第 1 个整数和最后一个整数交换位置，再将第 2 个整数与倒数第 2 个整数交换位置，依此类推，直到中间的 2 个整数交换位置后即可得到与原来数据顺序相反的数据序列。

程序代码如下：

```
#include <stdio.h>
#define N 10
int main()
{
    int i,a[N],t;
    printf("Please input N integers:\n");
    for(i=0;i<N;i++)
        scanf("%d",&a[i]);
    for(i=0;i<N/2;i++)
    {
        t=a[i];
        a[i]=a[N-i-1];
        a[N-i-1]=t;
    }
    printf("The inversed integers are:\n");
    for(i=0;i<N;i++)
        printf("%4d",a[i]);
    printf("\n");
    return 0;
}
```

程序运行结果如图 6-6 所示。

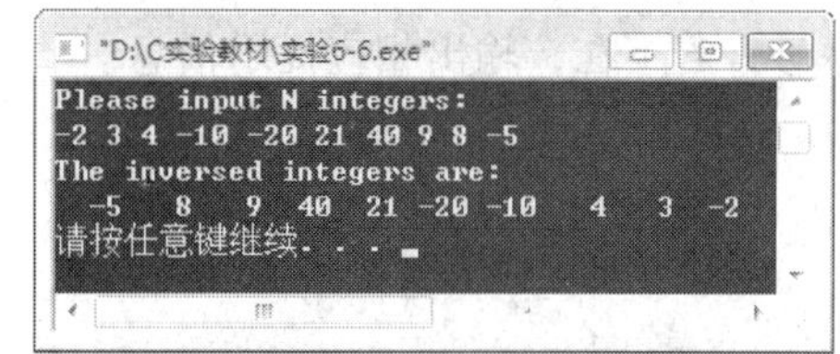

图 6-6 实验内容 6 运行结果

7. 实验内容 7

分析：定义一个一维数组，用来存放这些整数。如果要查找输入的数据 12 是否在此数组中，先找出数组中居中的数，即 a[4]，将要找的数 12 与 a[4]进行比较，发现 a[4]<12，显然 12 位于 a[4]～a[9]范围内，不会在 a[0]～a[3]范围内。这样就缩小了查找范围，为原来的一半。再找 a[4]～a[9]范围内居中的数，即 a[6]，将要找的数 12 与 a[6]比较，发现 a[6]>12，显然 12 应当在 a[4]～a[6]范围内，查找范围又缩小一半。再将 12 与 a[4]～a[6]范围内的居中的数 a[5]进行比较，发现要找的数 12 与 a[5]相等，查找结束。

程序代码如下：

```
#include <stdio.h>
#define N 10
int main()
{
    int m,low,mid,high,found;
    int a[N]={-30,-20,3,7,10,12,19,20,25,50};
    low=0;high=N-1;found=0;
    printf("Input a number to be searched:");
    scanf("%d",&m);
    while(low<=high){
        mid=(low+high)/2;
        if(m==a[mid]){
            found=1;
            break;
        }
        else if(m>a[mid])
                low=mid+1;
            else
                high=mid-1;
        }
        if(found==1)
            printf("The index of %d is %d\n",m,mid);
        else
            printf("Not find %d\n",m);
        return 0;
        }
```

程序运行结果如图 6-7 所示。

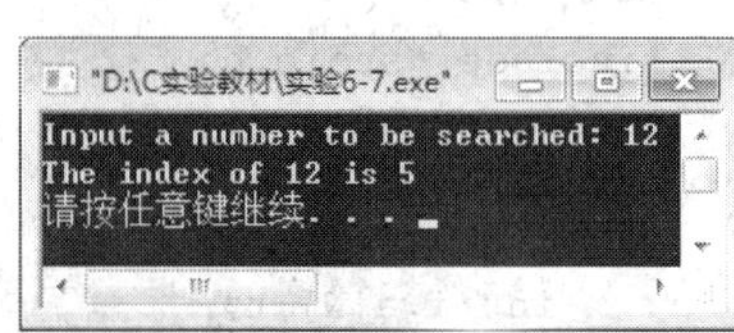

图 6-7　实验内容 7 运行结果

6.4　提　高　实　验

1. 输入 n 个学生（人数不超过 30 人）的英语成绩，分别统计优、良、中、及格和不及格的人数。

2. 从键盘上按任意次序输入 N 个（N 不小于 10）整数，利用选择法或冒泡法对其进行排序。然后从键盘上输入一个数，用折半查找算法判定该数是否在数组中。若在，输出所在序号；若不在，输出相应提示信息。

实验7 二维数组

7.1 实验目的

1. 掌握二维数组的定义。
2. 掌握二维数组的初始化、数组元素引用的方法。
3. 掌握二维数组的输入/输出方法，能用循环结构处理数组。
4. 掌握二维数组的常用应用范围。

7.2 实验内容

1. 编写程序，显示如下形式的杨辉三角形。

```
1
1   1
1   2   1
1   3   3   1
1   4   6   4   1
```

2. 输入一个 $N \times N$ 的整数矩阵，然后将其转置并显示这个转置后的矩阵。

3. 设有 4×4 的方阵，其中的元素由键盘输入。求主对角线的元素之和、辅对角线的元素之和、方阵中最大的元素值。

4. 编程实现两个方阵相加减的程序，两矩阵的行列数均由用户输入，在屏幕上分行列打印出结果。矩阵元素为整数型数据。

5. 假设有 3 个学生，每个学生有 4 门课程的成绩，通过键盘输入这 3 个学生的 4 门课程成绩。现要求计算每个学生的总分和平均分，并进行显示，显示结果结构如表 7-1 所示（显示时无表格线）。

表 7-1　学生表的数据

No.	Score1	Score2	Score3	Score4	Sum	Ave
1	90	86	85	81		
2	86	76	90	86		
3	88	89	86	96		

7.3 实验步骤

1. **实验内容 1**

分析：定义一个二维数组 yanghui[N][N]用来存放杨辉三角形中的各元素值。题目要求实现杨辉三角形的前 5 行，*N* 值为 5。杨辉三角形各行的数据有以下的规律：各行第一个数都是 1；各行最后一个数都是 1；从第 3 行开始，除上面指出的第一个数和最后一个数外，其余各数是上一行同列和前一列两个数之和。可以表示为：yanhhui[i][j]= yanhhui[i-1][j]+ yanhhui[i-1][j-1]。其中，*i* 为行数，*j* 为列数。

程序代码如下：

```
#include <stdio.h>
#define N 5
int main()
{
    int yanghui[N][N],i,j;
    for(i=0;i<N;i++){
        yanghui[i][0]=1;
        yanghui[i][i]=1;
    }
    printf("The Yanghuitriangle is:\n");
    for(i=2;i<N;i++)
        for(j=1;j<i;j++)
            yanghui[i][j]=yanghui[i-1][j-1]+yanghui[i-1][j];
    for(i=0;i<N;i++){
        for(j=0;j<=i;j++)
            printf("%6d",yanghui[i][j]);
        printf("\n");
    }
    return 0;
}
```

程序运行结果如图 7-1 所示。

图 7-1 实验内容 1 运行结果

2. **实验内容 2**

分析：定义一个二维数组 array[N][N]用来存放方阵中的各个整数。矩阵的转置相当于以主对角线为对称轴，交换所有对称点元素。可以表示为：array[i][j]=array[j][i]。其中，*i* 为行数，*j* 为列数。

程序代码如下：

```
#include <stdio.h>
#define SIZE 4
int main()
{
    int array[SIZE][SIZE],i,j,data;
    printf("Please input 16 numbers:\n");
    for(i=0;i<SIZE;i++)
        for(j=0;j<SIZE;j++)
            scanf("%d",&array[i][j]);
    for(i=0;i<SIZE-1;i++)
        for(j=i+1;j<SIZE;j++){
            data=array[i][j];
```

```
            array[i][j]=array[j][i];
            array[j][i]=data;
        }
    printf("The transposed matrix is:\n");
    for(i=0;i<SIZE;i++){
        for(j=0;j<SIZE;j++)
            printf("%4d",array[i][j]);
        printf("\n");
    }
    return 0;
}
```

程序运行结果如图 7-2 所示。

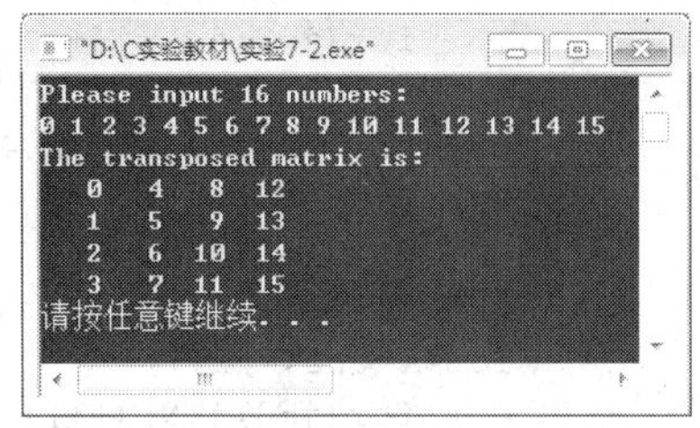

图 7-2 实验内容 2 运行结果

3. 实验内容 3

分析：定义一个二维数组 a[N][N]存放方阵中各元素的值，这里 *N* 为 4。主对角线元素行、列下标相同；辅对角线元素行、列下标之和等于方阵的最大行号(或最大列号)，前提是行列号的下标基于 0。定义两个变量 s1 和 s2，使用二重循环结构时，分别实现存放累加的主对角线、辅对角线的元素的和值。再定义一个变量，其初值为数组的第一个元素值，分别和数组中的各元素值进行比较，变量值始终保持为最大值，即得结果。

程序代码如下：

```
#include <stdio.h>
#define N 4
int main()
{
    int a[N][N],i,j,s1=0,s2=0,max;
    printf("Please input 4×4 integers:\n");
    for(i=0;i<N;i++)
        for(j=0;j<N;j++)
            scanf("%d",&a[i][j]);
    max=a[0][0];
    for(i=0;i<N;i++){
        s1=s1+a[i][i];
        s2=s2+a[i][N-1-i];
    }
    for(i=0;i<N;i++)
        for(j=0;j<N;j++)
            if(max<a[i][j])max=a[i][j];
    printf("s1=%d\n",s1);
    printf("s2=%d\n",s2);
    printf("max=%d\n",max);
    return 0;
}
```

程序运行结果如图 7-3 所示。

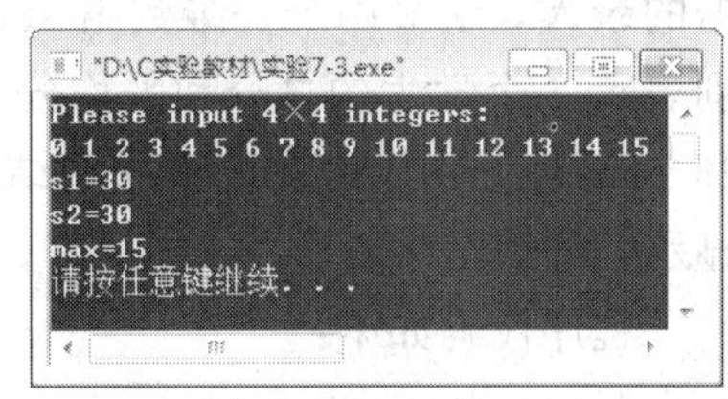

图 7-3 实验内容 3 运行结果

4. 实验内容 4

分析：定义两个二维数组 a[N][N]和 b[N][N]，分别表示两个方阵，N 由用户输入，通过两个二重循环输入这两个数组的各元素值。再定义两个矩阵 sum[N][N]和 diff[N][N]用来分别存放两个方阵的加和减的结果。矩阵的加减对应于两个矩阵对应位置元素的加减。加法可以表示为：sum[i][j]=a[i][j]+b[i][j]；减法可表示为：diff[i][j]=a[i][j]-b[i][j]。

程序代码如下：

```
#include <stdio.h>
#define N 4
int main()
{
    int a[N][N],b[N][N],sum[N][N],diff[N][N],i,j;
    printf("Please input 4×4 integers for array a:\n");
    for(i=0;i<N;i++)
        for(j=0;j<N;j++)
            scanf("%d",&a[i][j]);
    printf("Please input 4×4 integers for array b:\n");
    for(i=0;i<N;i++)
        for(j=0;j<N;j++)
            scanf("%d",&b[i][j]);
    for(i=0;i<N;i++)
        for(j=0;j<N;j++){
            sum[i][j]=a[i][j]+b[i][j];
            diff[i][j]=a[i][j]-b[i][j];
            }
    printf("The sum of array a and b is:\n");
    for(i=0;i<N;i++){
        for(j=0;j<N;j++)
            printf("%4d",sum[i][j]);
        printf("\n");
        }
    printf("The difference of array a and b is: \n");
    for(i=0;i<N;i++){
        for(j=0;j<N;j++)
            printf("%4d",diff[i][j]);
        printf("\n");
    }
    return 0;
}
```

程序运行结果如图 7-4 所示。

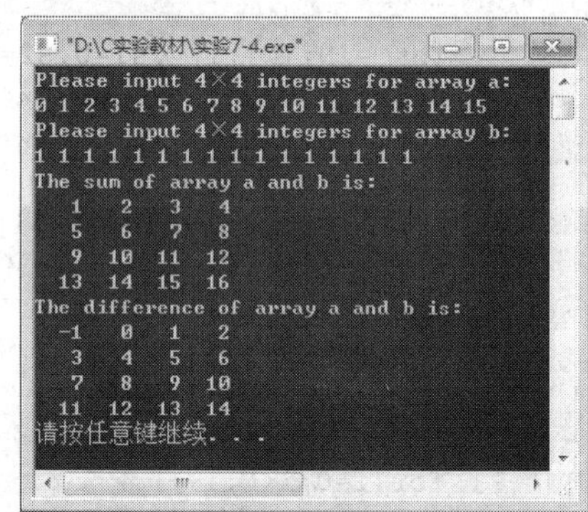

图 7-4 实验内容 4 运行结果

5. 实验内容 5

分析：可定义一个二维数组 stu[3][4]存放表 7-1 所示的部分数据。第 *i* 行（i=0,1,2）第 0 至 3 列分别用于存放第 *i* 个学生的四门课程成绩，利用循环结构实现数据的录入。定义两个一维数组 sum[3]和 ave[3]，用来分别表示 3 个学生的总分和平均分。定义两个变量 s_sum 和 s_ave，分别用来存放累加的结果以及求平均值。利用二重循环结构按表 7-1 所示结构进行显示，即得结果。

程序代码如下：

```
#include <stdio.h>
int main()
{
    int stu[3][4],i,j;
    float sum[3]={0.0},ave[3]={0.0};
    float s_sum,s_ave;
    printf("Please input 3*4 scores to array stu:\n");
    for(i=0;i<3;i++)
```

```
        for(j=0;j<4;j++)
            scanf("%d",&stu[i][j]);
    for(i=0;i<3;i++){
        s_sum=0.0;
        for(j=0;j<4;j++)
            s_sum+=stu[i][j];
        sum[i]=s_sum;
        ave[i]=s_sum/4;
    }
    printf("No.   Score1   Score2   Score3   Score4   Sum   Ave\n");
    for(i=0;i<3;i++){
        printf("%2d\t",i+1);
        for(j=0;j<4;j++)
            printf("%4d\t",stu[i][j]);
        printf("%.2f\t",sum[i]);
        printf("%.2f\n",ave[i]);
    }
    return 0;
}
```

程序运行结果如图 7-5 所示。

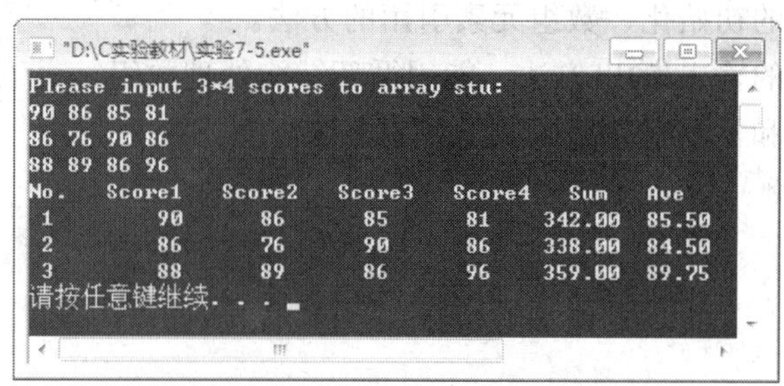

图 7-5　实验内容 5 运行结果

7.4　提 高 实 验

1. 编程实现两个 $N\times N$ 矩阵相乘，并输出结果，矩阵元素为整型数据。

2. 假设某班有 N 个学生（N 不大于 50），每个学生有 5 门课程的成绩，通过键盘输入这 N 个学生的 5 门课程成绩。现要求计算每个学生的总分和平均分，并显示这些学生的成绩、总分及平均分，显示时无表格线（编程方法可参考实验内容 5）。

实验8 字符数组

8.1 实验目的

1. 掌握字符数组的定义。
2. 掌握字符数组的初始化、数组元素引用的方法。
3. 掌握字符数组的输入/输出方法，能用循环结构处理数组。
4. 掌握字符数组和常用字符串函数的使用方法。

8.2 实验内容

1. 任意输入一个字符串（不多于80个字符），将其逆序存储后输出。
2. 任意输入 N（本例中 N 为5）个字符串，要求找出其中最大者。
3. 输入一个字符串（不大于81个字符），删除其中的数字字符并将删除后的字符串输出。
4. 字符串匹配。假设一个主串数组名为 M_str，子串数组名为 S_str，找出子串 S_str 在主串 M_str 中第一次出现的位置。
5. 从键盘上输入两个字符串，若不相等，则将短的字符串连接到长的字符串的末尾并输出连接后的字符串。
6. 从键盘输入一段字符（非中文字符，可以包含空格），分别统计其中的大写字母、小写字母、数字字符、其他字符及单词个数。

8.3 实验步骤

1. 实验内容1

分析：可以定义一个字符数组 str[81]，用来存放这个字符串。然后将字符中的第1个字符和最后一个字符（字符串结束符‘\0’之前的字符）交换位置，再将第2个字符和倒数第2个字符交换位置。依此类推，直到所有字符交换完毕。

程序代码如下：

```
#include <stdio.h>
#define N 81
#include <string.h>
int main()
{
    char str[N];
    int length,i,temp;
    printf("Please input a string:\n");
    gets(str);
    length=strlen(str);
    for(i=0;i<length/2;i++){
         temp=str[i];
         str[i]=str[length-i-1];
         str[length-i-1]=temp;
    }
    printf("The result string is:");
    puts(str);
    return 0;
}
```

程序运行结果如图 8-1 所示。

图 8-1　实验内容 1 运行结果

2. 实验内容 2

分析：一个一维字符数组存放一个字符串，*N* 个字符串就要用 *N* 个一维字符数组，可以定义一个二维字符数组存放这 *N* 个字符串，如 str[N][81]，N 由用户确定。在程序中，可以使用 gets()函数分别读入 *N* 个字符串。字符串的比较是比较字符串中字符的 ASCII 码值，ASCII 值大的字符串就大，如果字符串的第 1 个字符的 ASCII 码值相同，再比较第 2 个字符，依此类推。比较时，将第 1 个字符串作为基准字符串，并把它保存在一维字符数组 str1 中，然后利用字符比较函数 strcmp()对 *N* 个字符串依次进行比较，如果其中之一大于基准字符串，则将其重新保存在 str1 中，比较完所有的字符串后可得到最大者，并进行显示。

程序代码如下：

```
#include <stdio.h>
#include <string.h>
#define N 5
int main()
{
    char str[N][81],str1[81];
    int i;
    for(i=0;i<N;i++){
        printf("Please input %d string:",i+1);
        gets(str[i]);
    }
    strcpy(str1,str[0]);
    for(i=0;i<N;i++)
        if(strcmp(str1,str[i])<0)
```

```
            strcpy(str1,str[i]);
    printf("The largest string is : %s\n",str1);
    return 0;
}
```

程序运行结果如图 8-2 所示。

```
Please input 1 string: Beijing
Please input 2 string: Tianjin
Please input 3 string: Shanghai
Please input 4 string: Hangzhou
Please input 5 string: Chengdu
The largest string is : Tianjin
请按任意键继续. . .
```

图 8-2　实验内容 2 运行结果

3. 实验内容 3

分析：定义一个字符数组 str[81]用来存放输入的字符串。利用循环结构，依次提取字符串的每个字符，然后和数字进行比较，如果是数字，将其删除，并将其后的字符向前移一位。依次类推，可以实现删除字符串中的所有数字。

程序代码如下：

```
#include <stdio.h>
#define N 81
#include <string.h>
int main()
{
    char str[N];
    int i,j;
    printf("Please input a string:\n");
    gets(str);
    for(i=0;str[i]!='\0';)
        if(str[i]>='0'&& str[i]<='9')
            for(j=i;str[j]!='\0';j++)  str[j]=str[j+1];
        else  i++;
    printf("The new string is:%s\n", str);
    return 0;
}
```

程序运行结果如图 8-3 所示。

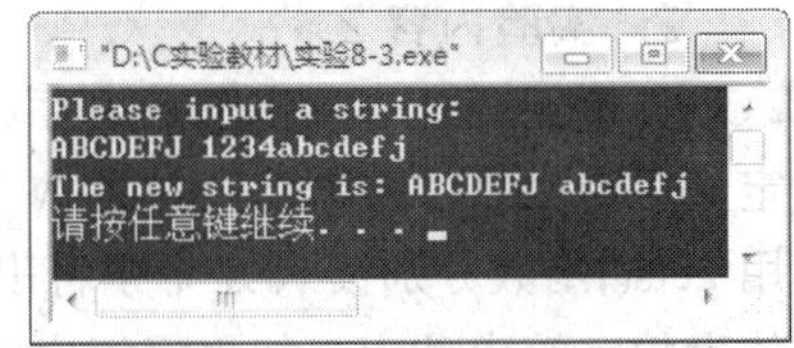

图 8-3　实验内容 3 运行结果

4. 实验内容 4

分析：定义两个字符数组，分别用来存放主串 M_str 和子串 S_str。从主串 M_str 的第一个字符起与子串 S_str 的第一个字符比较，若相等，则继续逐个比较后续字符，否则从主串 M_str 的下一个字符起重新和子串 S_str 的第一个字符比较。依此类推，直到子串 S_str 中的所有字符和主串 M_str 中的一个连续的字符序列相等，称为匹配成功，并返回子串 S_str 的首字符在主串 M_str 中出现的位置（一个正整数）。否则，字符串匹配失败，返回值 0。

程序代码如下：

```
#include <stdio.h>
#include <string.h>
int main()
{
    int i,j,k,h,start=0;
    char M_str[100],S_str[50];
    printf("Please input a string as the main string:\n");
    gets(M_str);
    printf("Please input a string as the sub string:\n");
    gets(S_str);
```

```
    k=strlen(M_str);
    h=strlen(S_str);
    if(start<0||h==0||start+h>k)
        printf("Strings matching failed!\n");
    else{
        i=start;
        j=0;
        while(i<k && j<h)
            if(M_str[i]==S_str[j]){
                i++;
                j++;
                }
            else{
                i=i-j+1;
                j=0;
                }
        if(j>=h)
            printf("The result of string matching is : %d\n",i-h+1);
        else
            printf("String matching failed\n");
    }
    return 0;
}
```

程序运行结果如图 8-4 所示。

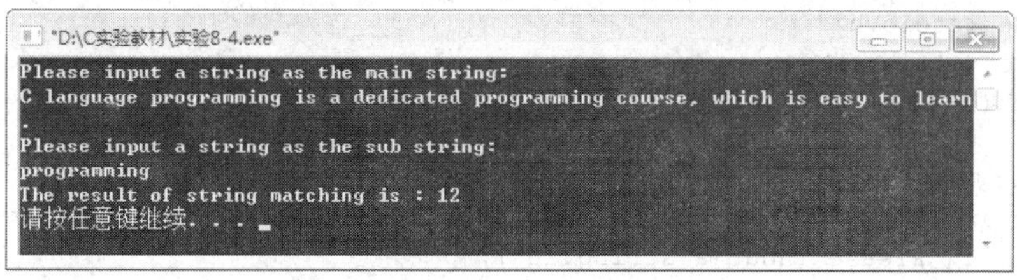

图 8-4 实验内容 4 运行结果

5. 实验内容 5

分析：定义两个字符数组 str1[N]和 str2[N]，N 由用户确定，分别存放两个字符串。这两个字符串可由函数 gets()输入。可用字符串比较函数 strcmp()比较两个字符串是否相等，利用函数 strlen()可求字符串的有效长度。根据字符串长度值的不同，利用 strcat()将两个字符串进行连接，并输出结果。

程序代码如下：

```
#include <stdio.h>
#include <string.h>
#define N 81
int main()
{
    char str1[N],str2[N];
    printf("Please input string str1:\n");
    gets(str1);
    printf("Please input string str2:\n");
    gets(str2);
    if(strcmp(str1,str2)!=0)
        if(strlen(str1)>strlen(str2)){
```

```
            strcat(str1,str2);
            puts(str1);
        }
        else{
            strcat(str2,str1);
            puts(str2);
        }
    return 0;
}
```

程序运行结果如图 8-5 所示。

图 8-5　实验内容 5 运行结果

6. 实验内容 6

分析：可以定义一个字符数组用于存放该段字符。利用循环结构，将字符数组中的每个字符分别与大写字母、小写字母、数字字符进行比较，可求出属于各种情况的字符个数，直到遇到字符串结束标志‘\0’。单词统计的基本思想是：如果遇到非空格字符时表示单词的开始，并从该字符开始将连续的非空格字符跳过直到再次遇到空格，这表明一个单词的统计结束。遇到空格（连续的多个空格）则直接跳过，直到遇到新的非空格字符，表示新的单词统计开始。依次类推，直到字符数组中的字符串结束标志‘\0’，则统计完毕。分别定义不同的变量表示不同的统计对象。

程序代码如下：

```
#include <stdio.h>
#include <string.h>
int main()
{
    char str[81];
    int i=0,upper=0,lower=0,digit=0,other=0,word=0;
    printf("Please input a string:\n");
    gets(str);
    for(i=0;i<strlen(str);i++)
        if(str[i]>='A'&& str[i]<='Z')      upper++;
        else if(str[i]>='a'&& str[i]<='z')   lower++;
        else if(str[i]>='0'&& str[i]<='9')   digit++;
            else other++;
    i=0;
    while(str[i]!='\0'){
        if(str[i]=='')
            for(i++;str[i]=='';i++);
        else{
            word++;
            for(i++;str[i]!='\0'&& str[i]!='';i++);
        }
    }
    printf("Capital letter number is %d\n",upper);
    printf("Small letter number is %d\n",lower);
    printf("Digital letter number is %d\n",digit);
    printf("Other letter number is %d\n",other);
    printf("Word number is %d\n",word);
    return 0;
}
```

程序运行结果如图 8-6 所示。

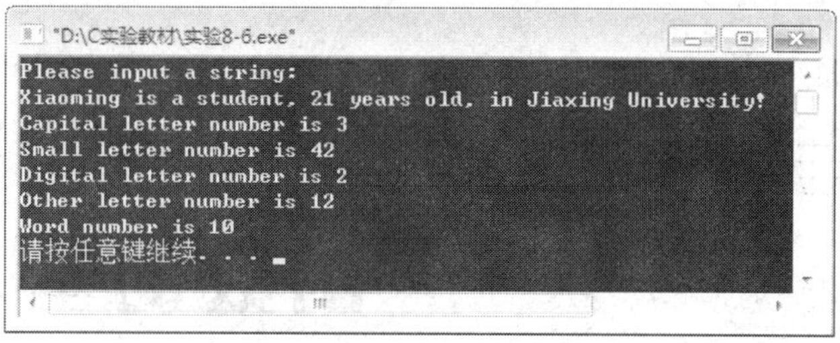

```
"D:\C实验教材\实验8-6.exe"
Please input a string:
Xiaoming is a student, 21 years old, in Jiaxing University!
Capital letter number is 3
Small letter number is 42
Digital letter number is 2
Other letter number is 12
Word number is 10
请按任意键继续. . .
```

图 8-6　实验内容 6 运行结果

8.4 提 高 实 验

1. 从键盘输入一个字符串，将该字符串中指定的字符从字符串中删除，并输出新字符串。

2. 任意输入一个字符串，判断该字符串是否回文（回文是指字符串正读和反读都一样，例如，“121”、“level”、“madam” 等）。

实验9 函数的基本用法

9.1 实验目的

1. 掌握定义函数的方法。
2. 掌握函数实参与形参的概念，以及“值传递”参数传递方式。
3. 掌握函数的调用方法。

9.2 实验内容

1. 编写一个求圆面积的函数 Area()，该函数有一个形式参数 r，类型为 float，返回值类型也为 float。

2. 在主函数中输入一个圆的半径，调用 Area()函数求出该圆的面积并输出。

3. 修改上一题的程序，观察把函数 Area()的定义放在主函数 main()之前和放在主函数 main()之后的区别。

4. 运行以下程序，观察程序的运行结果。

```
#include <stdio.h>
void fun(int x,int y);
int main()
{
    int a=3,b=4;
    printf("main:a=%d,b=%d\n",a,b);
    fun(a,b);
    printf("main:a=%d,b=%d\n",a,b);
    return 0;
}
void fun(int x,int y)
{
    printf("fun:x=%d,y=%d\n",x,y);
    x=2*x;
    y=y/2;
    printf("fun:x=%d,y=%d\n",x,y);
}
```

5. 编写一个函数 prime()，判断一个正整数是否是素数，如果是素数，函数返回 1，否则返回 0。在主函数中输入一个正整数，调用 prime()判断它是否是素数并输出。

9.3 实验步骤

1. 实验内容 1

分析：编写一个函数分为函数头和函数体两部分。函数头由函数类型说明、函数名和形式参数表组成，函数体中包含函数的实现细节。在此把求圆面积的函数取名为 Area；求圆的面积需要给出圆的半径，所以该函数需要一个形式参数 r，类型设为 float；函数需要返回圆面积的值，类型也为 float。代码如下：

```
float Area(float r)
{
      float s;
      s=3.14*r*r;
      return s;
}
```

2. 实验内容 2

分析：C 语言对函数调用的一般形式为：函数名（实参表）。需要注意的是：实参和形参的类型、数目、顺序必须一致。由于函数 Area()只有一个参数，所以这里只要注意它的类型就可以了。源程序如下：

```
#include <stdio.h>
float Area(float r)
{
      float s;
      s=3.14*r*r;
      return s;
}
int main()
{
      float a,b;
      printf("请输入一个圆的半径：");
      scanf("%f",&a);
      b=Area(a);
      printf("该圆的面积=%.2f\n",b);  /*小数点后面保留 2 位*/
      return 0;
}
```

程序运行时，

若输入圆的半径为 2，则结果输出为：该圆的面积=12.56

若输入圆的半径为 3，则结果输出为：该圆的面积=28.36

3. 实验内容 3

分析：在 C 程序中，一个函数的定义可以放在任意位置，既可放在主函数 main()之前，也可放在主函数 main()之后。在实验内容 2 中，把函数 Area()的定义放在了主函数 main()之前，现在把该函数定义放在主函数 main()之后，看看运行结果如何。源程序改为如下：

```
#include <stdio.h>
int main()
{
     float a,b;
```

```
        printf("请输入一个圆的半径: ");
        scanf("%f",&a);
        b=Area(a);
        printf("该圆的面积=%.2f\n",b);  /*小数点后面保留 2 位*/
        return 0;
}
float Area(float r)
{
        float s;
        s=3.14*r*r;
        return s;
}
```

程序运行时，会发现结果不对。为了解决这个问题，可以在主函数之前加上函数原型的声明。源程序改为如下：

```
#include <stdio.h>
float Area(float r);  /*函数原型声明*/
int main()
{
        float a,b;
        printf("请输入一个圆的半径: ");
        scanf("%f",&a);
        b=Area(a);
        printf("该圆的面积=%.2f\n",b);  /*小数点后面保留 2 位*/
        return 0;
}
float Area(float r)
{
        float s;
        s=3.14*r*r;
        return s;
}
```

现在程序运行的结果就对了，读者可以从中体会一下函数原型声明的作用。

4. 实验内容 4

输入源程序后，运行结果如下：

```
main:a=3,b=4
fun:x=3,y=4
fun:x=6,y=2
main:a=3,b=4
```

分析：该程序在主函数 main()调用函数 fun()时，采用值传递方式把实参 a、b 的值传给对应的形参 x、y，在函数 fun()中，x、y 的值发生了变化，但是不会影响到主函数 main()中实参 a、b 的值。该实验说明了：采用值传递方式，形参的任何变化不会影响到实参。

5. 实验内容 5

分析：判断一个正整数 m 是否为素数，可以通过判断 m 是否能被 2 到 $\sqrt{m}$ 之间的整数整除，如果全都不能整除，则是素数，否则就不是素数。求 $\sqrt{m}$ 可以调用标准库函数里的函数 sqrt()，该函数包含在头文件 math.h 中。

源程序如下：

```
#include <stdio.h>
#include<math.h>
int prime(int n);
```

```
int main()
{
    int x;
    printf("请输入一个正整数:");
    scanf("%d",&x);
    if (prime(x))
        printf("这是一个素数!\n");
    else
        printf("这不是一个素数!\n");
    return 0;
}
int prime(int n)
{
    int i;
    for(i=2;i<=sqrt(n);i++)
        if (n%i==0)  break;
    if(i>sqrt(n))
        return 1;
    else
        return 0;
}
```

程序运行时，

若输入正整数为 7，则结果输出为：这是一个素数！

若输入正整数为 8，则结果输出为：这不是一个素数！

9.4　提高实验

1. 编写两个函数，分别求两个整数的最大公约数和最小公倍数。
2. 编写一个函数，计算并输出下列多项式的值：s=1+1/1!+1/2!+1/3!+1/4!+...+1/n!

实验10 函数的嵌套与递归

10.1 实验目的

1. 掌握函数的嵌套调用方法。
2. 掌握函数的递归调用方法。

10.2 实验内容

1. 用递归法编写一个函数 fac()，求 $n!$ 的值。

2. 编写一个函数 fun()，求 $p = m!/(n!(m-n)!)$的值，其中 m 与 n 为两个正整数，且要求 $m>n$。

3. 运行以下程序，观察程序的运行结果。

```
#include <stdio.h>
int sum(int n);
int main()
{
      int a;
      printf("请输入一个数：");
      scanf("%d",&a);
      printf("s=%d\n",sum(a));
      return 0;
}
int sum(int n)
{
      int s;
      if(n==1)
            s=1;
      else
            s=n+sum(n-1);
      return s;
}
```

4. 分别利用递归法和数组法求 Fibonacci 数列的前 40 项，比较两种方法的运行效率。其中 Fibonacci 数列 F(n)的定义为：F(1)=1,F(2)=1,F(n)=F(n-1)+F(n-2)。

10.3 实验步骤

1. 实验内容 1

分析：递归要有两个要素，一个是问题规模逐步简化，另一个是简单问题要有解。$n!$可以表示为：

$$n!=\begin{cases} n*(n-1)! & n>1 \\ 1 & n=0或n=1 \end{cases}$$

可以看出，该问题规模可以从 n 向 $n-1$ 转化，直到 $n=1$ 为止，因此可以使用递归。由于 $n!$ 的值可能会比较大，所以函数返回类型用 long，但是当 n 比较大（譬如 100）时，$n!$ 的值是天文数字，用 long 还是会溢出。

源程序如下：

```
#include <stdio.h>
long fac(int n);
int main()
{
     int x;
     printf("请输入一个整形数:");
     scanf("%d",&x);
     printf("%d 的阶乘为%ld\n",x,fac(x));
     return 0;
}
long fac(int n)
{
     long t;
     if(n==0||n==1)
          t=1;
     else
          t=n*fac(n-1);
     return t;
}
```

程序运行时，

若输入 4，则结果输出为：24

若输入 100，则输出结果错误。

2. 实验内容 2

分析：函数 fun()有两个整形参数 m 和 n，返回类型也是整型，可以调用上一题中的函数 fac()来求阶乘。主函数 main()调用函数 fun()，函数 fun()又调用函数 fac()，形成一个嵌套调用。

源程序如下：

```
#include <stdio.h>
long fac(int n);
int fun(int m,int n);
int main()
{
     int x,y;
```

```
    printf("请输入 2 个整形数 x,y(要求 x>y):");
    scanf("%d%d",&x,&y);
    printf("p=%d\n",fun(x,y));
    return 0;
}
int fun(int m,int n)
{
    if(m>n)
        return fac(m)/(fac(n)*fac(m-n));
    else
        {
            printf("数据错误! ");
            return -1;
        }
}
long fac(int n)
{
    long t;
    if(n==0||n==1)
        t=1;
    else
        t=n*fac(n-1);
    return t;
}
```

程序运行时，

若输入为 3　4，则提示数据错误，p=−1。

若输入为 4　3，则输出为：p=4。

3. 实验内容 3

分析：该程序的功能是用递归法求 1+2+3+...+n 的值，读者可以和实验内容 1 比较一下，会发觉用的方法是类似的。

程序运行时，

若输入为 5，则运行结果为：s=15。

若输入为 100，则运行结果为：s=5050。

4. 实验内容 4

用递归法求 Fibonacci 数列的前 40 项源程序如下：

```
#include <stdio.h>
long fib(int n);
int main()
{
    int i;
    for(i=1;i<=40;i++)
    {
        printf ("%12ld",fib(i));
        if(i%5==0)  printf ("\n");
    }
    return 0;
}
long fib(int n)
{
    long f;
    if(n==1||n==2)
        f=1;
```

```
    else
        f=fib(n-1)+fib(n-2);
    return f;
}
```

用数组法求 Fibonacci 数列的前 40 项源程序如下：

```
#include <stdio.h>
int main()
{
    int  i,f[40]={1,1};
    for(i=2;i<40;i++)
        f[i]=f[i-2]+f[i-1];
    for(i=0;i<40;i++)
    {
        printf ("%12d",f[i]);
        if((i+1)%5==0)  printf("\n");
    }
    return 0;
}
```

从运行结果来看，两种方法的结果是一样的，但是用递归的运行效率要慢得多。

10.4　提 高 实 验

1. 编写一个函数，求 3 到 *n* 之间所有素数的平方根之和。
2. 编写一个函数，求 Fibonacci 数列中大于 *t* 的最小的一个数，结果由函数返回。

实验 11 变量的作用域与存储类别

11.1 实验目的

1. 掌握全局变量与局部变量的概念以及使用方法。
2. 掌握静态局部变量的概念以及使用方法。
3. 掌握外部变量的概念以及使用方法。

11.2 实验内容

1. 运行以下 3 个程序，观察程序的运行结果。

程序 1：

```
#include <stdio.h>
void fun(void)
{
     int x=0;
     x++;
     printf("%d   ",x);
}
int main()
{
     int i;
     for(i=1;i<=3;i++)
         fun();
     return 0;
}
```

程序 2：

```
#include <stdio.h>
void fun(void)
{
     static int x=0;
     x++;
     printf("%d   ",x);
}
int main()
```

```
{
      int i;
      for(i=1;i<=3;i++)
          fun();
      return 0;
}
```

程序 3：

```
#include <stdio.h>
int x=0;
void fun(void)
{
      x++;
      printf("%d   ",x);
}
int main()
{
      int i;
      for(i=1;i<=3;i++)
          fun();
      return 0;
}
```

2. 运行以下程序，观察程序的运行结果。

```
#include <stdio.h>
int x,y;
void fun(void)
{
      int a=15,b=10;
      int x;
      x=a-b;
      y=a+b;
      printf("x=%d,y=%d\n",x,y);
}
int main()
{
      int a=8,b=4;
      x=a+b;
      y=a-b;
      printf("x=%d,y=%d\n",x,y);
      fun();
      printf("x=%d,y=%d\n",x,y);
      return 0;
}
```

3. 运行以下程序，观察程序的运行结果。

```
#include <stdio.h>
void line(void)
{
      static int x=1;
      int y;
      for(y=1;y<=x;y++)
            printf("%d*%d=%2d  ",x,y,x*y);
      printf("\n");
      x++;
}
int main()
```

```
{
    int i;
    for(i=1;i<=9;i++)
        line();
    return 0;
}
```

4. 运行以下程序，观察程序的运行结果。

```
#include <stdio.h>
int min(int x,int y);
int main()
{
    extern int a,b;
    printf("%d\n",min(a,b));
    return 0;
}
int min(int x,int y)
{
    if(x<y)
        return x;
    else
        return y;
}
int a=4,b=5;
```

5. 编写一个函数，求两个整数的最大公约数。要求把最大公约数设为全局变量，它的值不由函数返回。

11.3 实验步骤

1. 实验内容1

输入程序1，运行结果是：1 1 1；

再把程序1稍作修改，改成程序2，运行结果是1 2 3；

再把程序2稍作修改，改成程序3，运行结果是1 2 3。

分析：

这3个程序中的x分别是动态局部变量、静态局部变量和全局变量。

程序1中的x是动态局部变量，在每次函数调用完成后，变量都要被释放，因此输出结果没有递增。

程序2中的x是静态局部变量，在程序整个运行期间都一直存在，而且只在函数首次被调用时初始化一次，因此输出结果是递增的。

程序3中的x是全局变量，它的作用域是从变量声明开始到程序结束，在程序整个运行期间都一直存在，因此输出结果是递增的。

2. 实验内容2

输入程序，运行结果是：

```
x=12,y=4
x=5,y=25
x=12,y=25
```

分析：在这个程序的开头定义了全局变量 x、y，它们的作用域是整个程序。在主函数

main()和函数 fun()中各自定义了局部变量 a、b，它们的作用域限于各自的函数体内，是互不相干的。程序从主函数开始执行，第一个输出语句输出：x=12,y=4，然后转到函数 fun()执行，由于在函数 fun()中定义了一个与全局变量 x 同名的局部变量 x，此时在函数 fun()中起作用的是局部变量 x，所以在函数 fun()中局部变量 x 的变化不会影响到全局变量 x。因此函数 fun()中的输出语句输出：x=5,y=25，返回到主函数 main()后的输出语句输出为：x=12,y=25。

3. 实验内容 3

输入程序，运行结果如下：

```
1*1= 1
2*1= 2  2*2= 4
3*1= 3  3*2= 6  3*3= 9
4*1= 4  4*2= 8  4*3=12  4*4=16
5*1= 5  5*2=10  5*3=15  5*4=20  5*5=25
6*1= 6  6*2=12  6*3=18  6*4=24  6*5=30  6*6=36
7*1= 7  7*2=14  7*3=21  7*4=28  7*5=35  7*6=42  7*7=49
8*1= 8  8*2=16  8*3=24  8*4=32  8*5=40  8*6=48  8*7=56  8*8=64
9*1= 9  9*2=18  9*3=27  9*4=36  9*5=45  9*6=54  9*7=63  9*8=72  9*9=81
```

分析：在该程序中，函数 line()用来输出乘法表的一行。这里要特别注意要把函数 line()中的 x 变量定义成为 static 存储类型，这样才能使 x 的值递增。读者可以把程序中的 static 去掉，试试看运行结果如何。

4. 实验内容 4

输入源程序后，运行结果是 4。

分析：通过该例子可以学习如何用 extern 来声明外部变量。该程序在程序的最后定义了全局变量 a、b，本来主函数 main()不能引用 a、b，但在主函数 main()中通过 extern 对 a 和 b 进行“外部变量声明”后，a、b 的作用域扩展到了主函数 main()，主函数 main()就可以引用 a、b 了。

对源程序做点改动，如果删掉 extern int a,b;这一行，很明显程序编译通不过，因为在程序使用 a、b 的时候，此时 a、b 还未定义。如果把 extern int a,b;改成 int a,b;，会发现运行结果不对，因为此时的 a、b 是两个没有赋初值的变量，里面的内容是不可确定的数。

5. 实验内容 5

分析：求最大公约数可以用辗转相除法。根据题目要求，求最大公约数函数 fun()不需要返回值，定义一个全局变量 g，用来存放最大公约数。

源程序如下：

```
#include <stdio.h>
int g;
void fun(int m,int n);
int main()
{
    int x,y;
    printf("请输入两个正整数:");
    scanf("%d%d",&x,&y);
    fun(x,y);
    printf("%d和%d的最大公约数是: %d\n",x,y,g);
    return 0;
}
void fun(int m,int n)
```

```
{
    int t,r;
    if(m<n)
      {t=m;m=n;n=t;}
    r=m%n;
    while(r!=0)
      {
        m=n;
        n=r;
        r=m%n;
      }
    g=n;
}
```

程序运行时，

若输入为 12　6，则结果输出的最大公约数为 6；

若输入为 5　12，则结果输出的最大公约数为 1。

11.4 提高实验

教材 5.7 节中的函数应用实例：设计一个菱形信息系统，有如下功能：

（1）输入菱形的边长；

（2）求菱形的周长；

（3）画出菱形图案。

实验 12 指针变量

12.1 实验目的

1. 掌握指针的基本概念。
2. 掌握指针变量的定义。
3. 掌握指针变量的使用方法。

12.2 实验内容

1. 启动 C 语言运行环境，输入并执行如下程序。

```
#include <stdio.h>
int main()
{
      int a,b;
      int *p1,*p2;
      p1=&a;
      p2=&b;
      a=10;
      *p2=*p1+5;
      printf("a=%d,b=%d\n",a,b);
      printf("a=%d,b=%d\n",*p1,*p2);
      return 0;
}
```

（1）观察程序的运行结果。

（2）注意指针变量的使用，使用前应先定义，再将指针指向变量，可以通过指向变量的指针变量来进行对变量的访问。

2. 启动 C 语言运行环境，输入并执行如下程序。

```
#include <stdio.h>
int main()
{
      int a,b,t;
      int *pa,*pb;
      pa=&a;
```

```
    pb=&b;
    printf("input a,b:\n");
    scanf("%d,%d",pa,pb);
    t=*pa;
    *pa=*pb;
    *pb=t;
    printf("a=%d,b=%d\n",a,b);
    printf("*pa=%d,*pb=%d\n",*pa,*pb);
    return 0;
}
```

（1）观察程序的运行结果。

（2）程序是否实现了 2 个数据的交换。

3. 把程序修改如下：

```
#include <stdio.h>
int main()
{
    int a,b;
    int *pa,*pb,*pt;
    pa=&a;
    pb=&b;
    printf("input a,b:\n");
    scanf("%d,%d",pa,pb);
    *pt=*pa;
    *pa=*pb;
    *pb=*pt;
    printf("a=%d,b=%d\n",a,b);
    printf("*pa=%d,*pb=%d\n",*pa,*pb);
    return 0;
}
```

（1）观察程序的运行结果。

（2）程序是否实现了 2 个数据的交换。

4. 完善以下程序，使其可以实现：输入的 3 个整数 a、b、c，按从大到小的顺序调整后，依次放入 3 个变量 a、b、c 中，a 中放最大值。

```
#include <stdio.h>
void fun2(int *x,int *y)
{
    int t;
    t=*x;
    *x=*y;
    *y=t;
}
void fun1(int *pa,int *pb,int *pc)
{
    if(*pa<*pb)fun2(___(1)___);
    if(*pa<*pc)fun2(___(2)___);
    if(*pb<*pc)fun2(___(3)___);
}
int main()
{
    int a,b,c;
    printf("input a,b,c:\n");
    scanf("%d%d%d",&a,&b,&c);
    fun1(&a,&b,&c);
```

```
    printf("a=%d,b=%d,c=%d\n",a,b,c);
    return 0;
}
```

5. 编写程序，要求用指针方式处理，输入 3 个整数，按由小到大的顺序输出。

6. 编写程序，从键盘输入 3 个整数，通过函数调用的方式，将输入的 3 个整数求出被 10 除后的余数之和以及余数的乘积，并通过形参传送回主函数，进行输出。

12.3 实 验 步 骤

1. 实验内容 5

分析：与以前处理方式相同，利用数据两两比较，分别进行 a 和 b、a 和 c、b 和 c 的比较，若没有按照由小到大排列的，则进行互换，但互换时必须利用指针方式实现，注意交换是否可以顺利实现。源程序如下：

```
#include <stdio.h>
int main()
{
    int a,b,c,temp;
    int *p1,*p2,*p3;
    p1=&a;
    p2=&b;
    p3=&c;
    printf("input a,b,c:");
    scanf("%d%d%d",p1,p2,p3);
    if(*p1>*p2)
    {
        temp=*p1;
        *p1=*p2;
        *p2=temp;
    }
    if(*p1>*p3)
    {
        temp=*p1;
        *p1=*p3;
        *p3=temp;
    }
    if(*p2>*p3)
    {
        temp=*p2;
        *p2=*p3;
        *p3=temp;
    }
    printf("a=%d,b=%d,c=%d\n",*p1,*p2,*p3);
    return 0;
}
```

程序运行结果如图 12-1 所示。

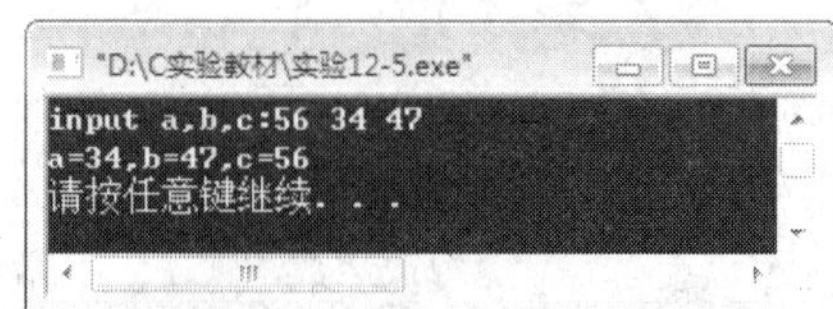

图 12-1　实验内容 5 运行结果

2. 实验内容 6

分析：本题的算法非常简单，关键就是要能用形参把运算结果传回到主函数中。根据题目要求，函数中需要定义 3 个形参 a、b、c，用于接受传送过来的 3 个整数。由于 C 语言中数据只能从实参单向传送到形参，而不能从形参传递给实参，因而为了实现通过形参将运算结果传送归调用函数，还应该再定义 2 个指针类型的形参 x 和 y，使其能分别接受对应实参的地址，从而指向对应实参，以便将运算结果传回对应的变量。源程序如下：

```
#include <stdio.h>
void fun(int a,int b,int c,int *x,int *y)
{
      *x=a%10+b%10+c%10;
      *y=(a%10)*(b%10)*(c%10);
}
int main()
{
      int a,b,c,s1,s2;
      printf("input a,b,c:\n");
      scanf("%d%d%d",&a,&b,&c);
      fun(a,b,c,&s1,&s2);
      printf("s1=%d,s2=%d\n",s1,s2);
      return 0;
}
```

程序运行结果如图 12-2 所示。

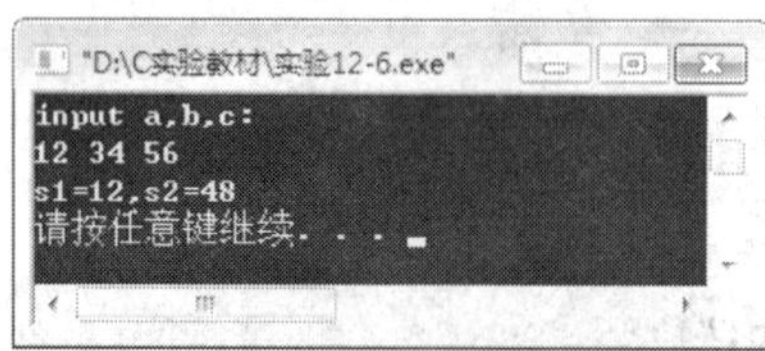

图 12-2　实验内容 6 运行结果

12.4 提高实验

编写函数，对传送过来的 3 个数，找出最大值和最小值，通过形参传回主函数，并在主函数中接收和输出。

实验 13 指针与数组

13.1 实验目的

1. 掌握指针在数组中的应用。
2. 学习利用指针变量处理字符数组。
3. 掌握指针数组、指向指针的指针变量。

13.2 实验内容

1. 启动 C 语言运行环境，输入并执行如下程序。

```
#include <stdio.h>
int main()
{
    int i,a[10];
    int *p;
    for(p=a;p<a+10;p++)
        scanf("%d",p);
    for(p=a,i=0;i<10;i++)
        printf("a[%d]=%d\n",i,*p);
    return 0;
}
```

（1）观察程序的运行结果。

（2）注意指针变量的变化规律。

2. 启动 C 语言运行环境，输入并执行如下程序。

```
#include <stdio.h>
int main()
{
    int  i,j,a[3][4];
    int  *p[3]={a[0],a[1],a[2]};
    for(i=0;i<3;i++)
        for(j=0;j<4;j++)
            scanf("%d",p[i]+j);
    for(i=0;i<3;i++)
```

```
        for(j=0;j<4;j++)
            printf("%d",*(p[i]+j));
    printf("\n");
    return 0;
}
```

（1）观察程序的运行结果。

（2）注意二维数组中指针数组的使用。

3. 启动C语言运行环境，输入并执行如下程序。

```
#include <stdio.h>
int main()
{
    int a;
    int  *p=&a;
    int  **pp=&p;
    printf("input a:\n");
    scanf("%d",&a);
    printf("a=%d\n",a);
    printf("*p=%d\n",*p);
    printf("**pp=%d\n",**pp);
    return 0;
}
```

（1）观察程序的运行结果。

（2）注意指向指针的指针变量的使用。

4. 完善以下程序，使其可以实现：将10个数据按从小到大排列。

```
#include <stdio.h>
int main()
{
    int  i,j;
    float  a[10],t;
    float  *p;
    printf("input array a:\n");
          for(p=a;p<a+10;p++)
          scanf("%f",p);
    p=____(1)____;
      for(i=0;i<9;i++)
      for(j=____(2)____;j<10;j++)
         if(*(p+i)>*(p+j))
         {
              t=____(3)____;
              *(p+i)=*(p+j);
              ____(4)____=t;
         }
    for(p=a;p<a+10;p++)
        printf("a[%d]=%7.2f\n",p-a,____(5)____);
    return 0;
}
```

5. 编写程序，利用指针实现2个字符串的连接。

6. 编写程序，利用指针实现将*n*个数按输入时顺序的逆序排列。

7. 编写程序，利用指针实现由键盘任意输入一串字符，判断该字符串是否是回文。

8. 编写程序，利用指针实现由键盘任意输入一字符串，再输入一个字符，在此字符串中查找是否有此字符，如果有，则从此字符串中删除该字符。如：原串为 abcdefg，输入的删除字符为 d，则运行后的新串为 abcefg。

13.3 实验步骤

1. 实验内容 5

提示：设置两个指针变量 p1 和 p2，分别指向两个字符串 str1 和 str2 的串首，然后 p1 找到 str1 的结束位置，指向 str1 串的‘\0’字符。利用循环，将指针变量 p2 所指向地址中的字符传送到指针变量 p1 所指向的地址中后，指针变量 p1、p2 分别加 1 向后移动一位，当移动后 p2 所指向的字符为 str2 的结束字符‘\0’，则循环退出，连接结束。若不是，则继续循环。源程序如下：

```
#include <stdio.h>
#include<string.h>
int main()
{
     char str1[80],str2[80];
     char *p1=str1,*p2=str2;
     printf("input str1:\n");
     gets(str1);
     printf("input str2:\n");
     gets(str2);
     while(*p1!='\0')
          p1++;
     while(*p2!='\0')
     {
          *p1=*p2;
          p1++;
          p2++;
     }
     *p1='\0';
     puts(str1);
     return 0;
}
```

程序运行结果如图 13-1 所示。

图 13-1　实验内容 5 运行结果

2. 实验内容 6

提示：设置两个指针变量 p1 和 p2，分别指向数组的第一个元素和最后一个元素。利用循环，将指针变量 p1 和 p2 所指向元素互换后，使指针分别向中间移动一位，即 p1 向数组末尾移动一位，p2 反向移动。一旦 p1>p2，则退出循环，逆序排列完成。源程序如下：

```
#include <stdio.h>
int main()
{
     int a[100],n,i,t;
     int *p=a,*q;
     printf("input n:\n");
     scanf("%d",&n);
     printf("input array a:\n");
     for(i=0;i<n;i++)
```

```
    {
        printf("a[%d]=",i);
        scanf("%d",p);
        p++;
    }
    p=a;
    q=a+n-1;
    for(;p<q;p++,q--)
    {
        t=*p;
        *p=*q;
        *q=t;
    }
    printf("output array a:\n");
    for(i=0;i<n;i++)
        printf("a[%d]=%d\n",i,a[i]);
    return 0;
}
```

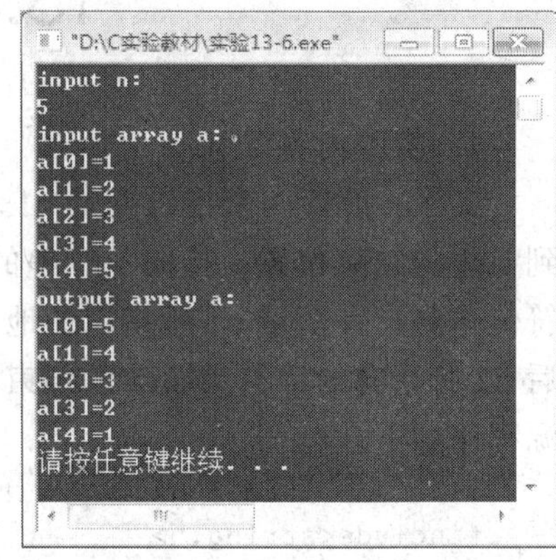

图 13-2　实验内容 6 运行结果

程序运行结果如图 13-2 所示。

3. 实验内容 7

提示：可以设置两个指针变量 p1 和 p2，分别指向该字符串的开头字符和结束字符（'\0'之前）。利用循环，从两边开始对所指向的字符进行比较，当对应的两字符（*p1 和*p2）相同且 p1<p2 时，使指针分别向中间移动一位，即 p1 向字符串末尾移动一位，p2 反向移动。一旦出现对应位上字符不相等或者 p1、p2 互相超越，即 p1>p2 时，循环退出。根据退出后 p1、p2 的相对位置可以得到是否回文的判断，即若 p1<p2，则循环退出是因为出现对应位上字符不相等，故不是回文；若 p1>p2，则循环退出是因为后者，而比较过程中对应位上字符均相等，故此字符串为回文。源程序如下：

```
#include <stdio.h>
#include<string.h>
int main()
{
    char str[80],*p1,*p2;
    int s;
    printf("input string:\n");
    gets(str);
    s=strlen(str);
    p1=str;
    p2=str+s-1;
    while(p1<p2)
    {
        if(*p1!=*p2)break;
        p1++;
        p2--;
    }
    if(p1<p2)
        printf("str 不是回文。\n");
    else
        printf("str 是回文。\n");
    return 0;
}
```

程序运行结果如图 13-3 所示。

图 13-3　实验内容 7 运行结果

4. 实验内容 8

提示：设置两个指针变量 p1 和 p2，均指向字符串起始位置。利用循环，将待删除字符与指针变量 p1 所指向字符比较，若不相等，将指针变量 p1 所指向字符存入指针变量 p2 所指向地址中，指针变量 p1 和 p2 分别向后移动一位，指向下一个字符；若相等，则指针变量 p2 位置不变，指针变量 p1 向后移动一位，当指针变量 p1 所指向的字符为'\0'时，退出循环，否则进入下一次循环。源程序如下：

```
#include <stdio.h>
int main()
{
    char str[80],ch,*p,*q;
    printf("input character:\n");
    scanf("%c",&ch);
    printf("input string:\n");
    scanf("%s",str);
    p=q=str;
    while(*p!='\0')
    {
        if(*p==ch)
        {
            *q=*p;
            p++;
        }
        else
        {
            *q=*p;
            p++;
            q++;
        }
    }
    *q='\0';
    printf("The string is:%s\n",str);
    return 0;
}
```

程序运行结果如图 13-4 所示。

图 13-4　实验内容 8 运行结果

13.4 提 高 实 验

1. 编写程序，键盘输入 10 个学生的姓名，将姓名按 ASCII 码值的顺序排序（要求用指针实现）。

2. 编写函数，要求实现两个字符串的比较。当两个字符串相等时，返回值为 0；否则返回两者第一个不相同的字符的 ASCII 码值之差，并在主函数中举例测试该子函数的功能。

实验 14 预处理命令

14.1 实验目的

1. 掌握宏定义的方法。
2. 掌握文件包含的处理方法。
3. 掌握条件编译的处理方法。

14.2 实验内容

1. 梯形的面积为：

面积 = （上底 + 下底）× 高 ÷ 2

定义一个带参数的宏，用于求梯形面积。在主函数的程序中，使用带实参的宏名来求某一个梯形的面积。

2. 编写 4 个头文件：array_max.h、array_min.h、array_odd.h 和 array_even.h，分别实现求数组的最大值、数组的最小值、数组中奇数的个数和数组中偶数的个数。利用“文件包含”命令在主函数中实现对整型数组的操作。

3. 输入一行字母字符，根据需要设置条件编译，使之能将字母全改写为大写字母输出，或全改写为小写字母输出。例如：

```
#define  CHANGE  0
```

则输出小写字母。若

```
#define  CHANGE  1
```

则输出大写字母。

14.3 实验步骤

1. 实验内容 1

分析：这道题目中只需要定义一个带参数的宏 AREA（a,b,h），用来计算梯形面积。由已给的计算公式可知，在这个带参数的宏定义中，参数分别为 a、b、h，分别代表上底、下底和高。程序源代码如下：

```
#include <stdio.h>
#include <math.h>
#define  AREA(a,b,h)  (a+b)*h/2.0
int main()
{
 float x,y,h;
 int sel;
 while(1)
 {
     printf("---求梯形面积请按[1]\n---退出程序，请按[0]\n");
     scanf("%d",&sel);
     if(sel==1)
     {
     printf("input x,y,h:\n");
     scanf("%f%f%f",&x,&y,&h);
     if(x<=0||y<=0||h<=0)
         printf("该图形不是梯形！\n");
     else
         printf("该梯形的面积为：%.2f\n",AREA(x,y,h)) ;
     }
     else if(!sel)
           {
               printf("您已退出程序！\n");
               break;
           }
         else
           printf("**输入错误！**\n");
 }
return 0;
}
```

程序运行结果如图 14-1 所示。

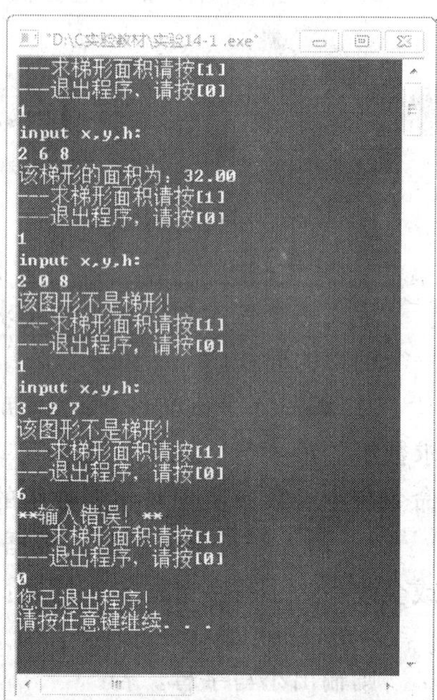

图 14-1 实验内容 1 运行结果

2. 实验内容 2

分析：按照题目要求和描述，我们可以建立 4 个文件，分别取名为 array_max.h、array_min.h、array_odd.h 和 array_even.h，将所需的功能函数分别编写在 4 个函数中，使用文件包含命令，将各个函数通过#include 命令在主函数中进行预处理。程序源代码如下：

```
"array_max.h"                      /*求数组最大值函数*/
int array_max(int *p,int n)
{
     int max,i;
     max=p[0];
     for(i=1;i<n;i++)
         if(max<p[i])
             max=p[i];
     return max;
}
```

```
"array_min.h"                   /*求数组最小值函数*/
int array_min(int *p,int n)
{
     int min,i;
     min=p[0];
     for(i=1;i<n;i++)
         if(min>p[i])
             min=p[i];
     return min;
}

"array_odd.h"                   /*求数组奇数的个数函数*/
int array_odd(int *p,int n)
{
     int count=0,i;
     for(i=0;i<n;i++)
         if(p[i]%2)
             count++;
     return count;
}

"array_even.h"                  /*求数组偶数个数的函数*/
int array_even(int *p,int n)
{
     int count=0,i;
     for(i=0;i<n;i++)
         if(!(p[i]%2))
             count++;
     return count;
}
```

主程序:　　/*#include“文件名”命令将几个自己编写的头文件整合在一起*/

```
#include<stdio.h>
#include "array_max.h"
#include "array_min.h"
#include "array_odd.h"
#include "array_even.h"
#define N 10
int main()
{
     int a[N];
     int i,max,min,odd_count=0,even_count=0;
     printf("input 10 numbers:\n");
     for(i=0;i<N;i++)
       scanf("%d",&a[i]);
     max=array_max(a,N);
     min=array_min(a,N);
     odd_count=array_odd(a,N);
     even_count=array_even(a,N);
     printf("max=%d\nmin=%d\n",max,min);
     printf("odd_count=%d\n",odd_count);
     printf("even_count=%d\n",even_count);
```

```
    return 0;
}
```

程序的运行效果如图 14-2 所示。

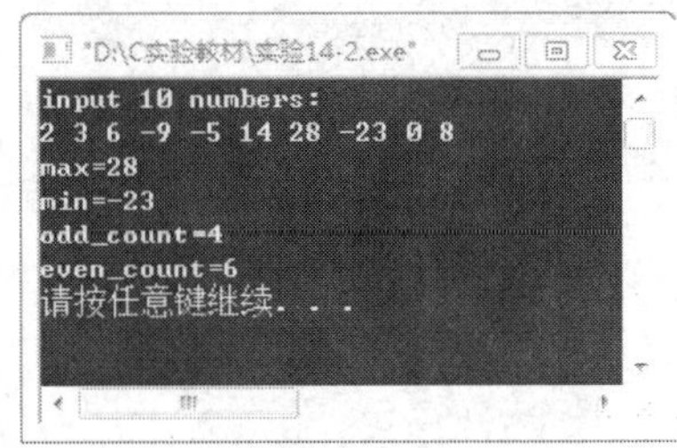

图 14-2　实验内容 2 运行结果

3. 实验内容 3

分析：根据题目要求，可知该题可使用以下

```
    #if 表达式
        程序段 1
    #else
        程序段 2
    #endif
```

条件编译语法形式。当 CHANGE 定义为 1 时，对程序段 1 进行编译，运行时使小写字母变大写字母。若 CHANGE 定义为 0 时，对程序段 2 进行编译，运行时使大写字母变小写字母。程序源代码如下：

```
#include <stdio.h>
#define   CHANGE 0
int main()
{
    char s[]="Welcome to Our C World!";
    int i=0;
    printf("the original string is:\n%s\n",s);
    while(s[i]!='\0')
    {
      #if CHANGE
      if((s[i]>='a')&&( s[i]<='z'))
          s[i]=s[i] -32;
      #else
        if((s[i]>='A')&&(s[i] <='Z'))
            s[i]=s[i] +32;
      #endif
        i++;
    }
   printf("\nAfter transformed, the string is:\n%s\n ",s);
     return 0;
}
```

当　#define CHANGE 0 时，程序运行结果如图 14-3（a），被转换后字符串的结果为：

welcome to our c world!

当　#define CHANGE1 时，程序运行结果如图 14-3（b），被转换后字符串的结果为：

WELCOME TO OUR C WORLD!

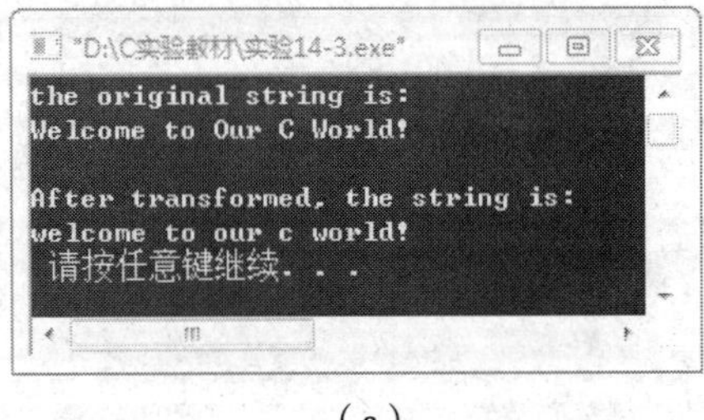

（a）

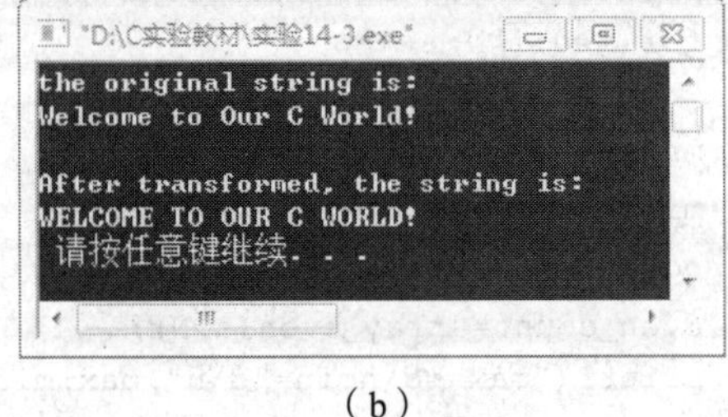

（b）

图 14-3　实验内容 3 运行结果

14.4 提高实验

1．三角形的面积公式为：$area = \sqrt{s(s-a)(s-b)(s-c)}$

其中：a、b、c 为三角形的三边，s 为三角形周长的一半：s=(a+b+c)/2。定义两个带参数的宏，一个用来求 s，另一个用来求 area。写程序用带参数的宏求三角形面积（注意：在三角形中，两边之和大于第三边）。

2．假设一个班级有 10 个学生，每个学生有语文、数学、英语三门成绩。做一个小型的成绩管理程序，实现以下功能：

（1）求每个学生的总分；

（2）显示总分最高的那个学生的记录；

（3）根据学号查找某个学生，若找到则显示其信息，若找不到则显示“no found”。

要求：以上功能分装在不同的头文件中，并通过“文件包含”命令来实现该管理程序。

实验 15 结构体变量初始化与引用

15.1 实验目的

1. 掌握结构体类型的定义、结构体类型变量的说明，以及成员的引用方法。
2. 掌握结构体类型变量的初始化以及相关操作。
3. 掌握结构体类型数组的概念和应用。
4. 掌握结构体指针的概念与用法。

15.2 实验内容

1. 启动 C 语言环境，输入并执行如下程序。

```
#include <stdio.h>
struct student
{
      int num;
      char name[20];
      float score;
};
int main()
{
      struct student stu;
      printf("please input num,name,score:? ");
      scanf("%d%s%f",&stu.num,stu.name,&stu.score);
      printf("%5d%20s%6.1f\n",stu.num,stu.name,stu.score);
      return 0;
}
```

（1）观察程序执行的结果。

（2）注意结构变量的定义和表示方法。

2. 启动 C 语言环境，输入并执行如下程序。

```
#include <stdio.h>
struct student
{
      int num;
```

```
        char name[20];
        float score;
}stu[3]={ {10203,"Li Hua",90},
          {10204,"Zhang Mei",92},
          {10205,"Wang Jun",85}};
int main()
{
        int i;
        for(i=0;i<3;i++)
           printf("%10d%20s%8.2f\n",stu[i].num,stu[i].name,stu[i].score);
        return 0;
}
```

（1）观察程序执行的结果。

（2）注意结构数组的使用。

3. 程序功能：建立结构体数组，要求完善程序求学生三门课总分，并用选择排序算法按总分由高到低排序。

程序代码如下：

```
#include <stdio.h>
#define N 5
int main()
{
    struct student
    {   int num;
        char name[20];
        float math;
        float eng;
        float cuit;
        float sum;
    }stu[N];
    struct student temp;
    int i,j,k;
    printf("input %d num,name,math,eng,cuit:\n",N);
    for(i=0;i<N;i++)
    {
        scanf("%d%s%f%f%f",&stu[i].num,stu[i].name,&stu[i].math,
            &stu[i].eng,&stu[i].cuit);
        stu[i].sum=stu[i].math+stu[i].eng+stu[i].cuit;
    }
    for(i=0;i<N-1;i++)
    {
        k=i;
        for(j=i+1;j<____(1)____;j++)
            if(____(2)____)k=j;
        if(k!=i)

            {
                temp=____(3)____;
                     ____(4)____;
                ____(5)____=temp;
            }
    }
    printf("\nsorted order:\n");
    for(i=0;i<N;i++)
```

```
        printf("%5d%20s%6.1f%6.1f%6.1f%6.1f\n",stu[i].num,stu[i].name,stu[i].math,
stu[i].eng,stu[i].cuit,stu[i].sum);
        return 0;
    }
```

4. 建立时间结构体类型，成员项有小时、分钟、秒，要求从键盘上输入当前时间，并在经过一段时间间隔后输出新时间。

5. 有 5 本教材，每本教材包括书名、价格。要求编程实现在 5 本书中查找最高价格和最低价格。

6. 建立 5 个学生的通信录，包含姓名、年龄、电话号码，要求用冒泡排序法按年龄从小到大排序。

15.3 实验步骤

1. 实验内容 1

目的是掌握如何定义结构体变量和引用结构体成员。

分析：

（1）在函数体外定义结构体类型，从而使得程序中的各个函数均可定义该结构体类型的变量。

（2）先定义了结构体类型 struct student，再定义结构体类型变量 stu，引用 stu 中成员项的方法是"结构体变量名.成员名"，例如 stu.num。注意只能对结构体变量中的各个成员分别进行输入和输出。

程序运行结果如图 15-1 所示。

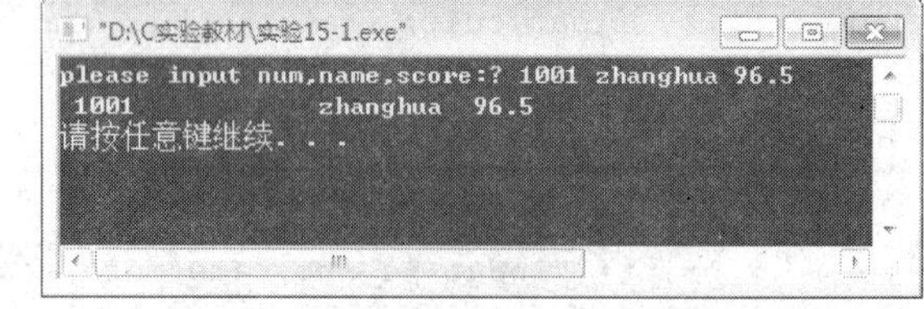

图 15-1 实验内容 1 运行结果

2. 实验内容 2

目的是掌握如何定义和使用结构体数组。

分析：

（1）程序中定义了结构体数组 stu[3]，并且在定义的同时初始化。赋初值时要注意类型一致。

（2）结构体数组元素的引用和普通数组元素的引用类似，其使用的一般形式为："结构体数组名[下标].成员项名"，例如：stu[0].name 表示下标为 0 的学生的姓名。注意数组下标从 0 开始使用。

程序运行结果如图 15-2 所示。

3. 实验内容 3

以 sum 成员项为准实现结构体数组的降序排序。

分析：

（1）选择排序法的思路是：每一趟选出一个最大数，并和当前第一个位置的数交换。

（2）ANSI C 标准允许相同类型的结构体变量相互赋值，题中要实现 2 个结构体变量的整体交换，则题干中空的地方应填写：

① N

② stu[k].sum<stu[j].sum

③ stu[i]

④ stu[i]=stu[k]

⑤ stu[k]

程序运行结果如图 15-3 所示。

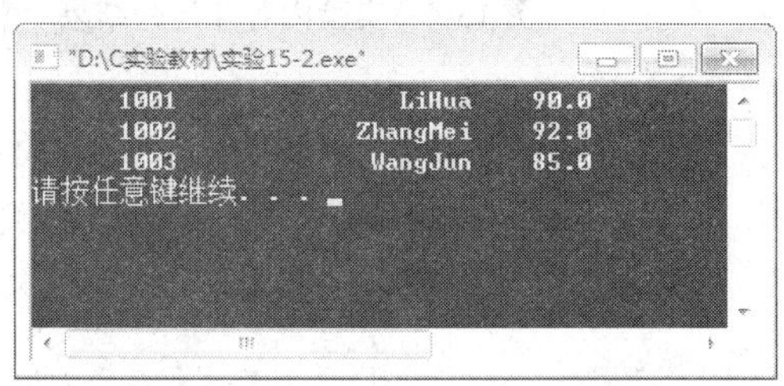

图 15-2　实验内容 2 运行结果

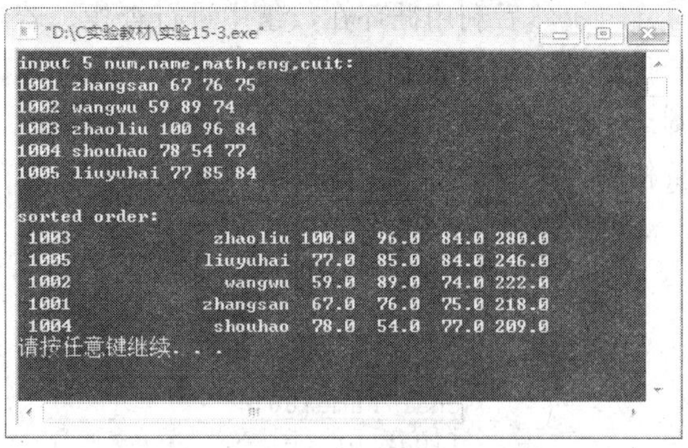

图 15-3　实验内容 3 运行结果

4. 实验内容 4

建立时间结构体类型，成员项有小时、分钟、秒，要求从键盘上输入当前时间，并在经过一段时间间隔后输出新时间。

目的掌握结构体变量在顺序程序结构的引用。

分析：

（1）定义结构体变量 time，包含 3 个成员项，小时、分钟、秒，省略了结构体类型名。

（2）利用整除、求余数运算实现程序要求。

程序代码如下：

```
#include <stdio.h>
int main()
{
      struct {
            int hour,minit,second;
      }time;
      int n;
      printf("input time (hh:mm:ss)=? \n");
      scanf("%d:%d:%d",&time.hour,&time.minit,&time.second);/*输入当前时间*/
      printf("input seconds=? \n");
      scanf("%d",&n);
      time.second=time.second+n;
      time.minit+=time.second/60;            /*超过 60 秒，加 1 分钟*/
      time.second=time.second%60;            /*求新的秒数*/
      time.hour+=time.minit/60;              /*超过 60 分钟，加 1 小时*/
      time.minit%=60;                        /*求新的分钟数*/
      time.hour%=24;                         /*求新的小时数*/
      printf("%d:%d:%d\n\n",time.hour,time.minit,time.second);
      return 0;
}
```

程序运行结果如图 15-4 所示。

5. 实验内容 5

要求编程实现利用结构体变量查找最高价格和最低价格的书名及价格。

目的学会在分支结构中使用结构体变量。

分析：

（1）此类问题可归结为求极值问题。假定第一个数组元素的值既是最大值 max，同时也可以看成是最小值 min。

（2）然后利用循环在数组中进行查找，若当前元素的价格大于 max 的值（即 stu[i]. price>stu[max].price），则最大值应修改为当前结构体。当循环结束后，max 的价格即为最高价格。找最小值的方法类似。

```
"D:\C实验教材\实验15-4.exe"
input time (hh:mm:ss)= ?
23:59:41
input seconds=?
35
0:0:16

请按任意键继续. . .
```

图 15-4　实验内容 4 运行结果

```
#include <stdio.h>
#define N 5
int main()
{
    struct book{
        char name[80];
        float price;
    };
    struct book abook,min,max;
    int n,i;
    printf("enter name,price=?\n");
    scanf("%s%f",abook.name,&abook.price);
    max=abook;
    min=abook;
    for(i=1;i<N;i++)                              /*循环查找最大、最小值*/
    {
        scanf("%s%f",abook.name,&abook.price);
        if(abook.price>max.price)
            max=abook;
        if(abook.price<min.price)
            min=abook;
    }
    printf("the max is %20s%10.2f\n",max.name,max.price);
    printf("the min is %20s%10.2f\n",min.name,min.price);
    return 0;
}
```

程序运行结果如图 15-5 所示。

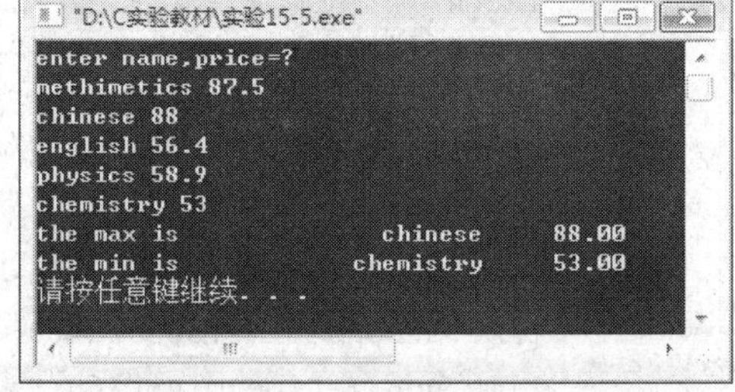

图 15-5　实验内容 5 运行结果

6. 实验内容 6

建立学生通信录，包含姓名、年龄、电话号码，要求用冒泡排序法按年龄从小到大排序。

目的在程序中应用结构体数组。

分析：

（1）首先定义结构体数组，并利用 scanf()函数进行初始化。

（2）利用双循环对数组排序。冒泡排序算法始终比较相邻两个元素，保证大数在下，小数在上。

（3）通过循环完成对结构体数组的输出。

源程序代码如下：

```
#include <stdio.h>
#define N 5
```

```
int main()
{
    struct address{     char name[20];
                        int age;
                        char  phon[80];
                    }person[10],temp; /*定义数组*/
    int n,i,j;
    printf("enter %d  name,age,phone:?\n",N);
    for(i=0;i<N;i++)                              /*初始化数组*/
        scanf("%s%d%s",person[i].name,&person[i].age,person[i].phon);
    for(i=0;i<N-1;i++)
        for(j=0;j<N-i-1;j++)
            if(person[j].age>person[j+1].age)
                {
                    temp=person[j];
                    person[j]=person[j+1];
                    person[j+1]=temp;
                }
    printf("\nsorted order:\n");
    for(i=0;i<N;i++)
        printf("%20s%5d%20s\n",person[i].name,person[i].age,person[i].phon);
    return 0;
}
```

程序运行结果如图 15-6 所示。

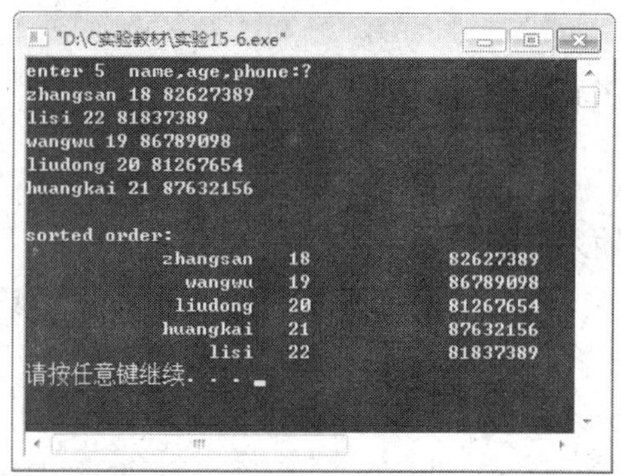

图 15-6　实验内容 6 运行结果

15.4　提高实验

有 5 本教材，每本教材包括书名、价格。要求编程实现按书名从大到小排序。

说明：

（1）定义结构体数组表示 5 本教材，结构体类型定义如下：

```
struct book
{   char name[40];
    float price;
};
```

（2）书名比较大小时使用字符串比较函数 strcmp();

（3）算法可以用冒泡排序法或选择排序法。

实验 16 结构体与函数

16.1 实验目的

1. 掌握结构体指针变量的概念和应用。
2. 掌握结构体数组作函数参数的方法。
3. 掌握指向结构体数组的指针作函数参数的方法。

16.2 实验内容

1. 启动 C 语言环境，输入并执行如下程序。

```
#include <stdio.h>
#include <string.h>
struct  exam
{   int  num;
    char  name[20];
    float score;
};
int main()
{    struct  exam  stud,*p;
     p=&stud;
     p->num=1001;
     strcpy(p->name,"wang");
     p->score=94.5;
     printf("%5d%20s%6.1f\n\n",p->num,p->name,p->score);
     return 0;
}
```

（1）观察程序执行的结果。

（2）注意结构体指针变量的定义和表示方法。

2. 启动 C 语言环境，输入并执行如下程序。

```
#include <stdio.h>
struct stru{
      int x;
      char c;
```

```
};
void func (struct stru *);
int main()
{
      struct stru a={10,'x'},*p=&a;
      func(p);
      printf("%d,%c\n",a.x,a.c);
      return 0;
}
void func(struct stru *b)
{
      b->x=20;
      b->c='y';
}
```

（1）观察程序执行的结果。

（2）注意指针变量的定义和表示方法。

3. 用结构体指针变量作函数参数编程，计算 5 个学生的平均成绩和不及格人数。数据结构体类型包含 3 个成员项：学号、姓名、成绩。

4. 程序填空

（1）下面的函数 creat()是建立单向链表的函数，它返回已建立链表的头指针，结点结构为：struct node { int num;　struct node *next; }；

函数为：

```
struct node*creat()
{      struct node *head,*tail,*p;
       int num;
       head=NULL;
       printf("input data:\n");
       scanf("%d",&num);
       while (num!=0)
       {    p=(struct node *)malloc(sizeof(struct node));
            p->num=num;
            if (head==NULL) head=p;
            else ____(1)____ ;
            tail=p;
            scanf("%d",&num);
       }
       tail->next= ____(2)____
       ____(3)____
}
```

（2）下面的函数是将 p 所指的结点插入 head（形参中）所指的单向链表中。设链表已按学号（num）从小到大顺序排列，要求将 p（形参）所指的结点插入后链表保持有序，函数返回插入后的链表的头指针。结点结构为：struct node { int num;　struct node *next; };

函数为：

```
struct node *insert(struct node *head ,struct node *p)
    {    struct node *front,*rear;
         front=head;
         while (front!=NULL && front->num < p->num)
         {     rear=front;
               ____(1)____
         }
```

```
        if (front==NULL )
        {      if (head==NULL)    ____(2)____
               else rear->next=p;
               ____(3)____
        }
       else
        {     if (head==front)head=p;
              else rear->next=p;
              ____(4)____
        }
              ____(5)____
    }
```

5. 编写 main()主函数调用题（1）中子函数 creat()创建链表，输入数据的顺序为：10 20 30 40 50 60 70 80 0。

调用题（2）中子函数 insert()，插入新结点，结点数值为 66。

16.3 实 验 步 骤

1. 实验内容 1

目的是了解结构体指针变量的定义和表示方法。

分析：

（1）结构体变量的首地址指的是结构体变量的第一个成员的地址。将 stud 的起始地址赋给指针变量 p，也就是使 p 指向 stud，即 p=&stud1;。

（2）程序中访问结构体中的成员使用了以下两种方法：

(*结构指针名).成员项名对应于(*p).num=1001;

结构指针名—>成员项名对应于 p->score=94.5;

以上两种形式是等价的，注意*p 两侧的括号不能省略。因为成员运算符“.”的优先级别高于“*”运算符，*p. score 等价于*（p. score）。

程序运行结果如图 16-1 所示。

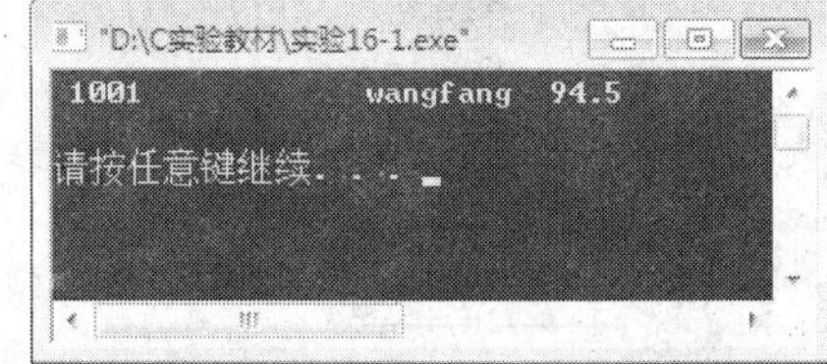

图 16-1 实验内容 1 运行结果

2. 实验内容 2

目的是学习如何定义和使用结构体指针变量。

分析：

（1）程序定义了结构体变量、结构体指针，通过调用函数完成主函数结构体变量成员值的修改。

（2）函数调用时采用地址传递，在子函数中修改 b 指向的结构变量，即为修改 p 指向的结构变量 a。

```
#include <stdio.h>
struct stru{
     int x;
     char c;
};
void func (struct stru *);
int main()
{
```

```
    struct stru a={10,'x'},*p=&a;
    func(p);
    printf("%d,%c\n",a.x,a.c);
    return 0;
}
void func (struct stru *b)
{
    b->x=20;
    b->c='y';
}
```

程序运行结果如图 16-2 所示。

图 16-2　实验内容 2 运行结果

3. 实验内容 3

目的是理解用结构体指针变量作函数参数。

分析：将结构体指针变量作函数参数时，形参和实参必须是同类型的结构体指针变量。编写计算子函数 fun1()、fun2()，分别计算平均成绩和不及格人数，数据的输入在 main()函数中实现。

程序代码如下：

```
#include <stdio.h>
#define N 3
struct student{
    int num;
    char name[20];
    float score;
};
float fun1(struct student*q);                    /*函数原型声明语句*/
int  fun2(struct student*q);
int main()
{    struct student stru[N],*p;                  /*说明数组与指针*/
     int count;                                  /*不及格计数变量*/
     float average;                              /*平均成绩*/
     for(p=stru;p<stru+N;p++)                    /*初始化结构体数组*/
         scanf("%d%s%f",&(p->num),p->name,&(p->score));
     for(p=stru;p<stru+N;p++)                    /*输出结构体数组*/
         printf("%5d%20s%6.1f\n",(p->num),p->name,(p->score));
     p=stru;                                     /*指针指向数组头元素*/
     average=fun1(p);                            /*调用函数求平均值、不及格人数*/
     count=fun2(p);
     printf("average score is %6.1f\n",average);            /*输出结果*/
     printf("count is %d\n",count);
     return 0;
}
float fun1(struct student *q)
{
     float aver=0;
     struct student *p;
     for(p=q;p<q+N;p++)                      /*访问每个数组元素累加成绩*/
         aver=aver+p->score;
     return aver/N;                          /*返回平均成绩*/
}
```

```
int fun2(struct student *q)
{
     int ic=0;
     struct student *p;
     for(p=q;p<q+N;p++)                     /*访问每个数组元素，计数不及格人数*/
          if(p->score<60)ic++;
     return ic;                             /*返回计数值*/
}
```

程序运行结果如图16-3所示。

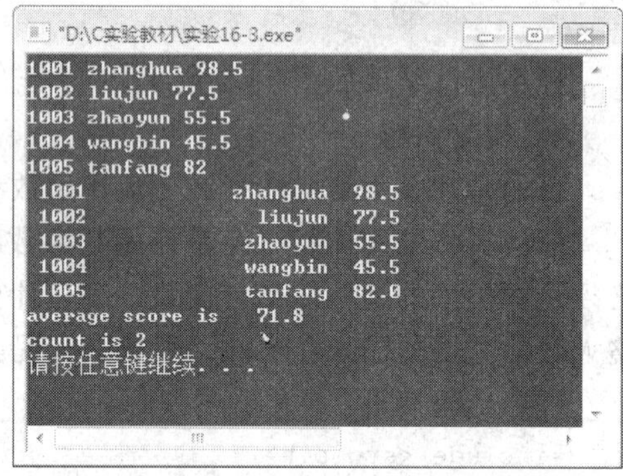

图16-3　实验内容3运行结果

4. 实验内容4

目的学会链表的基本操作，特别是动态向系统申请内存空间建立新结点，以及链表指针域在插入结点时的变化。

（1）下面的函数creat()是建立单向链表的函数，它返回已建立的链表的头指针。

分析：建立单项链表，每个新结点需要用malloc()向系统申请结构体大小的内存空间，结点的数值域若输入为0，则链表结束。每次将新结点插入到链表的尾部后，都要调整尾指针的指向。函数调用的返回值是新建链表的头指针。

程序代码如下：

```
#include <stdio.h>
#include <malloc.h>
#include <stdlib.h>
struct  node{                              /*定义结构体类型*/
        int num;
        struct node *next;                 /*定义指针域*/
};
struct node *creat()                       /*子函数定义*/
{    struct node *head,*tail,*p;           /*定义头指针、尾指针、新结点指针*/
     int num;
     head=NULL;                            /* 给表头指针初始化 */
     printf("input data:\n");
     scanf("%d",&num);
     while (num!=0)        /*若输入的数值为0，退出循环，表示链表创建完成*/
     {    p=(struct node *)malloc(sizeof(struct node));
                                           /*向系统申请新结点内存空间*/
          p->num=num;                      /*新结点初始化值域*/
          if(head==NULL)head=p;            /*如果是第一个结点，将新结点作为头结点*/
          else tail->next=p  ;             /*如果不是头结点，插入链表的尾部*/
          tail=p;                          /* 给表尾指针 tail 赋值 */
          scanf("%d",&num);                /*输入下一个结点*/
     }
     tail->next= NULL;                     /*将最后一个结点的指针域设为空值*/
     return head;                          /*返回新链表的头指针*/
     }
```

（2）插入新结点 p。

分析：插入的新结点必须与链表中的每一个元素值比较大小，若 front 指向的当前结点数值域比新结点小，则指针向后移动一个结点，若 front 指向的当前结点数值域比新结点大，则插入到 rear 与 front 指向的结点之间，如图 16-4 所示，函数调用后返回链表的头指针。

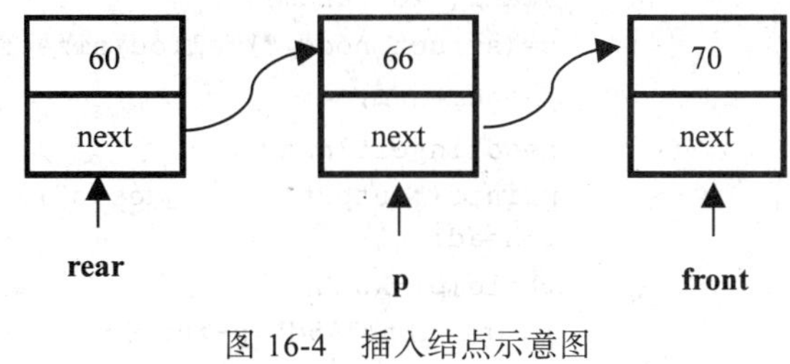

图 16-4　插入结点示意图

程序代码如下：

```
struct node *insert(struct node *head ,struct node *p)
    {
        struct node *front,*rear;
        front=head;
        while (front!=NULL && front->num < p->num)
                              /*当前结点不为空且数值域值小于插入结点时循环*/
        {   rear=front;              /*一对指针向后移动一个位子*/
            front=front->next ;
        }
        if (front==NULL )
        {   if(head==NULL) head=p; /*如果是空表，则新结点即位头指针*/
            else rear->next=p;
            p->next=NULL;
        }
       else
        {   if(head==front)head=p;   /*如果是最小值，则插入头结点*/
            else rear->next=p;
            p->next=front;
        }
            return head;
    }
```

5. 实验内容 5

目的是学会用指针作为参数，通过主函数调用子函数实现链表的创建、结点的插入、链表的输出。

分析：首先调用实验内容 4 中 creat()函数创建顺序链表，返回链表头指针，然后新建结点 p，调用 insert()函数将 p 结点插入到链表中，输出链表。

程序代码如下：

```
#include <stdio.h>
int main()
   { struct node *head,*p;
       int num;
       head=creat();                   /*调用子函数创建链表*/
       p=head;
       printf("output nodes\n");
       while(p!=NULL)                  /*输出链表结点*/
       {   printf("%5d",p->num);
           p=p->next;
       }
       printf("\n\n");
```

```
        printf("output insert node?");
        scanf("%d",&num);
        p=(struct node *)malloc(sizeof(struct node));      /*申请新结点内存空间*/
        p->num=num;                                        /*新建结点 p*/
        head=insert(head,p);                               /*调用子函数插入新结点*/
        printf("output new nodes\n");
        p=head;
        while(p!=NULL)                                     /*输出插入后的链表*/
        {   printf("%5d",p->num);
            p=p->next;
        }
        printf("\n\n");
        return 0;
}
```

程序运行结果如图 16-5 所示。

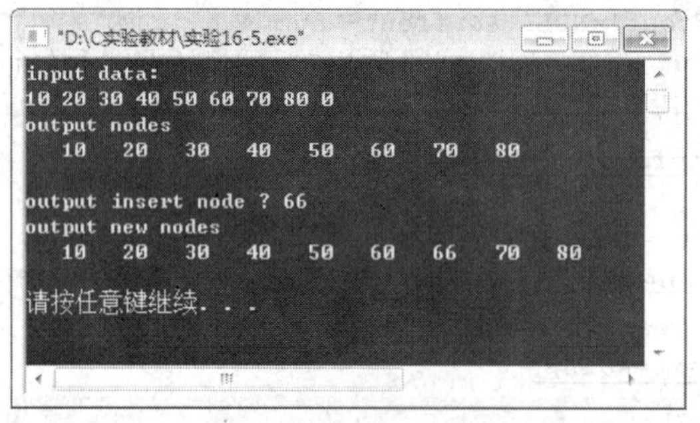

图 16-5　实验内容 5 运行结果

16.4 提高实验

1. 编写下列函数：

（1）创建 creat()函数建立职工链表，每个结点包括的成员项为职工号、工资。

（2）编写函数 sort()按职工号从小到大排序。

（3）编写函数 insert()按职工号顺序插入新结点。

（4）编写函数 delete()删除一个结点。

（5）编写函数 list()输出结点数据。

2. 编写主函数 main()，调用上面编写的函数，完成链表的创建、排序、插入、删除、输出操作。要求：

（1）链表含 5 个结点，职工号分别为 101，103，105，107，109。

（2）新插入的职工号为 106。

（3）查找并删除职工号为 103 的结点。

实验 17 位运算

17.1 实验目的

1. 掌握二进制的基本概念，学会使用二进制表示数据。
2. 理解位运算的概念，并掌握各种位运算。
3. 学会在实际的应用中使用位运算。
4. 了解位段的基本概念。

17.2 实验内容

1. 启动 C 语言环境，输入并执行如下程序。

```
#include <stdio.h>
int main()
{
        unsigned int a,b,x,y,z;
        a=0x63;
        b=0x77;
        x=a&b;
        y=a|b;
        z=a^b;
        printf("\nx=%d,%o,%x",x,x,x);
        printf("\ny=%d,%o,%x",y,y,y);
        printf("\nz=%d,%o,%x\n\n",z,z,z);
        return 0;
}
```

（1）观察程序的执行结果，特别是进制之间的换算。

（2）注意位运算的逐位运算，手动演算程序执行的输出结果。

2. 启动 C 语言环境，输入并执行如下程序。

```
#include <stdio.h>
int main()
{
        unsigned int a,b,c,d;
        a=0x8;
```

```
        b=a<<1;
        c=a<<2;
        d=a>>2;
        printf("\na=%d,%o,%x",a,a,a);
        printf("\n~a=%d,%o,%x",~a,~a,~a);
        printf("\nb=%d,%o,%x",b,b,b);
        printf("\nc=%d,%o,%x",c,c,c);
        printf("\nd=%d,%o,%x\n\n",d,d,d);
        return 0;
}
```

（1）观察程序的执行结果。

（2）注意非运算，左、右移位运算后数据的变换。

3. 启动 C 语言环境，输入并执行如下程序。

```
#include <stdio.h>
int main()
{
        unsigned short a,b,bit,mask,i;
        b=0;
        mask=0x8000;
        a=0xab98;
        for(i=1;i<=16;i++)
        {
            bit=(mask&a)?1:0;
            b=b*2+bit;
            mask=mask>>1;
        }
        printf("\na=%u,%x,%d",a,a,a);
        printf("\nb=%u,%x,%d\n\n",b,b,b);
        return 0;
}
```

（1）观察程序的执行结果，理解程序的功能。

（2）注意无符号整数与十六进制数、十进制数之间的关系。

4. 启动 C 语言环境，输入并执行如下程序。

```
#include <stdio.h>
int main()
{
        struct packed_data
                {
                    unsigned short a:4;
                    unsigned short b:4;
                    unsigned short c:4;
                    unsigned short d:4;
                } data;
        data.a=15;
        data.b=9;
        data.c=10;
        data.d=14;
        printf("data=%x\n\n",data);
        return 0;
}
```

（1）观察程序的执行结果。

（2）观察位段数据输出的次序、大小范围。

17.3 实 验 步 骤

1. 二进制数据的逻辑运算，运行结果如图 17-1 所示。

分析：

（1）二进制逻辑运算中的与运算、或运算。

（2）C 语言中数值表示的方法有二进制、八进制、十六进制、十进制。

（3）逻辑运算规则

与：0&0=0,0&1=0,1&0=0,1&1=1

或：0|0=0,0|1=1,1|0=1,1|1=1

异或：0^0=0,0^1=1,1^0=1,1^1=0

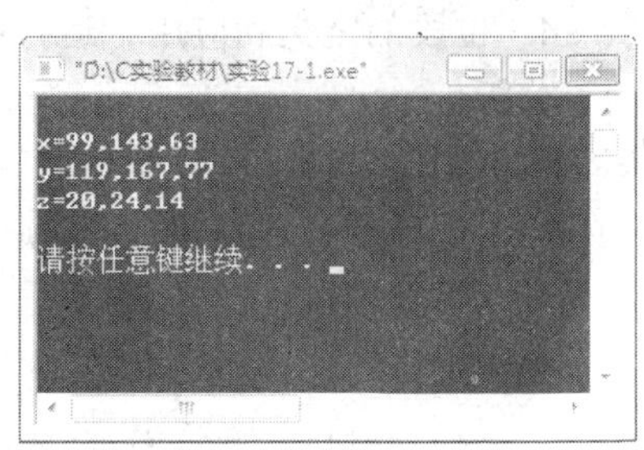

图 17-1　实验内容 1 运行结果

（4）a=0x63=0000 0000 0110 0011

```
b=0x77=0000 0000 0111 0111
x=a&b=0000 0000 0110 0011=0x63=0143=99
y=a|b=0000 0000 0111 0111=0x77=0167=119
z=a^b=0000 0000 0001 0100=0x14=024=20
```

2. 各种逻辑移位运算，运行结果如图 17-2 所示。

分析：

（1）移位运算规则

“<<”左移操作，二进制向左移动一位，即数值乘 2。

“>>”右移操作，二进制向右移动一位，即数值除 2。

（2）a=0x8=00000000 0000 1000=8=010

```
~a=11111111 11111111 11111111 1111 0111=-9=037777777767=0xFFFFFFF7
b=a<<1=00000000 0001 0000=16=020
c=a<<2=00000000 0010 0000=32=040
d=a>>2=00000000 0000 0010=2=02
```

3. 利用掩码的移位运算截取二进制位，运行结果如图 17-3 所示。

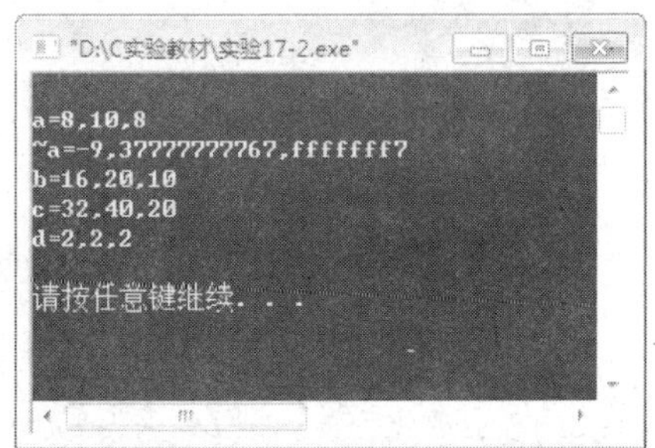

图 17-2　实验内容 2 运行结果

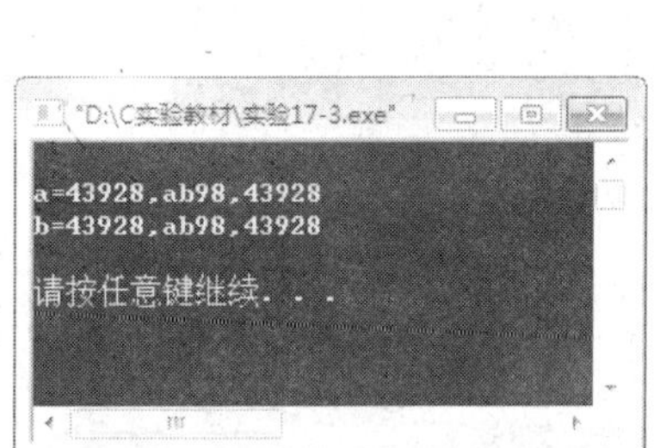

图 17-3　实验内容 3 运行结果

分析：

（1）将十六进制数转换成十进制数。

```
mask=0x8000=1000 0000 0000 0000
a=0xab98=1010 1011 1001 1000=43928
```

（2）bit=(mask&a)?1:0

表示若 mask 与 a 对应二进制位同时为 1，则 bit=1，否则 bit=0。目的看变量 a 哪一位上为 1。

b=b*2+bit 二进制展开式，转化成十进制数。

（3）mask=mask>>1 掩码右移移位，对下一位进行判断。

4. 位段的定义和应用，运行结果如图 17-4 所示。

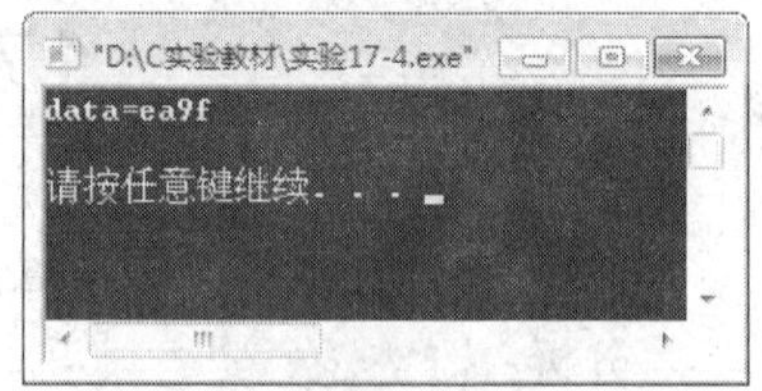

图 17-4 实验内容 4 运行结果

分析：

（1）程序定义了位段类型名 packed_data 和位段变量 data。

（2）位段变量 data 的成员项分别定义为 4 位无符号整型数，初值分别为：

```
a=15=1111
b= 9=1001
c=10=1010
d=14=1110
```

data 由 a、b、c、d 从低到高存入内存，如表 17-1 所示。

位段示例

12 位	11 位			8 位	7 位			4 位	3 位			0 位
0	1	0	1	0	1	0	0	1	1	1	1	1

17.4 提高实验

1. 编写程序，实现从键盘任意输入无符号整数，依次取出其偶数位。
2. 编写程序，实现左右移位。如输入+2 表示右移 2 位；输入−3 表示左移 3 位。

实验 18 文件读写

18.1 实验目的

1. 掌握文件指针的概念。
2. 掌握文件的打开与关闭方法。
3. 掌握文件的各种读写操作方法。

18.2 实验内容

1. 从键盘上输入一串字符，保存在文件夹“d:\C 实验教材”中，文件名为 file_01.txt。（所有的程序都保存在文件夹“d:\C 实验教材”中，下同）

2. 打开已建立的文本文件 file_01.txt，在屏幕上显示其内容。

3. 求 100 以内的素数，将它们按每行 5 个数据方式显示在屏幕上，并把结果保存在文件 file_02.txt 中。

4. 解决百鸡问题：“鸡翁一，值钱五；鸡母一，值钱三；鸡雏三，值钱一。百钱买百鸡，问鸡翁、母、雏各几只”。要求：结果在屏幕上显示并保存在文件 file_03.dat 中。

5. 用姓名、工资和年龄描述一个人的情况，编写程序输入 5 个人的情况，并存入文件 file_04.dat 中。此 5 人的基本信息如表 18-1 所示。

表 18-1　个人情况表

Name	Age	Salary
zhangjie	25	2000
chenbo	28	2600
wangyi	32	3000
zhengui	45	3500
xiechen	36	3200

6. 修改上题产生的文件，为每个人增加工资 30%，并将年龄增加 1 岁，屏幕上显示结果。

18.3 实 验 步 骤

1. 实验内容 1

分析：定义一个文件指针 fp，指向文件：d:\C 实验教材\file_01.txt，并以读写文件的方式打开该文本文件。利用 getchar()函数获取键盘上输入的字符，并用 fputc()函数将键盘上输入的字符写入文件指针 fp 所指定的磁盘文件 file_01.txt 中，此过程用一个循环结构进行控制。程序代码如下：

```
#include <stdio.h>
int main()
{
     FILE *fp;
     char ch;
     if((fp = fopen("d:\\C 实验教材\\file_01.txt","w+"))==NULL)
     {
          printf("Cannot open file, press any key to exit!");
          exit(1);
        }
     printf("Input a string: \n");
     while((ch=getchar())!='\n')
          fputc(ch,fp);
     fclose(fp);
     return 0;
}
```

运行后输入：

```
Create a file and input a string to save to it!
```

输完后按回车键，执行程序得到运行结果。如图 18-1 所示，(a)图为程序运行结果，(b)图为生成的 file_01.txt 文件中的内容。

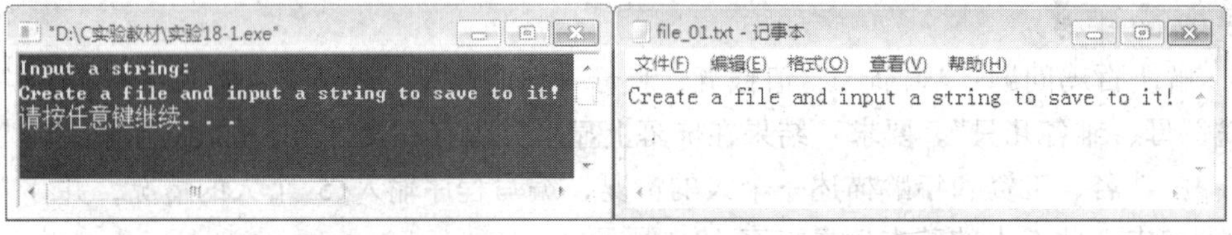

(a) 程序运行结果　　　　(b) file_01.txt 文件内容

图 18-1　实验内容 1 运行结果

2. 实验内容 2

分析：定义一个文件指针 fp，指向文件：d:\C 实验教材\file_01.txt，并以只读文件的方式打开该文本文件。利用 fgetc()函数从文件指针 fp 指定的磁盘文件中读取一个字符，并用 putchar()函数将获取的字符在屏幕上进行显示，此过程用一个循环结构进行控制。

程序代码如下：

```
#include <stdio.h>
int main()
{
    FILE *fp;
```

```
    char ch;
    if((fp=fopen("d:\\C实验教材\\file_01.txt","r"))==NULL)
    {
        printf("Cannot open file, press any key to exit!");
        exit(0);
    }
    while((ch=fgetc(fp))!=EOF)
        putchar(ch);
    fclose(fp);
    printf("\n");
    return 0;
}
```

程序运行结果如图 18-2 所示。

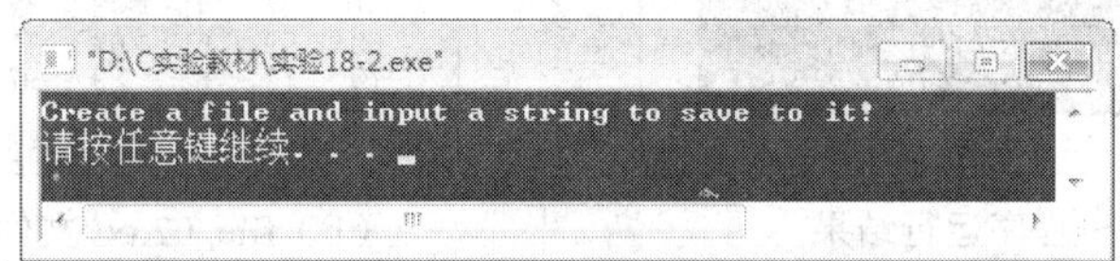

图 18-2　实验内容 2 运行结果

3. 实验内容 3

分析：首先定义一个文件指针 fp，指向文件：d:\C 实验教材\file_02.txt，并以写文件的方式打开该文本文件。采用主程序调用自定义函数（定义为：int fix(int x)）方式实现本题操作。自定义函数用来判断当前数据是否为素数（素数为仅被 1 和它本身整除的正整数）；主程序利用循环结构每次向自定义函数传递一个整数，进行素数的判断。若是素数，用 fprintf()函数将其写入文本文件 file_02.txt 中，并以每行 5 个数据的方式将判断出来的素数在屏幕上进行显示。

程序代码如下：

```
#include <stdio.h>
int fix(int x)
{
    int z=1,k;
    for(k=2;k<=x/2;k++)
        if(x%k==0)
            {z=0;break;}
    return z;
}

int main()
{
    int i,n=0;
    FILE *fp;
    if((fp = fopen("d:\\C实验教材\\file_02.txt","w"))==NULL)
        exit(1);
    for(i=2;i<100;i++)
        if(fix(i))
        {
            printf("%5d",i);
            fprintf(fp,"%5d",i);
            n++;
            if(n%5==0)
            {
```

```
                printf("\n");
                fprintf(fp,"\n");
            }
        }
    fclose(fp);
    return0;
}
```

程序运行结果如图 18-3 所示。其中,(a)图为程序运行结果,(b)图为保存在文件 file_02.txt 中的数据。

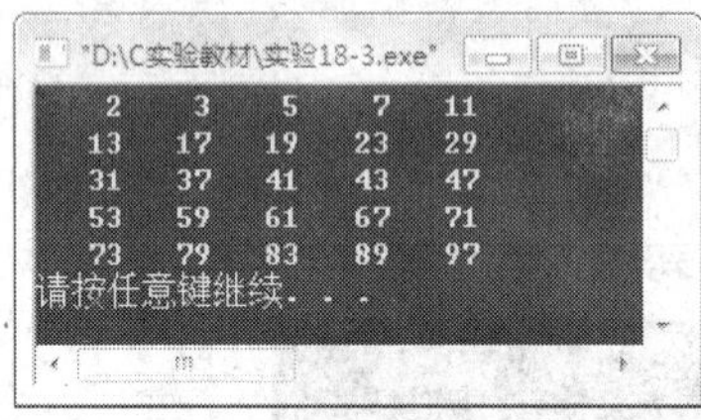

(a)程序运行结果

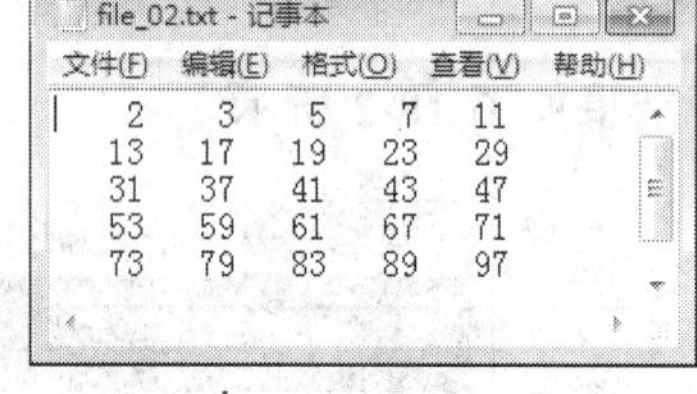

(b)file_02.txt 文件内容

图 18-3 实验内容 3 运行结果

4. 实验内容 4

分析：首先定义一个文件指针 fp，指向文件：d:\C 实验教材\file_03.dat，并以二进制写文件的方式打开该文件。定义一个结构体数组用来存放鸡翁、母、雏各几只的各种组合情况，并利用鸡翁、母、雏的比例关系及其约束条件建立关系式(具体分析请见教材相关章节内容)，求取鸡翁、母、雏的具体数字，并保存在结构体数组中。将结构体数组中的数据通过 fprintf() 函数写到文件 file_03.dat 中，并在屏幕上进行显示。

程序代码如下：

```
#include <stdio.h>
typedef struct{
    int cock,hen,chick;
}chicken;

int main()
{
    chicken ch[21],*p=ch;
    int cock,hen,chick,sum=0;
    FILE *fp;
    if((fp=fopen("d:\\C 实验教材\\file_03.dat","wb"))!=NULL)
    {
        for(cock=0;cock<=20;cock++)
        {
            hen=(100-7*cock)/4;
            chick=100-hen-cock;
            if((cock*5+hen*3+chick/3==100)&&(chick%3==0)
            &&((cock+hen+chick)==100)&&(hen>=0)&&(chick>=0))
            {
                p->cock=cock;
                p->hen=hen;
                p->chick=chick;
                p++;
                sum++;
```

```
            exit(1);
        }
        if(fwrite(staff,sizeof(STAFF),5,fp)!=5)
            printf("File write error\n");
        fclose(fp);
    }
    return 0;
}
```

程序运行结果如图 18-6 所示。

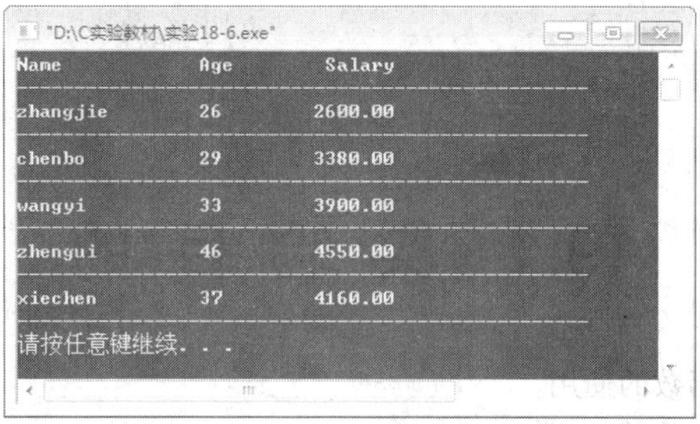

```
"D:\C实验教材\实验18-6.exe"
Name            Age         Salary
------------------------------------------------------------
zhangjie        26        2600.00
------------------------------------------------------------
chenbo          29        3380.00
------------------------------------------------------------
wangyi          33        3900.00
------------------------------------------------------------
zhengui         46        4550.00
------------------------------------------------------------
xiechen         37        4160.00
------------------------------------------------------------
请按任意键继续. . .
```

图 18-6　实验内容 6 运行结果

18.4　提 高 实 验

1．二进制文件 file1.dat 中存有 10 个实数，现将它们按从小到大的顺序进行排序，结果存入文件 file_05.dat 中，并在屏幕上显示。

2．在磁盘上存放两个文本文件 file_06.txt 和 file_07.txt。它们中各存放有一行字符（英文字符），现在要求将这两个文件中的字符进行合并，合并时按字符顺序排列，并把结果存放到一个新的文本文件中，同时要求在屏幕上显示。

3．统计有关书的数据。从键盘输入几本书的数据，每本书的数据包括条形码、书名和价格，将每项数据分别写入文本文件 bookdata.txt 和二进制文件 bookdata.dat，存放在指定文件夹中。

4．从文本文件 bookdata.txt 和二进制文件 bookdata.dat 中读出每本书的数据，计算所有书的平均价格，并按价格从低到高的次序显示其相关数据。

实验 19
文件定位与检测

19.1 实 验 目 的

1. 掌握文件定位函数的使用。
2. 掌握文件检测函数的使用。

19.2 实 验 内 容

1. 将实验 18 中的第 6 题的文件按逆序读入 3 个记录（用文件定位函数），并在屏幕上显示结果，即显示后 3 条数据。

2. 一个数组共有 6 个实数，将其写到一个二进制文件中，并将该文件中的第 5 个数显示在屏幕上。

3. 文件检测函数的应用。

19.3 实 验 步 骤

1. 实验内容 1

分析：首先定义一个文件指针 fp，指向文件：d:\C 实验教材\file_04.dat，并以二进制读文件的方式打开该文件。定义一个结构体数组，用来存放每人的基本信息。采用循环结构方式，利用文件指针定位函数 fseek()将文件指针 fp 定位在文件 file_04.dat 中的最后一个数据块处，用数据块读函数 fread()将文件指针 fp 指向的磁盘文件 file_04.dat 中的数据读入到结构体数组中，按逆序共读取 3 条数据，然后在屏幕上进行显示。

程序代码如下：

```
#include <stdio.h>
int main()
{
    int i,j;
    FILE *fp;
```

```
    float temp;
    typedef struct{
        char name[16];
        int age;
        float salary;
    }STAFF;
    STAFF staff;
    if((fp = fopen("d:\\C实验教材\\file_04.dat","rb")) == NULL)
    {
        printf("Cannot open file, press any key to exit!");
        exit(1);
    }
    printf("name            age        salary\n");
    for(i=4;i>1;i--)
    {
        fseek(fp,i*sizeof(STAFF),0);
        if(fread(&staff,sizeof(STAFF),1,fp)!=1)
            printf("File read error\n");
        printf("---------------------------------------------------\n");
        printf("%-16s%-10d%-10.2f\n",staff.name,staff.age,staff.salary);
    }
    printf("---------------------------------------------------\n");
    fclose(fp);
    return 0;
}
```

实验运行结果如图 19-1 所示。

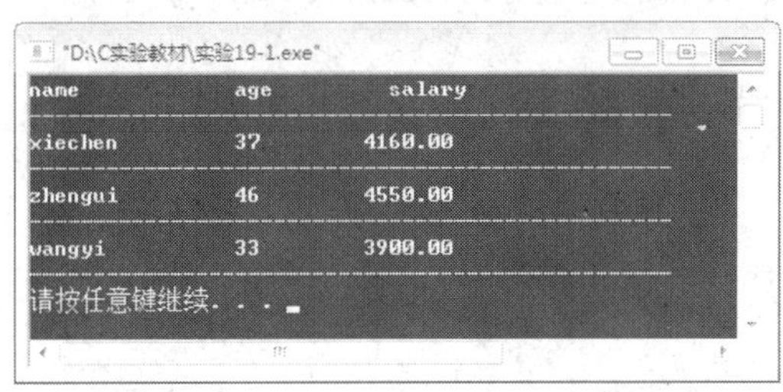

图 19-1　实验内容 1 运行结果

2. 实验内容 2

分析：首先定义一个文件指针 fp，指向文件：d:\C 实验教材\datafile3.dat，并以二进制写文件的方式打开该文件。定义一个数组，用来存放 6 个已知数据。利用数据块写函数 fwrite() 将数组中的 6 个数据写入到 fp 所指向的文件中，并关闭该文件。以只读方式打开该二进制文件，利用文件指针定位函数 fseek()，将文件指针指向第 5 个数据，并通过读数据块函数 fread() 将第 5 个数据读取出来，并在屏幕上进行显示。

程序代码如下：

```
#include <stdio.h>
int main()
{
    float a[6]={13.5, -10.3, 35.2, 6.1, 70, -19.5};
    float i;
    FILE *fp1,*fp2;
    fp1 = fopen("d:\\C实验教材\\datafile3.dat", "wb+");
    fwrite(a, sizeof(float), 6, fp1);
```

```
    fclose(fp1);
    if((fp2 = fopen("d:\\C 实验教材\\datafile3.dat", "rb"))==NULL)
    {
        printf("Cannot open file");
        exit(1);
    }
    fseek(fp2, 4*sizeof(float), SEEK_SET);
    fread(&i,sizeof(float),1,fp2);
    printf("%f\n",i);
    fclose(fp2);
    return 0;
}
```

实验运行结果如图 19-2 所示。

3. 实验内容 3

分析：首先定义一个文件指针 fp，指向文件：d:\C 实验教材\datafile4.txt，并以只读文件的方式打开该文本文件。利用 fgetc()读文件中的数据，显示 ferror()函数的值，若其值为 0，表示读文件正确；然后以写方式打开文件，接着读文件，显示 ferror()函数的值，如果其值非 0，表示读文件错误。

程序代码如下：

```
#include <stdio.h>
int main()
{
    FILE *fp;
    if((fp = fopen("d:\\C 实验教材\\datafile4.txt","r"))==NULL)
    {
        printf("File open error!\n");
        exit(1);
    }
    fgetc(fp);
    printf("%d\n",ferror(fp));
    if(fclose(fp))
    {
        printf("File close error!\n");
        exit(1);
    }
    if((fp=fopen("d:\\C 实验教材\\datafile4.txt ","w"))==NULL)
    {
        printf("File open error!\n");
        exit(1);
    }
    fgetc(fp);
    printf("%d\n",ferror(fp));
    if(fclose(fp))
    {
        printf("File close error!\n");
        exit(1);
    }
    return 0;
}
```

程序运行结果如图 19-3 所示。

图 19-2　实验内容 2 运行结果

图 19-3　实验内容 3 运行结果 s

19.4　提高实验

1. 编写程序对 ASCII 文件 testdata.txt 中的字符进行统计，统计该文件中字母、数字和其他字符的个数，输出统计结果。

2. 假设有 3 个学生，每个学生有 4 门课程的成绩，通过键盘输入这 3 个学生的有关数据，主要包括有学号、姓名以及 4 门课程成绩，如表 19-1 所示。现要求计算每个学生的总分和平均分，同时把每个学生的数据（学号、姓名、4 门课程成绩、总分及平均分）存放在硬盘文件 studdata1.dat 中。

表 19-1　学生表的数据

No.	Name	Score1	Score2	Score3	Score4	Sum	Ave
1002	ChenLi	90	86	85	81		
1001	GanLan	86	76	90	86		
1006	WuJin	88	89	86	96		

3. 将第 2 题 studdata1.dat 文件中的学生数据，按总分进行从高到低的顺序排序，并将排序后的学生数据存入一个新的文件 studdata2.dat 中。

4. 将第 3 题 studdata2.dat 文件中的学生数据进行插入操作处理。插入一个学生的 4 门课程成绩，程序先计算新插入学生的总分和平均成绩，然后将它按总分高低顺序进行插入，插入后将结果保存在一个新的文件 studdata3.dat 中。

实验 20
C 语言程序设计综合应用

20.1 实 验 目 的

1. 掌握模块化程序设计方法。
2. 掌握函数、指针、结构体、文件等知识的综合运用。
3. 理解软件开发思路，掌握一定的软件开发技巧。

20.2 实 验 内 容

设计一个简易的学生学籍管理系统，要求具备输入记录、输出记录、删除记录、修改记录等基本功能，能够实现数据文件中记录的读取和保存。部分程序界面如图 20-1～图 20-3 所示。

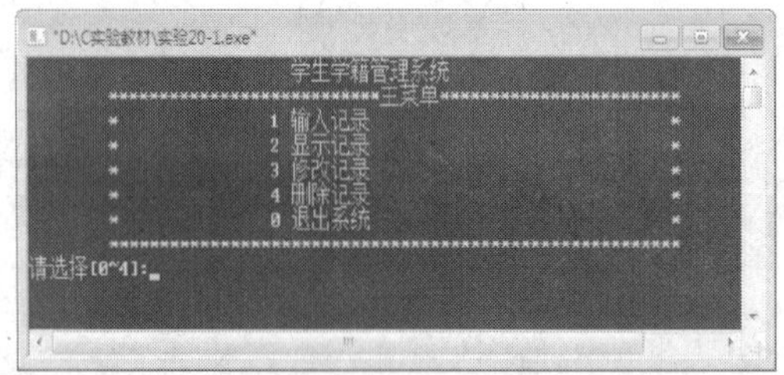

图 20-1 系统主菜单界面

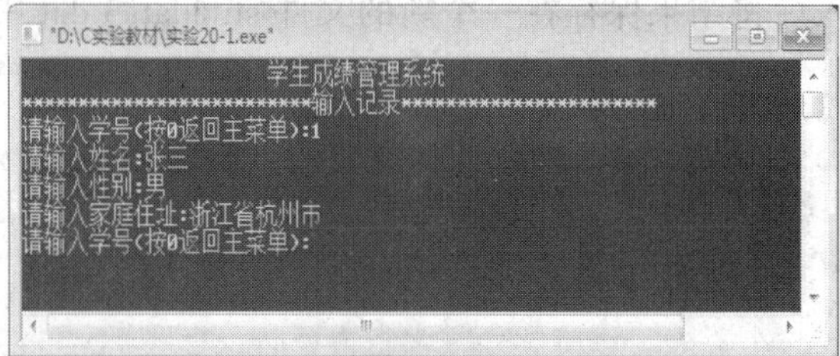

图 20-2 输入记录界面

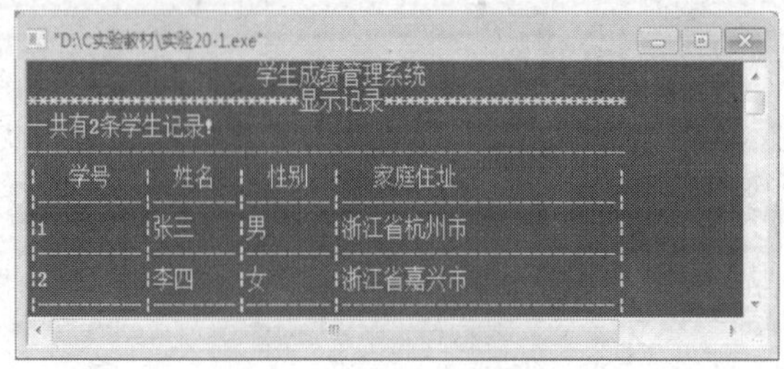

图 20-3 显示记录界面

20.3 实验步骤

模仿 C 语言教材中的学生成绩管理系统，参考源码如下：

```
/*学生学籍管理系统*/
#include <stdio.h>
#include <stdlib.h>
#include <string.h>
/*宏定义*/
#define N 100          /*假设学生个数是 100*/
#define HEADER1 "-----------------------------------------------------------\n"
#define HEADER2 "|  学号 |  姓名  |  性别  |   家庭住址  |\n"
#define HEADER3 "|----------|--------|--------|--------------------------|\n"
#define FORMAT  "|%-10d|%-8s|%-8s|%-26s|\n"
#define DATA p->num,p->name,p->sex,p->addr
#define END     "-----------------------------------------------------------\n"
/*定义数据单元的结构体*/
typedef struct student
{
    int  num;                /*学号*/
    char name[10];           /*姓名*/
    char sex[3];             /*性别*/
    char addr[30];           /*家庭住址*/
}STU;
/*数据单元序列的相关信息*/
typedef struct pointer_info
{
    STU * pHead;             /*指向第一个数据单元的指针*/
    int count;               /*数据单元的个数*/
}PI;
/*函数声明*/
void Menu();                 /*主菜单*/
void Add(PI *);              /*输入记录*/
void Disp(PI *,char *);      /*显示记录*/
void Del(PI *);              /*删除记录*/
void Save(PI * pi);          /*保存记录*/
void Modify(PI * pi);        /*修改记录*/
void Load(PI * pi);          /*打开数据文件*/
void Wrong();                /*错误提示*/
void printheader();          /*格式化输出表头*/
int main()
{
    int sel;
    STU * pstu;
    PI  pi;
    /*分配数据单元序列内存*/
    pstu=(STU*)malloc(N * sizeof(STU));
```

```
    /*初始化 pi 的成员*/
    pi.pHead = pstu;
    pi.count = 0;
    do {
        Menu();                                          /*显示主菜单*/
        printf("请选择[0~4]:");
        scanf("%d",&sel);                                /*获取键盘输入*/
        if(sel == 0)                                     /*如果输入 0，则退出*/
            break;
        /*根据键盘输入进入相应的功能模块*/
        switch(sel)
        {
            case 1:Add(&pi);break;                       /*输入记录*/
            case 2:Disp(&pi,"显示记录");                 /*显示记录*/
                   system("pause");break;
            case 3:Modify(&pi);break;                    /*修改记录*/
            case 4:Del(&pi);break;                       /*删除记录*/
            default: Wrong();break;                      /*按键有误*/
        }
    } while(1);
    /*释放内存*/
    pstu=pi.pHead;
    free(pstu);
    return 0;
}
void printheader()
{
    printf(HEADER1);
    printf(HEADER2);
    printf(HEADER3);
}
void Menu()
{
    system("cls");   /*清屏*/
    printf("                学生学籍管理系统                  \n");
    printf("********************主菜单********************\n");
    printf("*          1 输入记录                        *\n");
    printf("*          2 显示记录                        *\n");
    printf("*          3 修改记录                        *\n");
    printf("*          4 删除记录                        *\n");
    printf("*          0 退出系统                        *\n");
    printf("********************************************** \n");
}
/*输出按键错误信息*/
void Wrong()
{
    printf("输入有误! 按任意键继续!\n");
    system("pause");
}
void Load(PI * pi)
{
```

```
    FILE * fp;
    STU * p = pi->pHead;
    char fname[15] = ".\\student.dat";
    if((fp=fopen(fname,"rb"))==NULL) /*文件不存在，则新建一个*/
    {
        /*建立新文件*/
        fp=fopen(fname,"wb");
        if(fp==NULL) /*建立文件失败*/
        {
            printf("建立文件失败!\n");
            return ;
        }
        fclose(fp);  /*关闭文件*/
    }
    fp=fopen(fname,"rb");/*以只读方式打开二进制文件*/
    /*pi 清零*/
    pi->count = 0;
    while(!feof(fp))
    {
        if(fread(p,sizeof(STU),1,fp)) /*一次从文件中读取一条学生成绩记录*/
        {
            pi->count++;
            p++;
        }
    }
    fclose(fp);
}
/*保存数据记录文件*/
void Save(PI * pi)
{
    FILE * fp;
    int numwriten;
    char fname[15]=".\\student.dat";
    /*以只写方式打开二进制文件*/
    if((fp=fopen(fname,"wb"))==NULL)/*打开文件失败*/
    {
        printf("打开文件失败!\n");
        return ;
    }
    /*如果数据记录不为空，则写入文件*/
    if(pi->count)
        numwriten=fwrite(pi->pHead, 1,  pi->count * sizeof(STU),fp);
    fclose(fp);
}
void Add(PI * pi)
{
    int num;
    int i, numRepeatFlag=0;
    STU * pstu, *p;
    system("cls");   /*清屏*/
    printf("                         学生成绩管理系统                   \n");
    printf("************************输入记录**********************\n");
```

```
    do {
        Load(pi);  /* 打开数据记录文件 */
        /*pstu指向下一个需要写入数据的单元*/
        pstu=pi->pHead + pi->count;
        /*p用来寻找重复的学号，因此指向数据序列的第一个单元*/
        p=pi->pHead;
        printf("请输入学号(按0返回主菜单):");
        scanf("%d",&num);
        /*学号重复处理：要求输入的学号不能重复，否则重新输入*/
        for (i = 1; i <= pi->count; i++)
        {
            if (num == p->num){
                printf("您输入的学号已存在，请重新输入!\n");
                numRepeatFlag = 1;
                break;
            }
            p++;
        }
        if (numRepeatFlag){
            numRepeatFlag = 0;
            continue;
        }
        /*如果用户输入不为0，则输入的是学号；否则退回主菜单*/
        if (num != 0)
            pstu->num = num;
        else
            break;
        printf("请输入姓名:");
        scanf("%s",pstu->name);             /*输入姓名*/
        printf("请输入性别:");
        scanf("%s",&pstu->sex);             /*输入性别*/
        printf("请输入家庭住址:");
        scanf("%s",&pstu->addr);            /*输入家庭住址*/
        pi->count++;                        /*数据单元个数自增1*/
        Save(pi);                           /*保存输入记录*/
    } while(1);
}
/*在屏幕上显示学生成绩记录*/
void Disp(PI * pi,char * title)
{
    int i;
    STU * p;
    system("cls");  /*清屏*/
    printf("                        学生成绩管理系统                        \n");
    printf("************************%s**********************\n",title);
    Load(pi);       /*打开数据记录文件*/
    p = pi->pHead;
    if (pi->count == 0)
    {
        printf("没有学生记录!\n");
        return;
```

```
    }
    printf("一共有%d 条学生记录!\n",pi->count);
    /*打印表格头部*/
    printheader();
    /*打印数据序列*/
    for (i = 1; i <= pi->count; i++)
    {
        printf(FORMAT,DATA);
        printf(HEADER3);
        p++;
    }
}
void Modify(PI * pi)
{
    int num,i;
    STU *p;
    Disp(pi,"修改记录");              /*显示当前数据序列*/
    printf("请输入要修改记录的学号:");
    scanf("%d", &num);                /*输入要修改学生的学号*/
    /*通过指针遍历寻找要修改的数据单元*/
    p = pi->pHead;
    for(i = 1; i <= pi->count; i++)
    {
        if(num == p->num)    break;
        p++;
    }
    if (i > pi->count) {        /*没有找到记录的情况*/
        printf("该学号的记录不存在!\n");
        system("pause");
        return;
    }
    else{                             /*找到则修改*/
        printf("请输入学号(按 0 返回主菜单):");
        scanf("%d",&num);
        if (num != 0)
            p->num = num;
        else
            return;
        printf("请输入姓名:");
        scanf("%s",p->name);                /*输入姓名*/
        printf("请输入性别:");
        scanf("%s",&p->sex);                /*输入性别*/
        printf("请输入家庭住址:");
        scanf("%s",&p->addr);               /*输入家庭住址*/
        Save(pi);                           /*保存修改*/
        printf("记录修改成功! ");
        system("pause");
    }
}
/*按学号删除学生记录*/
void Del(PI * pi)
```

```
{
    int sel, i, num;
    char name[10];
    STU * p;
    Disp(pi,"删除记录");              /*显示当前数据序列*/
    p = pi->pHead;
    /*输入要删除的学生记录的学号*/
    printf("请输入要删除纪录的学号:");
    scanf("%d",&num);
    /*按学号搜索*/
    for(i=1;i<=pi->count;i++)
    {
        if (num == p->num)   break;
        p++;
    }
    if (i > pi->count) {
        printf("该学号不存在!\n");
        system("pause");
        return;
    }
    else if (i == pi->count)      /*如果删除最后一个记录，只需要将 count 减 1 即可*/
                pi->count--;
        else {       /*删除中间某个记录，只要将其后的数据前移覆盖即可*/
                memcpy(p, p+1,(pi->pHead + pi->count - p)*sizeof(STU));
                pi->count--;
            }
    Save(pi);    /*保存删除*/
    printf("该记录已经成功删除!\n");
    system("pause");
}
```

20.4 提高实验

1. 给学生学籍管理系统添加一个统计模块，统计输出男女生的人数。

2. 给学生学籍管理系统添加一个查询模块，要求可以根据学号查询，也可以根据姓名查询。

第二部分
习题集

本部分共包含 10 份习题，每份习题对应理论教材 10 个章节的基本知识点。

习题 1　概述
习题 2　C 语言程序设计基础
习题 3　程序控制结构
习题 4　数组
习题 5　函数
习题 6　指针
习题 7　编译预处理
习题 8　结构体与共用体
习题 9　位运算
习题 10　文件

习题 1 概述

1. C 程序的执行是从（　　）。
   A）本程序的 main()函数开始，到 main()函数结束
   B）本程序文件的第一个函数开始，到本程序文件的最后一个函数结束
   C）本程序文件的第一个函数开始，到本程序 main()函数结束
   D）本程序的 main()函数开始，到本程序文件的最后一个函数结束
2. 以下叙述不正确的是（　　）。
   A）一个 C 源程序必须包含一个 main()函数
   B）一个 C 源程序可由一个或多个函数组成
   C）C 程序的基本组成单位是函数
   D）在 C 程序中，注释说明只能位于一条语句的后面
3. 以下叙述正确的是（　　）。
   A）在对一个 C 程序进行编译的过程中，可发现注释中的拼写错误
   B）在 C 程序中，main 函数必须位于程序的最前面
   C）C 语言本身没有输入输出语句
   D）C 程序的每行中只能写一条语句
4. 一个 C 语言程序是由（　　）。
   A)一个主程序和若干个子程序组成
   B）函数组成
   C）若干过程组成
   D）若干子程序组成
5. C 语言规定：在一个源程序中，main()的位置（　　）。
   A）必须在最开始　　　　B）必须在系统调用的库函数后面
   C）可以任意　　　　D）必须在最后
6. 要把高级语言编写的源程序转换为目标程序，需要使用（　　）。
   A）编辑程序　　　　B）驱动程序
   C）诊断程序　　　　D）编译程序
7. 以下叙述正确的是（　　）。
   A）C 语言比其他语言高级
   B）C 语言可以不用编译就能被计算机识别执行
   C）C 语言以接近英语国家的自然语言和数学语言作为语言的表达形式

D）C 语言出现的最晚，具有其他语言的一切优点

8. 下列叙述中正确的是（ ）。

A）C 语言编译时不检查语法　　B）C 语言的子程序有过程和函数两种

C）C 语言的函数可以嵌套定义　　D）C 语言所有函数都是外部函数

9. C-free 5.0 程序运行的快捷方式是（ ）。

A）F7　　B）F5　　C）F10　　D）F11

10. 用户使用计算机高级语言编写的程序，通常称为（ ）。

A）汇编程序　　B）目标程序　　C）源程序　　D）二进制代码程序

参 考 答 案

1～5　ADCAC	6～10　DCDBC

习题 2
C 语言程序设计基础

1. 若变量已正确定义并赋值，符合 C 语言语法的表达式是（　　）。

A）a=a+7　　B）a=7+b+c=a++

C）int(12.3%4)　　D）a=a+7=c+b

2. 若变量已正确定义并赋值，符合 C 语言语法的赋值语句是（　　）。

A）a=8+b+c=a+8;　　B）a=8+b,b++,b+8

C）a=8+b,c=a+8;　　D）a=8+b++=a+8;

3. 在以下一组运算符中，优先级最高的运算符是（　　）。

A）<=　　B)=　　C）%　　D）&&

4. 下列四组常数中，均是正确的八进制数或十六进制数的一组是（　　）。

A）016　0xbf　018　　B）0abc　016　0xa

C）010　-0x11　0x17　　D）0A12　7ff　-124

5. 下列四组常数中，均是合法整型常量的一组是（　　）。

A）163　0xffff　012　　B）−0xcdf　01a　0xe

C）−02　987,023　0678　　D）−0x48a　3e6　0x

6. 以下程序段的输出是（　　）。

```
printf("|%10.5f|\n",12345.678);
```

A）|2345.67800|　　B）|12345.6780|

C）|12345.67800|　　D）|12345.678|

7. 为表示关系 x≥y≥z，应使用的 C 语言表达式是（　　）。

A）（x>=y）&&(y>=z)　　B）(x>=y)AND(y>=z)

C）(x>=y>=z)　　D）(x>=y)&(y>=z)

8. 下列变量说明中正确的是（　　）。

A）char:a b c　　B）int x;z;　　C）char a:b:c;　　D）int x,z;

9. C 语言中不合法的字符常量是（　　）。

A）'\xff'　　B）'\65'　　C）'\028'　　D）'&'

10. 下列四组转义符中，均合法的一组是（　　）。

A）'\t'　'\\'　'\n'　　B）'\'　'\107'　'\x'

C）'\018'　'\f'　'\xab'　　D）'\\0'　'\102'　'\xie'

11. 下列字符中，ASCII 码值最小的是（　　）。

A）A　　B）a　　C）Z　　D）x

12. 设有变量定义："char x; int y; float z;double w;"，则表达式：x*y+z+w 值的数据类型是（　　）。

A）int　　B）float　　C）char　　D）double

13. 以下能正确定义变量 x、y 和 z 并为其赋值的语句是（　　）。

A）int x=6;y=6;z=6;　　B）int x,y,z=6;

C）x=6,y=6,z=6;　　D）int x=6,y=6,z=6;

14. 在 C 语言中，要求参加运算的数必须是整数的运算符是（　　）。

A）/　　B）*　　C）%　　D）=

15. C 语言中的基本数据类型包括字符型、整型、单精度型、双精度型和（　　）。

A）数组型　　B）结构型　　C）枚举型　　D）指针型

16. 用 C 语言编写的代码程序（　　）。

A）可立即执行　　B）是一个源程序

C）经过编译解释才能执行　　D）可立即执行

17. 在 C 语言中，合法表示长整型数的是（　　）。

A）45678　　B）5L　　C）3.1415926　　D）2.78e7

18. 下列选项中，不能用作标识符的是（　　）。

A）_1234_　　B）2_int_　　C）_1_2　　D）int_2_

19. 以下选项中，不能作为合法常量的是（　　）。

A）1.234e04　　B）1.234e0.4　　C）1.234e+4　　D）1.234e0

20. 执行下面的程序段后，输出的结果是（　　）。

```
short int k=32768;
printf("k=%d\n",k);
```

A）k=32768　　B）k=−32768　　C）k=1　　D）k=−1

21. 以下程序的输出结果是（　　）。

```
#include  <stdio.h>
int main()
  {
    int,x=353;
    char y;
    y=x;
    printf("%c\n",y);
    return 0;
  }
```

A）a　　B）b　　C）65　　D）97

22. 设有语句：char c='\102'; 则变量 c 中包含的字符个数是（　　）。

A）1 个字符　　B）2 个字符　　C）3 个字符　　D）4 个字符

23. 在以下各组标识符中，合法的标识符是（　　）。

A）B02　　B）2_tr　　C）t*.12　　D）st%r1

24. C 语言中的变量名只能由字母、数字和下画线 3 种字符组成，并且第一个字母必须是（　　）。

A）字母　　B）数字　　C）下画线　　D）字母或下画线

25. 以下程序的输出结果是（　　）。

```
#include  <stdio.h>
int main()
{
  int,x=5,y=3;
  float a=3.14,b=6.5;
  printf("%d,%d\n ",x+y!=x-y,a<=(b--=6.1));
  return 0;
}
```

A）1,0　　B）0,1　　C）0,0　　D）1,1

26. 以下选项中不属于C语言的数据类型是（　　）。

A）signed short int　　B）unsigned int

C）unsigned long int　　D）long short

27. 设有以下定义和语句：

```
int  a=010,b=0x10,c=10;
printf("%d,%d,%d\n",a,b,c);
```

则正确的输出结果是（　　）。

A）8,8,10　　B）8,10,10　　C）10,10,10　　D）8,16,10

28. 设有以下定义语句：

```
int i=8,a,b,k;
unsigned long w=5;
double x=1.42,y=5.2;
```

则下面符合C语言语法的表达式是（　　）。

A）x%(−4）　　B）a+=a−=(b=4)*(a=3)

C）a=a*4=2　　D）x=float(i)

29. 常数的书写格式决定了常数的类型和值，0x1011是（　　）。

A）八进制整型常量　　B）字符常量

C）十六进制整型常数　　D）二进制整型常数

30. 在C-free5.0中，下面语句的输出结果是（　　）。

```
printf("%x,%o,%d \n",-1,-1,-1);
```

A）−1,−1,−1　　B）ffffffff,37777777777,−1

C）0,0,0　　D）ffffffff,17777777777,−1

31. 在C-free5.0中，下面程序的输出是（　　）。

```
#include  <stdio.h>
int main()
{
 int a;
 long int b=65536;
 a=b;
 printf("%d\n",a);
 return 0;
}
```

A）65536　　B）0　　C）1　　D）−1

32. 以下4组用户定义标识符中，全部合法的一组是（　　）。

A）_total, clu_1 sum　　B）int, k_2 _001

C）if −max, turb　　D）txt ,REAL ,3COM

33. 下面4个选项中，全部符合浮点数表示形式的是（　　）。

A）1e+5　5e-8.3　03e3　　B）123e　1.2e-.6　e-7

C）-.65　12e-3　-6e4　　D）-e14　e-7　4.0e-0

34. 下面四个选项中，合法的用户自定义标识符是（　　）。

A）b-b5　　B）float12　　C）13ab　　D）-ab14

35. 以下选项中不正确的整型常量是（　　）。

A）12L　　B）−10　　C）2013　　D）234x

36. 若有以下说明:

```
int x=3,y=2; float m=2.5,n=3.6;
```

则表达式：(x+y)%2+(int)m/(int)n 的值是（　　）。

A）0　　B) 1　　C) 1.5　　D) 2

37. 若有定义：int x=12,y=5;，则表达式：x%=(y%2)运算后，x 的值是（　　）。

A）1　　B）6　　C）0　　D）20

38. 表达式的值为 0 的是（　　）。

A）3%5　　B）5/8　　C）8/5　　D）5<8

39. 表达式 8!=5 的值是（　　）。

A）0　　B）1　　C）T　　D）非零值

40. 若 x 为 double 型变量，则表达式“x=1,x+6,x++”的值是（　　）。

A）1.0　　B）2.0　　C）3.0　　D）7.0

41. 设有如下定义：int x=10,y=3,z;，则语句 printf("%d\n",z=(x%y,x/y));的输出结果是（　　）。

A）1　　B）2　　C）3　　D）4

42. 下面程序的输出结果是（　　）。

```
#include  <stdio.h>
int main()
{
  int a=10,b=10;
  printf("%d,%d\n",a--,--b);
  return 0;
}
```

A）9,9　　B）9,10　　C)10,9　　D）10,10

43. 设 x=2,y=3,z=4,k=5，则表达式“x<y?x:z<k?x:k”的值是（　　）。

A）1　　B）3　　C）2　　D）4

44. 设有如下定义: int x=3,y=4,z=5; 则下列表达式的值为 0 的是（　　）。

A）x<=y　　B）x||y+z&&y-z　　C）'x'&&'y'　　D）!((x<y)&&!z||1)

45. 若将数学公式：5ab/(cd)表示成C语言的表达式，则下列表达式不正确的是（　　）。

A）a/c/d*5*b　　B）5*a*b/c*d　　C）5*a*b/c/d　　D）a*b/c/d*5

46. C语句“x*=y+2;”还可以写成（　　）。

A）x=x*y+2;　　B）x=2+y*x;　　C）x=y+2*x;　　D）x=x*(y+2);

47. 下面程序的输出结果是（　　）。

```
#include  <stdio.h>
int main()
{
```

```
 int s=023;
 printf("%d\n",--s);
 return 0;
}
```

A）17　　B）18　　C）23　　D）24

48. 下面程序的输出结果是（　　）。

```
#include  <stdio.h>
int main()
{
  int s=7,t=2;
  printf("%d\n",t=s/t);
  return 0;
}
```

A）0　　B）1　　C）2　　D）3'

49. 表达式 !(x>0||y>0) 等价于（　　）。

A）!x>0||!y>0　　B）!(x>0)||!(y>0)

C）!(x>0)&&!(y>0)　　D）!x>0&&!y>0

50. 下面程序的输出结果是（　　）。

```
#include  <stdio.h>
int main()
{
 int s;
 printf("%d\n",(s=3*5,4*s,5+s));
 return 0;
}
```

A）10　　B）15　　C）20　　D）65

51. 若变量已正确定义并赋值，下面表达式不符合C语言语法的是（　　）。

A）5&&6　　B）+x　　C）x=y=90　　D）int(80)

52. 当执行下面的程序时，如果输入“9876543<CR>”，则程序的输出结果是（　　）。

```
#include  <stdio.h>
int main()
{
   intx,y;
   scanf("%3d%3d",&x&y);
   printf("x=%d,y=%d\n",x,y);
   return 0;
}
```

A）x=9,y=8　　B）x=987,y=6543

C）x=987,y=654　　D）x=9876,y=543

53. 下列程序执行后的输出结果是（　　）。

```
#include  <stdio.h>
int main()
{
  intx,y;
  x=011;
  y=10;
  printf("%d,%d\n",x-y,x+y);
  return 0;
}
```

A）−1,19　　B）−1,21　　C）1,19　　D）1,21

54. 设有语句："int a=14;a+=4+a%(-4);"，执行后 a 的值是（　　）。

A）19　　B）20　　C）21　　D）22

55. 下列格式符中，可以用于以八进制形式输出整数的是（　　）。

A）%d　　B）%o　　C）%ld　　D）%x

56. 若以下变量均是整型，且 num=sum=14;，则执行表达式 sum=num++,sum++,++num 后 sum 的值是（　　）。

A）13　　B）14　　C）15　　D）16

57. 以下程序的输出结果是（　　）。

```
#include  <stdio.h>
int main()
{
   int  x,y;
   x=24;
   y=24;
   printf("%d,%d\n",--x,++y);
   return 0;
}
```

A）22,22　　B）24,24　　C）23,23　　D）23,25

58. 以下程序的输出结果是（　　）。

```
#include  <stdio.h>
int main()
{
   int  x;
   x=15;
   x+=x-=x-x;
   printf("x=%d\n",x);
   return 0;
}
```

A）x=15　　B）x=20　　C）x=25　　D）x=30

59. 表达式：sizeof(float)是（　　）。

A）一个双精度型表达式　　B）一种函数调用

C）一个整型表达式　　D）一个不合法的表达式

60. 以下程序的输出结果是（　　）。

```
#include  <stdio.h>
int main()
{
   printf("%f%%\n",2.0/3);
   return 0;
}
```

A）0.6666667%　　B）0.667%　　C）0.666667%　　D）0.666667%%

61. 在 C 语言中, char 型数据在内存中的存储形式是（　　）。

A）原码　　B）反码　　C）补码　　D)ASCII 码

62. 下列程序段的输出结果是（　　）。

```
#include  <stdio.h>
int main()
{
   int  x,y,m,n;
   x=6;y=8;
```

```
    m=++x;
    n=y++;
    printf("%d,%d,%d,%d\n",x,y,m,n);
    return 0;
}
```

A）6,8,6,8　　B）7,9,6,8　　C）7,9,7,8　　D）7,8,7,9

63. 当执行下面程序且输入：ABCDE<CR>时，输出的结果是（　　）。

```
#include <stdio.h>
int main()
{ char ss;
    scanf("%4c",&ss);
    printf("%c\n",ss);
    return 0;
}
```

A）A　　B）B　　C）C　　D）ABCD

64. 以下程序执行时输入："23 456 78<回车>"，则程序的输出结果是（　　）。

```
#include <stdio.h>
int main( )
{ int x,y;
   scanf("%2d%*3d%2d",&x,&y);
   printf("%d%5d\n",x,y);
   return 0;
}
```

A）23　456　　B）23　78　　C）23456　　D）23　45678

65. 设变量 n 为 float 类型，m 为 int 类型，则以下能实现将 n 中的数值保留小数点后两位，第三位进行四舍五入运算的表达式是（　　）。

A）n=(n*100+0.5)/100.0　　B）m=n*100+0.5 ,n= m/100.0

C）n=n*100+0.5/100.0　　D）n=(n/100+0.5)*100.0

66. 设有定义语句："int k= 7,x =12;"，则能使值为 3 的表达式是（　　）。

A）x%=(k%= 5)　　B）x%=(k-k%5)　　C）(x%=k)-(k%=5)　　D）x%=k- k%5

67. 请阅读程序：

```
#include <stdio.h>
int main()
{
    int a=-1,b=4,c;
    c=(a++<0)&&(!(b--<=0));
    printf("%d,%d,%d\n",a,b,c);
    return 0;
}
```

上面程序的输出结果是（　　）。

A）1,2,1　　B）0,3,0　　C）0,3,1　　D）1,2,0

68. 设以下变量均为 int 类型，则值不等于 7 的表达式是（　　）。

A）(x=y=6, x+y,x+1)　　B）(x=y=6,x+y,y+1)

C）(y=6,y+l,x=y,x+1)　　D）(x=6,x+1,y=6,x+y)

69. 以下程序的输出结果是（　　）。

```
#include  <stdio.h>
int main()
{
 int  a=11;
```

```
  printf("a=%d,a=%o,a=%x\n",a,a,a);
  return 0;
}
```

A）a=11,a=12,a=11　　B）a=11,a=13,a=b

C）a=11,a=13,a=13　　D）a=11,a=013,a=0xb

70. 设 x,y 均为整数，且 y!=0，则表达式：“x/y*y+x%y”的值是（　　）。

A）x　　B）y　　C）x/y　　D)x*y

71. 已知 x=48,y=0,s='A'，则表达式：“x>=y&&s<'D'&&!y”的值是（　　）。

A）0　　B）1　　C）“假”　　D)出错

72. putchar 函数可以向终端输出一个（　　）。

A）整型变量表达式值　　B）实型变量值

C）字符串　　D）字符或字符型变量值

73. 设 x,y 均为整数，且 x=3，则表达式：“y=2.75+x/3”的值是（　　）。

A）3　　B）3.0　　C）4.0　　D）4

74. printf 函数中用到格式符%6s，其中数字 6 表示输出的字符串占用 6 列。如果字符串长度大于 6 则按（　　）方式输出。

A）从左起输出该字串，右补空格　　B）按原字符长从左向右全部输出

C）右对齐输出该字串，左补空格　　D）输出错误信息

75. 设 x 为整数，且 x=33，则表达式：“a+=a-=a*=a”的值是（　　）。

A）0　　B）33　　C）1089　　D）66

76. 已知 x=2.5,y=4.9,s=10，则表达式：“x+s%3*(int)(x+y)%2/4”的值是（　　）。

A）0　　B）2.4　　C）2.5　　D）2.95

77. 已有定义 int a=-2;和输出语句 printf("%8lx",a);，以下叙述正确的是（　　）。

A）整型变量的输出格式符只有%d 一种

B）%x 是格式符的一种，它可以适用于任何一种类型的数据

C）%x 是格式符的一种，其变量的值按十六进制输出，但%8lx 是错误的

D）%8lx 不是错误的格式符，其中数字 8 规定了输出字段的宽度

78. 设 x,y,z 均为整型变量，且 x=6,y=8,z=10，则下面表达式值为 0 的是（　　）。

A）'x'&&'y'　　B）x<=y

C）x||y+z&&y-z　　D）(x<y)&&!(z||1)

79. 若 x,y 均定义为 int 型，z 定义为 double 型，以下不合法的 scanf 函数调用语句是（　　）。

A）scanf(" %d%lx,%le",&x,&y,&z);　　B）scanf("%2d * %d%lf"&x,&y,&z);

C）scanf("%x %* d%o",&x,&y);　　D）scanf("%x%o%6.2f",&x,&y,&z);

80. 已有如下定义和输入语句：

```
int a1,a2; char c1,c2;
scanf("%d%c%d%c",&a1,&c1,&a2,&c2);
```

若要求 a1、a2、c1、c2 值分别为 10、20、A 和 B，当从第一列开始输入数据时，正确的数据输入方式是（　　）。

A）10A 20B<CR>　　B）10 A 20 B<CR>

C）10A20<CR>　　D）10A20 B<CR>

参考答案

1～5 ACCCA	6～10 CADCA	11～15 ADDCC	16～20 DBBBB
21～25 AAADA	26～30 DDBCB	31～35 ABCBD	36～40 BCBBA
41～45 CCCDB	46～50 DBDCC	51～55 DCABB	56～60 CDDCC
61～65 DCABB	66～70 CCDBA	71～75 BDABB	76～80 CDDDA

习题 3 程序控制结构

1. 以下不正确的 if 语句形式是（　　）。

A）if(x>y&&x!=y);

B）if(x==y)x+=y;

C）if(x!=y)
```
  scanf("%d",&x)
else
  scanf("%d",&y);
```

D）if(x<y){x++;y++;}

2. 设有如下程序段：

```
int i=0, sum=1;
do
{ sum+=i++;}
while(i<6);
printf("%d\n", sum);
```

上述程序段的输出结果是（　　）。

A）16　　B）11　　C）22　　D）15

3. 以下 if 语句语法正确的是（　　）。

A）
```
if(x>0)
  printf("%f",x)
  else
  printf("%f",--x);
```

B）
```
if(x>0)
  {x=x+y;printf("%f",x);}
  else
  printf("%f",-x);
```

C）
```
if(x>0)
  {x=x+y;prinrf("%f",x);};
  else
  printf("%f",-x);
```

D）
```
if(x>0)
  {x=x+y;printf("%f",x)}
  else
  printf("%f",-x);
```

4. 关于以下程序说法正确的是（　　）。

```
#include <stdio.h>
int main()
{int a=5,b=0,c=0;
 if(a=b+c)
    printf("***\n");
 else
    printf("$$$\n");
 return 0;
}
```

A）有语法错不能通过编译

B）可以通过编译但不能通过连接

C）输出***

D）输出$$$

5. 以下程序的运行结果是（　　）。

```
#include <stdio.h>
int main()
{int  m=5;
 if(m++>5)  printf("%d\n",m);
 else  printf("%d\n",m--);
 return 0;
}
```

A）4　　B）5　　C）6　　D）7

6. 当 a=1,b=3,c=5,d=4，执行完下面一段程序后 x 的值是（　　）。

```
if(a<b)
   if(c<d)x=1;
      else  if(a<c)
               if(b<d)x=2;
               else x=3;
             else x=6;
else x=7;
```

A）1　　B）2　　C）3　　D）6

7. 以下程序的输出结果是（　　）。

```
#include <stdio.h>
int main()
{int   a=100,x=10,y=20,okl=5,ok2=0;
 if(x<y)
    if(y!=10)
       if(!okl) a=1;
       else  if(ok2) a=10;
    a=-1;
    printf("%d\n",a);
    return 0;
}
```

A）1　　B）0　　C）-1　　D）值不确定

8. 以下程序的输出结果是（　　）。

```
#include <stdio.h>
int main()
{ int  x=2,y=-1,z=2;
   if(x<y)
      if(y<0)
         z=0;
      else
         z+=1;
   printf("%d\n",z);
   return 0;
}
```

A）3　　B）2　　C）1　　D）0

9. 为了避免在嵌套的条件语句 if...else 中产生二义性，C 语言规定 else 子句总是与（　　）配对。

A）缩排位置相同的 if　　B）其之前最近的 if
C）之后最近的 if　　D）同一行上的 if

10. 以下不正确的语句为（　　）。

A）`if(x>y);`

B）`if(x=y)&&(x!=0)x+=y;`

C）
```
if(x!=y)
  scanf("%d",&x);
else
  scanf("%d",&y);
```

D）`if(x<y){x++;y++;}`

11. 请阅读以下程序：

```
#include <stdio.h>
int main()
{float a,b;
scanf("%f",&a);
if(a<10.0) b=1.0/a;
else if((a<0.5)&&(a!=2.0)) b=1.0/(a+2.0);
       else  if(a<10.0) b=1.0/a;
            else b=10.0;
printf("%f\n",y);
return 0;
}
```

若运行时输入 2.0（回车），则上面程序的输出结果是（　　）。

A）0.000000　　B）0.500000　　C）1.000000　　D）0.250000

12. 若有条件表达式(exp)?a++:b--，则以下表达式中能完全等价于表达式（exp）的是（　　）。

A）(exp==0)　　B）(exp!=0)

C）(exp==1)　　D）(exp!=1)

13. 若运行时给变量 x 输入 12，则以下程序的运行结果是（　　）。

```
#include <stdio.h>
int main()
{
   int x,y;
   scanf("%d",&x);
   y=x>12?x+10:x-12;
   printf("%d\n",y);
   return 0;
}
```

A）0　　B）22　　C）120　　D）10

14. 以下程序的运行结果是（　　）。

```
int main()
{
   int  k=4,a=3,b=2,c=1;
   printf("\n%d\n",k<a?k:c<b?c:a);
   return 0;
}
```

A）4　　B）3　　C）2　　D）1

15. 执行以下程序段后，变量 a、b、c 的值分别是（　　）。

```
int  x=10,y=9;
int  a,b,c;
a=(--x==y++)?--x:++y;
```

```
b=x++;
c=y;
```

A）a=9,b=9,c=9　　B）a=8,b=8,c=10

C）a=9,b=10,c=9　　D）a=1,b=11,c=10

16. 若 w、x、y、z、m 均为 int 型变量，则执行下面语句后的 m 值是（　　）。

```
w=1;x=2;y=3;z=4;
m=(w<y)?w:x;
m=(m<y)?m:y;
m=(m<z)?m:z;
```

A）1　　B）2　　C）3　　D）4

17. 若 w=1，x=2，y=3，z=4，则条件表达式 w<x?w:y<z?y:z 的值是（　　）。

A）4　　B）3　　C）2　　D）1

18. 执行以下程序段后的输出结果是（　　）。

```
int  w=3,z=7,x=10;
printf("%d",x>10?x+100:x - 10);
printf("%d",w++||z++);
printf("%d",!w>z);
printf("%d\n",w&&z);
```

A）0102　　B）1001　　C）0101　　D）1101

19. 设有程序段

```
int  k=10;
while(k=0 )k=k-1;
```

则下面描述中正确的是（　　）。

A）while 循环执行 10 次　　B）循环是无限循环

C）循环体语句一次也不执行　　D）循环体语句执行一次

20. 关于以下程序段，说法正确的是（　　）。

```
int  x=0,s=0;
while(!x!=0)s+=++x;
printf("%d",s);
```

A）运行程序段后输出 0　　B）运行程序段后输出 1

C）程序段中的控制表达式是非法的　D）程序段执行无限次

21. 语句 while(!E)中的表达式!E 等价于（　　）。

A）E==0　　B）E!=1　　C）E!=0　　D）E==1

22. 下面程序段的运行结果是（　　）。

```
a=1;b=2;c=2;
while(a<b<c){t=a;a=b;b=t;c--;}
printf("%d,%d,%d",a,b,c);
```

A）1,2,0　　B）2,1,0　　C）1,2,1　　D）2,1,1

23. 下面程序段的运行结果是（　　）。

```
x=y=0;
while(x<15)y++,x+=++y;
printf("%d,%d",x,y);
```

A）20,7　　B）6,12　　C）20,8　　D）8,20

24. 下面程序段的运行结果是（　　）。

```
int  n=0;
while(n++<=2);printf("%d",n);
```

A）2　　B）3　　C）4　　D）有语法错

25. 关于以下程序段，说法正确的是（　　）。

```
t=0;
while(printf("*"));
{  t++;
   if(t<3) break;
}
```

A）其中循环控制表达式与 0 等价　B）其中循环控制表达式与'0'等价

C）其中循环控制表达式是不合法的　D）以上说法都不对

26. 下面程序的功能是将从键盘输入的两个数由小到大排序输出。当输入两个相等数时结束循环，在下划线处应该填入的是（　　）。

```
#indude<stdio.h>
int main()
{
int a,b,t;
scanf("%d%d",&a,&b);
while(____)
  {if(a>b)
     {t=a;a=b;b=t;}
    printf("%d,%d",a,b);
    scahf("%d%d",&a,&b);
  }
  return 0;
}
```

A）!a=b　B）a!=b　C）a==b　D）a=b

27. 下面程序的功能是从键盘输入的一组字符中统计出大写字母的个数 m 和小写字母的个数 n，并输出 m、n 中的较大者，在下划线处应该填入的是（　　）。

```
#indude<stdio.h>
int main()
{ int  m=0,n=0;
char c;
while((____)!='\n')
{  if(c>='A'&&c<='Z') m++;
   if(c>='a'&&c<='z') n++;
 }
 printf("%d\n",m<n?n:m);
 return 0;
}
```

A）c==getchar()　B）getchar()　C）c=getchar()　D）scanf("%c",c)

28. 下面程序的功能是将小写字母变成对应大写字母后的第二个字母。其中 y 变成 A，z 变成 B，在下划线处应该填入的是（　　）。

```
#include"stdio.h"
int main()
{
char  c;
while((c=getchar())!='\n')
{  if(c>='a'&&c<='z')
      c-=30;
   if(c>'Z'&&c<='Z'+2)
     ______;
  }
 printf("%c",c);
```

```
    return 0;
}
```

A）c='B'　　B）c='A'　　C）c-=26　　D）c=c+26

29. 下面程序的功能是在输入的一批正整数中求出最大者，输入 0 结束循环，在下划线处应该填入的是（　　）。

```
#include <stdio.h>
int main()
{
   int a,max=0;
   scanf("%d",&a)
   while(___)
   {if(max<a)  max=a;
     scanf("%d",&a);
    }
    printf("%d",max);
    return 0;
}
```

A）a==0　　B）a　　C）!a==1　　D）!a

30. 下面程序的运行结果是（　　）。

```
#include <stdio.h>
int main()
{int num=0;
 while(num<=2)
 {num++
  printf("%d\n",num);
 }
 return 0;
}
```

A）1
2
3
4

B）1
2
4

C）1
2
3

D）1
3

31. 关于以下程序段，说法正确的是（　　）。

```
x=-1;
do
{x=x*x;}
while(!x);
```

A）是死循环　　B）循环执行二次
C）循环执行一次　　D）有语法错误

32. 以下描述中正确的是（　　）。

A）do…while 循环中循环体语句只能是一条语句，所以循环体内不能使用复合语句

B）do…while 循环由 do 开始，用 while 结束，在 while(表达式)后面不能写分号

C）在 do…while 循环体中，一定要有能使 while 后表达式值变为零（"假"）的操作

D）do — while 循环中，根据情况可以省略 while

33. 关于以下程序段，说法正确的是（　　）。

```
int  x=3;
do {printf("%d\n",x-=2);}while(!(--x));
```

A）输出的是 1　　　　B）输出的是 1 和-2

C）输出的是 3 和 0　　　　D）是死循环

34. 下面程序的功能是计算正整数 2345 的各位数字平方和，在下划线处填入的是(　　)。

```
#include <stdio.h>
int main()
{
  int  n,sum=0;
  n=2345;
  do{
    sum=sum+(n%10)*(n%10);
    n=_______;
  }while(n);
  printf("sum=%d",sum);
  return 0;
}
```

A）n/1000　　B）n/100　　C）n/10　　D）n%10

35. 下面程序是从键盘输入学号，然后输出学号中百位数字是 3 的学号，输入 0 时结束循环。在下划线处应该填入的是（　　）。

```
#include <stdio.h>
int main()
{
   longint  num;
   scanf("%ld",&num);
   do{  if(_______)printf("%ld",num);
          scanf("%ld",&num);
   }while(!num==0);
   return 0;
}
```

A）num%100/10==3　　　　B）num/100%10==3

C）num%10/10==3　　　　D）num/10%10==3

36. 下面程序的功能是把 316 表示为两个加数的和，使两个加数分别能被 13 和 11 整除。在下划线处应该填入的是（　　）。

```
#include<stdio.h>
int main()
{
int  i=0,j,k;
do{
    i++;k=316-13*i;
    }while(_______);
j=k/11;
printf("316=13*%d十11*%d",i,j);
return 0;
}
```

A）k/11　　B）k%11　　C）k%11==0　　D）k/11==0

37. 下面程序的运行结果是（　　）。

```
#include <stdio.h>
int main()
{
  int  y=10;
  do{y--;}
```

```
  while(--y);
  printf("%d\n",y--);
  return 0;
}
```

A）-1　　B）1　　C）8　　D）0

38. 从键盘输入 ADescriptor<CR>（CR 表示回车），则下面程序的运行结果是（　　）。

```
#include <stdio.h>
int main()
{
  char c;
  int  v0=0,v1=0,v2=0;
  do{
      switch(c=getchar())
      {
        case'a':case 'A':
        case'e':case 'E':
        case 'i':case 'I':
        case 'o':case 'O':
        case 'u':case 'U':v1+=1;
        default:v0+=1;v2+=1;
      }
    }while(c!='\n');
  printf("v0=%d,v1=%d,v2=%d\n",v0,v1,v2);
  return 0;
}
```

A）v0=7,v1=4,v2=7　　B）v0=8,v1=4,v2=8

C）v0=11,v1=4,v2=11　　D）v0=12,vl=4,v2=12

39. 下面程序的运行结果是（　　）。

```
#include <stdio.h>
int main()
{
 int  a=1,b=10;
 do
 {
   b- =a;
   a++;
  }while(b--<0);
  printf("a=%d,b=%d\n",a,b);
  return 0;
}
```

A）a=3,b=11　　B）a=2,b=8　　C）a=1,b= -1　　D）a=4,b=9

40. 下面有关 for 循环的正确描述是（　　）。

A）for 循环只能用于循环次数已经确定的情况

B）for 循环是先执行循环体语句，后判断表达式

C）在 for 循环中,不能用 break 语句跳出循环体

D）for 循环的循环体语句中，可以包含多条语句，但必须用花括号括起来

41. 对 for(表达式 1;;表达式 3）可理解为（　　）。

A）for(表达式 1;0;表达式 3）

B）for(表达式 1;1;表达式 3)

C）for(表达式 1;表达式 1;表达式 3)

D）for(表达式 1;表达式 3;表达式 3)

42. 若 i 为整型变量，则以下循环执行次数是（　　）。

```
for(i=2;i==0;)printf("%d",i--);
```

A）无限次　　B）0 次　　C）1 次　　D）2 次

43. 以下 for 循环的执行次数是（　　）。

```
for(x=0,y=0;(y=123)&&(x<4);x++);
```

A）是无限循环　　B）循环次数不定

C）执行 4 次　　D）执行 3 次

44. 以下不是无限循环的语句为（　　）。

A）for(y=0,x=1;x>++y;x=i++)i=x;　　B）for(;;x++=i);

C）while(1){x++;}　　D）for(i=10;;i--)sum+=i;

45. 下面程序段的运行结果是（　　）。

```
for(y=1;y<10;)y=((x=3*y,x+1),x-1);
printf("x=%d,y=%d",x,y);
```

A）x=27,y=27　　B）x=12,y=13　　C）x=15,y=14　　D）x=y=27

46. 下面程序段的运行结果是（　　）。

```
for(x=3;x<6;x++)
    printf((x%2)?("**%d"):("##%d\n"),x);
```

A）**3
##4
**5　　B）##3
4
##5　　C）##3
4##5　　D）**3##4
**5

47. 下列程序段不是死循环的是（　　）。

A）
```
int  i=100;
while(1)
{i=i%100+1;
if(i>100)break;}
```

B）
```
for(;;);
```

C）
```
int  k=0;
do{++k;}
while(k>=0);
```

D）
```
int  s=36;
while(s) --s;
```

48. 执行语句 for(i=1;i++<4;);后变量 i 的值是（　　）。

A）3　　B）4　　C）5　　D）不定

49. 下面程序的功能是计算 1～50 中是 7 的倍数的数值之和，下划线处应填入的是（　　）。

```
#include <stdio.h>
int main()
{
  int  i,sum=0;
  for(i=1;i<=50;i++)
    if(_______)sum+=i;
      printf("%d",sum);
  return 0;
}
```

A）(int)(i/7)==i/7　　B）(int)i/7==i/7

C）i%7=0　　D）i%7==0

50. 下面程序的功能是计算1至10之间的奇数之和及偶数之和，下划线处应填入的是（　　）。

```
#include <stdio.h>
int main()
{
 int  a,b,c,i;
 a=c=0;
 for(i=0;i<=10;i+=2)
 {
   a+=i;
   ______;
   c+=b;
 }
 printf("偶数之和=%d\n",a);
 printf("奇数之和=%d\n",c-11);
 return 0;
}
```

A）b=i-- B）b=i+1 C）b=i++ D）b=i-1

51. 下面程序的运行结果是（　　）。

```
#include <stdio.h>
int main()
{
 int  i;
 for(i=1;i<=5;i++)
  switch(i%5)
  {
   case 0:printf("*");break;
   case 1:printf("#");break;
   default:printf("\n");
   case 2:printf("&");
   }
   return 0;
}
```

A）#&&&*

B）#&
&
&*

C）#
&
&*

D）#&

52. 下面程序的运行结果是（　　）。

```
#include <stdio.h>
int main()
{
 int x,i;
 for(i=1;i<=100;i++)
 {
  x=i;
  if(++x%2==0)
   if(++x%3==0)
    if(++x%7==0)
      printf("%d",x);
 }
 return 0;
}
```

A）39　81 B）42　84 C）26　68 D）28　70

53. 下面程序段的功能是计算 1000!的末尾含有多少个零。请选择填空（　　）。
提示：只要算出 1000!中含有因数 5 的个数即可

```
for(k=0,i=5;i<=1000;i+=5)
{
   m=i;
   while(____){k++;m=m/5;}
}
```

A）m%5==0　　B）m=m%5==0　　C）m%5=0　　D）m%5!=0

54. 下面程序的运行结果是（　　）。

```
#include <stdio.h>
int main()
{
 int i,b,k=0;
 for(i=1;i<=5;i++)
 {
   b=i%2;
  while(b-->=0)k++;
 }
 printf("%d,%d",k,b);
 return 0;
}
```

A）3,−1　　B）8,−1　　C）3,0　　D）8,−2

55. 以下正确的描述是（　　）。

A）continue 语句的作用是结束整个循环的执行
B）只能在循环体内和 switch 语句体内使用 break 语句
C）在循环体内使用 break 语句或 continue 语句的作用相同
D）从多层循环嵌套中退出时，只能使用 goto 语句

56. 关于下面的程序段，说法正确的是（　　）。

```
for(t=1;t<=100;t++)
{
    scanf("%d",&x);
    if(x<0)continue;
      printf("%3d",t);
}
```

A）当 x<0 时整个循环结束　　B）x>=0 时什么也不输出
C）printf 函数永远也不执行　　D）最多允许输出 100 个非负整数

57. 关于下面的程序段，说法正确的是（　　）。

```
x=3;
do
{
  y=x--;
  if(!y)
  {
   printf("x");continue;
   }
  printf("#");
}while(1<=x<=2);
```

A）将输出##　　B）将输出##*
C）是死循环　　D）含有不合法的控制表达式

58. 以下描述正确的是（　　）。

A）goto 语句只能用于退出多层循环

B）switch 语句中不能出现 continue 语句

C）只能用 continue 语句来终止本次循环

D）在循环中 break 语句不能独立出现

59. 与下面程序段等价的是（　　）。

```
for(n=100;n<=200;n++)
{
 if(n%3==0)
      continue;
 printf("%4d",n);
 }
```

A）for(n=100;(n%3)&&n<=200;n++)printf("%4d",n);

B）for(n=100;(n%3)||n<=200;n++)printf("%4d",n);

C）for(n=100;n<=200;n++)if(n%3!=0)printf("%4d",n);

D）for(n=100;n<=200;n++)

```
    {
     if(n%3)
          printf("%4d",n);
     else
          continue;
    break;
    }
```

60. 下面程序的运行结果是（　　）。

```
#include <stdio.h>
int main()
{int  k=0;
char c='A';
do
{
  switch(c++)
  {
   case 'A':k++;break;
   case 'B':k--;
   case 'C':k+=2;break;
   case 'D':k=k%2;continue;
   case 'E':k=k*10;break;
   default:k=k/3;
   }
   k++;}while(c<'G');
   printf("k=%d",k);
   return 0;
}
```

A）k=3　　　　B）k=4　　　　C）k=2　　　　D）k=0

61. 从键盘输入 3.6,2.4<CR>,(<CR>表示回车)，则下面程序的运行结果是（　　）。

```
#indude <math.h>
#include <stdio.h>
int main()
{
 float x,y,z;
 scanf("%f%f",&x,&y);
 z=x/y;
```

```
  while(1)
  {
    if(fabs(z)>1.0)
      {x=y;y=z;z=x/y;}
     else
     break;
   }
  printf("%f",y);
  return 0;
}
```

A）1.5　　　B）1.6　　　C）2.0　　　D）2.4

62. 下面程序的运行结果是（　　）。

```
#include <stdio.h>
int main()
{
  int a,b;
  for(a=1,b=1;a<=100;a++)
  {
    if(b>=20)break;
      if(b%3==1)
          {b+=3;continue;}
      b-=5;
    }
  printf("%d\n",a);
  return 0;
}
```

A）7　　　B）8　　　C）9　　　D）10

63. 下面程序的运行结果是（　　）。

```
#include <stdio.h>
int main()
  {
    int  i;
    for(i=1;i<=5;i++)
    {
      if(i%2)
        printf("*");
      else
        continue;
      printf("#");
    }
  printf("$");
  return 0;
}
```

A）*#*#$　　　B）*#*#*#$　　　C）*#*$　　　D）#*#*$

64. 下面程序的运行结果是（　　）。

```
#include <stdio.h>
int main()
{
  int  i,j,a=0;
  for(i=0;i<2;i++)
    {
      for(j=0;j<=4;j++)
        {if(j%2)
              break;
```

```
        a++;}
      a++;
    }
  printf("%d\n",a);
  return 0;
}
```

A）4　　B）5　　C）6　　D）7

65. 以下程序段的输出结果是（　　）。

```
int k,n,m;
n=10;m=1;k=1;
while (k<=n) {m*=2;k+=4;}
printf("%d\n",m);
```

A）4　　B）16　　C）8　　D）32

66. 已知 int x=10,y=20,z=30，则执行 if (x>y)　z=x;x=y;y=z;语句后，x、y、z 的值是（　　）。

A）x=10,y=20,z=30　　B）x=20,y=30,z=30

C）x=20,y=30,z=10　　D）x=20,y=30,z=20

67. 执行下面程序的输出结果是（　　）。

```
#include <stdio.h>
int main( )
{
  int a=5,b=0,c=0;
  if (a=a+b)
      printf("****\n");
  else
    printf("####\n");
  return 0;
}
```

A）有语法错误不能编译　　B）能通过编译，但不能通过连接

C）输出****　　D）输出####

68. 运行下面程序后，输出的结果是（　　）。

```
#include <stdio.h>
int main( )
{
  int k=-3;
  if (k<=0)
      printf("****\n");
  else
    printf("####\n");
  return 0;
}
```

A）####　　B）****

C）####****　　D）有语法错误不能通过编译

69. 若运行下面程序时，给变量 a 输入 15，则输出结果是（　　）。

```
#include <stdio.h>
int main( )
{
  int a,b;
  scanf("%d",&a);
  b=a>15?a+10:a-10;
  printf("%d\n",b);
  return 0;
}
```

A）5　　B）25　　C）15　　D）10

70. 以下选项中，两个条件语句语义等价的是（　　）。

A）if(a=2)printf("%d\n",a);
if(a==2)printf("%d\n",a);

B）if(a-2)printf("%d\n",a);
if(a!=2)printf("%d\n",a);

C）if(a)printf("%d\n",a);
if(a==0)printf("%d\n",a);

D）if(a-2)printf("%d\n",a);
if(a==2)printf("%d\n",a);

71. 在执行以下程序时，为了使输出结果为 t=4，则给 a 和 b 输入的值应满足的条件是（　　）。

```
#include <stdio.h>
int main()
{
 int s,t,a,b;
 scanf("%d,%d",&a,&b);
 s=1; t=1;
 if (a<0) s=s+1;
      if (a>b) t=s+t;
      else if (a==b) t=5;
           else t=2*s;
 printf("t=%d\n",t);
 return 0;
}
```

A）a>b　　B）a<b<0　　C）0>a>b　　D）0<a<b

72. 下面程序的输出结果是（　　）。

```
#include <stdio.h>
int main()
{
   int x=100,a=10,b=20,ok1=5,ok2=0;
   if (a<b)
      if (b!=15)
         if (!ok1)
             x=1;
         else
            if (ok2) x=10;
         x=-1;
     printf("%d\n",x);
     return 0;
}
```

A）−1　　B）0　　C）1　　D）不确定的值

73. 下面程序的输出结果是（　　）。

```
#include <stdio.h>
int main( )
{
 int a=2,b=7,c=5;
 switch(a>0)
{
  case 1:switch(b<0)
  {
   case 1: printf("@"); break;
   case 0: printf("!"); break;
  }
 case 0:switch(c==5)
```

```
  { case 0: printf("*"); break;
  case 1: printf("#"); break;
  default: printf("%%");break;
  }
  default: printf("&");
 }
 printf("\n");
 return 0;
}
```

A）&　　B）!#&　　C）%%　　D）@*&

74. 运行下面程序时，若从键盘输入数据为"123"，则输出结果是（　　）。

```
#include <stdio.h>
int main( )
  {
   int num,i,j,k,place;
   scanf("%d",&num);
   if (num>99)
       place=3;
   else if(num>9)
       place=2;
    else
       place=1;
  i=num/100;
  j=(num-i*100)/10;
  k=(num-i*100-j*10);
  switch (place)
  {
   case 3: printf("%d%d%d\n",k,j,i);break;
   case 2: printf("%d%d\n",k,j);break;
   case 1: printf("%d\n",k);
  }
return 0;
}
```

A）123　　B）1,2,3　　C）321　　D）3,2,1

75. 运行下面程序时，若从键盘输入数据为“86”，则输出结果是（　　）。

```
#include <stdio.h>
int main( )
 {
 int t;
 scanf("%d",&t);
 if (t>=90) printf("A\n");
 else if (t>=80) printf("B\n");
  else if (t>=70) printf("C\n");
    else if (t>=60) printf("D\n");
      else printf("E\n");
 printf("OK\n");
 return 0;
}
```

A）B

B）B OK

C）B
OK

D）B
C
D
E
OK

76. 以下程序的运行结果是（　　）。

```
#include <stdio.h>
int main( )
{
int a=0,b=1,c=0,d=20,x;
 if (a) d=d-10;
 else if (!b)
     if (!c) x=15;
         else x=25;
 printf("%d\n",d);
 return 0;
}
```

A）15　　B）25　　C）20　　D）10

77. 运行下面程序时，从键盘输入"1605<CR>"，则输出结果是（　　）。

```
#include <stdio.h>
int main( )
 {
  int t,h,m;
  scanf("%d",&t);
  h=(t/100)%12;
  if (h==0) h=12;
  printf("%d:",h);
  m=t%100;
  if (m<10) printf("0");
  printf("%d",m);
  if (t<1200||t==2400)
      printf("AM");
  else
      printf("PM");
  return 0;
}
```

A）6:05PM　　B）4:05PM　　C）16:05AM　　D）12:05AM

78. 运行下面程序时，从键盘输入数据为"2,13,5<CR>"，则输出结果是（　　）。

```
 #include <stdio.h>
int main( )
 {
   int a,b,c;
   scanf("%d,%d,%d",&a,&b,&c);
   switch(a)
   {
     case 1: printf("%d\n",b+c); break;
     case 2: printf("%d\n",b-c); break;
     case 3: printf("%d\n",b*c); break;
     case 4: { if(c!=0) {printf("%d\n",b/c);break;}
               else {printf("error\n");break;}
               }
     defualt: break;
     }
  return 0;
 }
```

A） 10　　B） 8　　C） 65　　D） error

79. 若k是int型变量，以下程序片段的输出结果是（　　）。

```
k=8;
if (k<=0)
    if (k==0) printf("####");
    else printf("&&&&");
else printf("****");
```

A）####　　B）&&&&
C）****　　D）有语法错误,无输出结果

80. 以下程序段的输出结果是（　　）。

```
int k,j,s;
for(k=2;k<6;k++,k++)
{
  s=1;
  for(j=k;j<6;j++)
   s+=j;}
 printf("%d\n",s);
```

A）1　　B）9　　C）11　　D）10

81. 下面程序的功能是：输出100以内能被3整除且个位数为6的所有整数，请填空（　　）。

```
#include <stdio.h>
int main( )
{
  int i,j;
  for(i=0;______; i++)
   { j=i*10+6;
     if (______) continue;
     printf("%d",j);
   }
  return 0;
}
```

A）i<=10　　B）i<10　　C）i<10　　D）i<=9
　j%3!=0　　j/3　　j%3!=0　　i%3

82. 假定所有变量均已正确说明，下列程序段运行后x的值是（　　）。

```
a=b=c=0;x=35;
if (!a) x--;
 else if (b);
if (c) x=3;
 else x=4;
```

A）34　　B）4　　C）35　　D）3

83. 与y=(x>0?1:x<0?-1:0);的功能相同的if语句是（　　）。

A）
```
if (x>0 ) y=1;
else if (x<0) y=-1;
else y=0;
```

B）
```
if(x)
if (x>0) y=1;
else if (x<0) y=-1;
    else y=0;
```

C）
```
y=-1;
if(x)
if (x>0) y=1;
else if (x==0) y=0;
    else y=-1;
```

D）
```
y=0;
if (x>=0)
    if (x>0) y=1;
    else y=-1;
```

84. 执行下列程序，输入为 1 的输出结果是（　　）。

```
#include <stdio.h>
int main( )
 {
  int k;
  scanf("%d",&k);
  switch (k)
  {
    case 1: printf("%d\n",k++);
    case 2: printf("%d\n",k++);
    case 3: printf("%d\n",k++);
    case 4: printf("%d\n",k++); break;
    default: printf("Full!\n");
  }
  return 0;
}
```

A）1	B）2	C）2	D）1
		3	2
		4	3
		5	4

85. 执行下面程序时，若从键盘输入"2<CR>"，则程序的运行结果是（　　）。

```
#include <stdio.h>
int main( )
{
  int j,k; char cp;
  cp=getchar( );
  if (cp>='0' && cp<='9')
      k=cp-'0';
  else if (cp>='a' && cp<='f')
             k=cp-'a'+10;
        else k=cp-'A'+10;
  printf("%d\n",k);
  return 0;
 }
```

A）2　　B）4　　C）1　　D）10

86. 以下程序的输出结果是（　　）。

```
#include <stdio.h>
int main( )
{
 int count,i=0;
 for(count=1; count<=4; count++)
  { i+=2; printf("%d",i); }
 return 0;
}
```

A）20　　B）246　　C）2468　　D）2222

87. 下面程序的输出结果是（　　）。

```
#include <stdio.h>
int main( )
{
   unsigned int num,k;
   num=26;k=1;
   do {
        k*=num%10;
```

```
        num/=10;
      } while(num);
   printf("%d\n", k);
  return 0;
}
```

A）2　　B）12　　C）60　　D）18

88. 以下程序的输出结果是（　　）。

```
#include <stdio.h>
int main( )
{
  int x;
  for(x=5;x>0;x--)
    if (x--<5) printf("%d,",x);
        else  printf("%d,",x++);
    return 0;
}
```

A）4,3,1　　B）4,3,1,　　C）5,4,2　　D）5,3,1,

89. 以下程序的功能是：从键盘上输入若干个学生的成绩，统计并输出最高成绩和最低成绩，当输入负数时结束输入。在下划线处应该填入的是（　　）。

```
#include <stdio.h>
int main( )
{
  float x,amax,amin;
  scanf("%f",&x);
  amax=x;
  amin=x;
  while (_______)
    { if (x>amax) amax=x;
      if (_____) amin=x;
      scanf("%f",&x);
    }
     printf("\namax=%f\namin=%f\n",amax,amin);
  return 0;
}
```

A）x<=0　　B）x>0　　C）x>0　　D）x>=0
　x>amin　　x<=amin　　x>amin　　x<amin

90. 下面程序是计算 n 个数的平均值，在下划线处应该填入的是（　　）。

```
#include <stdio.h>
int main( )
{
   int i,n;
   float x,avg=0.0;
   scanf("%d",&n);
   for(i=0;i<n;i++)
     {
      scanf("%f",&x);
       avg=avg+______;
     }
  avg=______;
  printf("avg=%f\n",avg);
  return 0;
}
```

A）i　　B）x　　C）x　　D）i
　avg/i　　avg/n　　avg/x　　avg/n

91. 在执行以下程序时，如果从键盘上输入：ABCdef<回车>，则输出结果为（　　）。

```
#include <stdio.h>
int main()
{
   char ch;
   while ((ch=getchar())!='\n')
    { if (ch>='A' && ch<='Z') ch=ch+32;
      else if (ch>='a' && ch<'z') ch=ch-32;
      printf("%c",ch);
    }
   printf("\n");
   return 0;
}
```

A）ABCdef　　B）abcDEF　　C）abc　　D）DEF

92. 运行以下程序后，如果从键盘上输入：65 14<回车>，则输出结果为（　　）。

```
#include <stdio.h>
int main( )
{
  int m,n;
  printf("Enter m,n:");
  scanf("%d%d",&m,&n);
  while (m!=n)
  { while(m>n) m-=n;
    while(n>m) n-=m;
  }
  printf("m=%d\n",m);
  return 0;
}
```

A）m=3　　B）m=2　　C）m=1　　D）m=0

93. 下面程序的输出结果是（　　）。

```
#include <stdio.h>
int main()
{
  int x=10,y=10,i;
  for(i=0;x>8;y=++i)
    printf("%d %d ",x--,y);
  return 0;
}
```

A）10 1 9 2　　B）9 8 7 6　　C）10 9 9 0　　D）10 10 9 1

94. 下面程序的输出结果是（　　）。

```
#include <stdio.h>
int main()
  {
    int n=9;
    while(n>6)
        {n--;printf("%d",n);}
    return 0;
}
```

A）987　　B）876　　C）8765　　D）9876

95. 以下程序的功能是根据近似公式求π值：(π*π)/6=1+1/(2*2)+1/(3*3)+...+1/(n*n)，在下划线处应该填入的是（　　）。

```
#include <math.h>
#include <stdio.h>
int main( )
 {
```

```
  double s=0.0; long int i,n;
  scanf("%ld",&n);
  for(i=1;i<=n;i++)
      s=s+________;
  s=(sqrt(6*s));
  printf("s=%e",s);
  return 0;
}
```

A）1/i*i　　B）1.0/i*i　　C）1.0/(i*i）　　D）1.0/(n*n)

96. 假设以下程序运行的时候，从键盘上输入 1298，则输出结果为（　　）。

```
#include <math.h>
#include <stdio.h>
int main()
{
  int n1,n2;
  scanf("%d",&n2);
  while (n2!=0)
  {
    n1=n2%10;
    n2=n2/10;
    printf("%d",n1);
  }
  return 0;
}
```

A）892　　B）8921　　C）89　　D）921

97. 以下函数的功能是：求 x 的 y 次方，在下划线处应该填入的是（　　）。

```
#include <stdio.h>
int main()
{
 int i,x,y;
 double z;
 scanf("%d %d",&x,&y);
 for(i=1,z=x;i<y;i++)
       z=z*________;
 printf("x^y=%e\n",z);
 return 0;
}
```

A）i++　　B）x++　　C）x　　D）i

98. 要输出右下面的图形，在下划线处应该填入的是（　　）。

```
     1
    2 2
   3 3 3
  4 4 4 4
 5 5 5 5 5
6 6 6 6 6 6
请按任意键继续.
```

```
#include <stdio.h>
int main( )
{
 int i,j,k;
 for(i=1;i<=6;i++)
  {
   for(j=1;j<=6-i;j++)
    printf(" ");
   for(k=1;________;k++)
     printf("%2d",i);
  ____________
  }
  return 0;
 }
```

A）i<=k　　B）k<j　　C）k<=i　　D）k<=i

printf(" ");　　printf("\n");　　printf("\n");　　printf(" ");

99. 要输出右下面的图形，在下划线处应该填入的是（　　）。

```
#include <stdio.h>
int main( )
{
   int i,j,k;
   for(i=1;i<=5;i++)
    {
     for(j=1;j<=20-3*i;j++)
      printf("□ "); //1个空格
     for(k=1;________;k++)
      printf("%3d",k);
     for(________;k>0;k--)
      printf("%3d",k);
     printf("\n");
    }
  return 0;
}
```

```
              1
           1  2  1
        1  2  3  2  1
     1  2  3  4  3  2  1
  1  2  3  4  5  4  3  2  1
请按任意键继续. . .
```

A）k<=i　　　B）k<i　　　C）k<i　　　D）k<=i

　k=i　　　　　k=i-1　　　　k=i　　　　　k=i-1

100. 运行以下程序后，如果从键盘上输入 4 6 8 12 -9 58 2 -1<回车>，则输出结果为（　　）。

```
#include <stdio.h>
int main( )
 {
   int x,i,m;
   do
     scanf("%d",&x);
   while (x<0 && x!=-1);
   m=x;
   while (x!=-1)
    {
      scanf("%d",&x);
      if (x>0 && x>m)
              m=x;
    }
     if (m!=-1) printf("m=%d\n",m);
   return 0;
 }
```

A）m=−9　　　B）m=2　　　C）m=58　　　D）m=−1

参考答案

1～5 CABDC	6～10 BCBBB	11～15 BBADB	16～20 ADCCB
21～25 AACCB	26～30 BCCBC	31～35 CCBCB	36～40 BDDBD
41～45 BBCAC	46～50 DDCDB	51～55BDCDB	56～60 DCCCB
61～65 BBBAC	66～70 BCBAB	71～75 BABCC	76～80 CBBCD
81～85 CBADA	86～90 CBBDB	91～95 BCDBC	96～100 BCCDC

习题 4 数组

1. 在 C 语言中，以下关于数组的描述正确的是（　　）。
   A）数组的大小是固定的，但可以有不同类型的数组元素
   B）数组的大小是可变的，但所有数组元素的类型必须相同
   C）数组的大小是固定的，所有数组元素的类型必须相同
   D）数组的大小是可变的，可以有不同类型的数组元素
2. 在 C 语言中，引用数组元素时，其数组下标的数据类型允许是（　　）。
   A）整型常量　　B）整型表达式
   C）整型常量或整型表达式　　D）任何类型的表达式
3. 以下对一维整型数组 a 的正确说明是（　　）。
   A）int a(10)　　B）int n=10,a[n];
   C）int n;
   scanf("%d",&n);
   int a[n];
   D）#define SIZE 10
   int a[SIZE];
4. 若有定义：int a[10]，则对数组 a 元素的正确引用是（　　）。
   A）a[10]　　B）a[3.5]　　C）a(5)　　D）a[10-10]
5. 以下能对一维数组 a 进行正确初始化的语句是（　　）。
   A）int a[10]=(0,0,0,0,0);　　B）int a[10]={}
   C）int a[10] = {0}　　D）int a[10]={10*1}
6. 若有定义：int a[3][4]，则对数组 a 元素的正确引用是（　　）。
   A）a[2][4]　　B）a[1,3]　　C）a(5)　　D）a[1][1]
7. 以下能对二维数组 a 进行正确初始化的语句是（　　）。
   A）int a[2][]={{1,0,1},{5,2,3}}　　B）int a[][3]={{1,2,3},{4,5,6}}
   C）int a[2][4]={{1,2,3},{4,5},{6}}　　D）int a[][3]={{1,0,1},{},{1,1}}
8. 以下不能对二维数组 a 进行正确初始化的语句是（　　）。
   A）int a[2][4]={0}　　B）int a[][4]={{1,2},{0}}
   C）int a[2][4]={{1,2,3},{4,5},{6}}　　D）int a[][4]={1,2,3,4,5,6,7}
9. 若有说明：int a[3][4]={0}，则下面正确的叙述是（　　）。
   A）只有元素 a[0][0]可得到初值 0
   B）此说明语句不正确
   C）数组 a 中各元素都可得到初值，但其值不一定为 0

D）数组 a 中每个元素均可得到初值 0

10. 若有说明：int a[][4]={0,0}；则下面不正确的叙述是（ ）。

A）数组 a 的每个元素都可得到初值 0

B）二维数组 a 的第一维大小为 1

C）因为二维数组 a 中第二维大小的值除以初值个数的商为 1，故数组 a 的行数为 1

D）只有元素 a[0][0]和 a[0][1]可得到初值 0，其余元素均得不到初值 0

11. 若二维数组 a 有 m 列，则计算任一元素 a[i][j]在数组中位置的公式为（ ）（设 a[0][0]位于数组的第一个位置）。

A）i*m+j　　B）j*m+i　　C）i*m+j-1　　D）i*m+j+1

12. 以下定义语句中，错误的是（ ）。

A）int a[]={1,2};　　B）char a[]={"test"};

C）char s[10]={"test"};　　D）int n=5,a[n];

13. 以下给字符数组 str 定义和赋值正确的是（ ）。

A）char str[10]; str={"China!"};

B）char str[ ]={"China!"};

C）char str[10]; strcpy(str,"abcdefghijkl");

D）char str[10]={"abcdefghijkl"};

14. 在执行语句：int a[ ][3]={1,2,3,4,5,6}; 后，a[1][0]的值是（ ）。

A）4　　B）1　　C）2　　D）5

15. 在定义 int a[5][6];后，数组 a 中的第 10 个元素是（ ）（设 a[0][0]为第一个元素）。

A）a[2][5]　　B）a[2][4]　　C）a[1][3]　　D）a[1][5]

16. 设有数组定义：char array[ ]="China";，则 strlen(array)的值为（ ）。

A）4　　B）5　　C）6　　D）7

17. 设有数组定义：char array[ ]="China";，则数组 array 所占的存储空间为（ ）。

A）4 字节　　B）5 字节　　C）6 字节　　D）7 字节

18. 设有数组定义：char array[10]="China";，则数组 array 所占的存储空间为（ ）。

A）4 字节　　B）5 字节　　C）6 字节　　D）10 字节

19. 如有定义语句 int a[ ]={1,8,2,8,3,8,4,8,5,8};，则数组 a 的大小是（ ）。

A）10　　B）11　　C）8　　D）不定

20. 执行下面的程序段后，变量 k 中的值为（ ）。

```
int k=3,s[2];
s[0]=k; k=s[1]*10;
```

A）不定值　　B）33　　C）30　　D）10

21. 以下程序的输出结果是（ ）。

```
#include <stdio.h>
int main()
  {
     int i,x[9]={9,8,7,6,5,4,3,2,1};
     for(i=0;i<4;i+=2) printf("%d  ",x[i]);
     return 0;
  }
```

A）5　2　　B）5　1　　C）5　3　　D）9　7

22. 下述对 C 语言字符数组的描述中错误的是（　　）。

A）字符数组可以存放字符串

B）字符数组中的字符串可以整体输入/输出

C）可以在赋值语句中通过赋值运算符"="对字符数组整体赋值

D）不可以用关系运算符对字符数组中的字符串进行比较

23. 如果有定义语句 char str1[10],str2[10]={"books"};，则能将字符串"books"赋给数组 str1 的正确语句是（　　）。

A）str1="books";　　B）strcpy(str1,str2);

C）str1=str2;　　D）strcpy(str2,str1);

24. 请读程序片段（字符串内没有空格字符）：

```
printf("%d\n",strlen("ATS\n012\1\\"));
```

上面程序片段的输出结果是（　　）。

A）11　　B）10　　C）9　　D）8

25. 请读程序片段：

```
char str[]="ABCD";
printf("%d\n",str[4]);
```

上面程序片段的输出结果是（　　）。

A）68　　B）0　　C）D　　D）不确定的值

26. 下面各语句行中，能正确进行字符串操作的语句行是（　　）。

A）char st[4][5]={"ABCDEF"};

B）char s[5]={'A','B','C','D','E','F'};

C）char s[10]; s={"ABCDE"};

D）char s[10]; scanf("%s",s);

27. 设有以下定义语句：

```
char strp[4][12]={"aaa","bbbb","ccccc","dddddd"};
```

下面对字符串引用正确的是（　　）。

A）strp[0][3]　　B）strp[4]　　C）strp[1]　　D）strp[1][4]

28. 设有以下定义语句：

```
char str1[]="string",str2[8],str3[6],str4[]="string";
```

则下面对函数 strcpy()的调用中（此函数用来复制字符串），错误的调用是（　　）。

A）strcpy(str1,"HELLO1");　　B）strcpy(str2,"HELLO2");

C）strcpy(str3,"HELLO3");　　D）strcpy(str4,"HELLO4");

29. 设有以下定义语句：

```
char str1[]="string",str2[8]="02";
char str3[10]="03",str4[]="string";
```

则下面对函数 strcat()调用中的（此函数用来连接字符串），正确的调用是（　　）。

A）strcat(str1,"HELLO1");　　B）strcat(str2,"HELLO2");

C）strcat(str3,"HELLO3");　　D）strcat(str4,"HELLO4");

30. 定义如下变量和数组：

```
int i;
int x[3][3]={1,2,3,4,5,6,7,8,9};
```

则下面语句的输出结果是（ ）。

```
for(i=0;i<3;i++) printf("%d ",x[2-i][i]);
```

A）7 5 3　　B）1 4 7　　C）3 5 7　　D）3 6 9

31. 下面程序的输出是（ ）。

```
#include <stdio.h>
int main()
  {
    int a[10]={1,2,3,4,5,6,7,8,9,10};
    printf("%d\n",a[a[1]*a[2]]);
    return 0;
  }
```

A）3　　B）4　　C）7　　D）2

32. 设有如下的程序段：

```
char str[]="Hello";
char ptr[20];
strcpy(ptr,str);
```

执行完上面的程序段后，ptr[5]的值为（ ）。

A）'o'　　B）'\0'　　C）不确定的值　　D）'o'的 ASCII 码

33. 设有如下定义语句：

```
static char str[]="Beijing";
```

则执行：

```
printf("%d\n",strlen(strcpy(str,"China")));
```

后的输出结果为（ ）。

A）5　　B）7　　C）12　　D）14

34. 设有如下定义语句：

```
static char str[20]="Beijing";
```

则执行：

```
printf("%d\n",strlen(strcat(str,"China")));
```

后的输出结果为（ ）。

A）5　　B）12　　C）13　　D）14

35. 不能把字符串“HELLO!”赋给数组 b 的语句是（ ）。

A）char b[10]={'H','E','L','L','O','!','\0'};

B）char b[10]; b="HELLO!";

C）char b[10]; strcpy(b,"HELLO!");

D）char b[10]={"HELLO!"};

36. 若有以下说明:

```
int a[12]={1,2,3,4,5,6,7,8,9,10,11,12}; char c='a',d,g;
```

则数值为 4 的表达式是（ ）。

A）a[g-c]　　B）a[4]　　C）a['d'-'c']　　D）a['d'-c]

37. 假定 int 类型变量占用 2 个字节，若有定义：int x[10]={0,2,4};，则数组 x 在内存中所占字节数是（ ）。

A）3　　B）6　　C）10　　D）20

38. 下列一维数组说明中，不正确的是（ ）。

A）int n; scanf("%d",&n);　float b[n];

B）float a[ ]={5,4,8,7,2};

C）#define S 10

int a[S+5];

D）float a[5+3],b[2*4];

39. 下列一组初始化语句中，正确的是（　　）。

A）int a[8]={　　};　　B）int a[9]={0,7,0,4,8};

C）int a[5]={9,5,7,4,0,2};　　D）int a[7]=7*6;

40. 现要定义一个二维数组 c[M][N]来存放字符串"Science"、"Technology"、"Education"和"Development"，则常量 M 和 N 的合理取值应为（　　）。

A）3 和 11　　B）4 和 12　　C）4 和 11　　D）3 和 12

41. 下列一维数组初始化语句中，正确且与语句 float a[ ]={0,3,8,0,9}；等价的是（　　）。

A）float a[6]={0,3,8,0,9};　　B）float a[4]={0,3,8,0,9};

C）float a[7]={0,3,8,0,9};　　D）float a[5]={0,3,8,0,9};

42. 下列初始化语句中，正确且与语句 char c[ ]="string";等价的是（　　）。

A）char c[ ]={'s','t','r','i','n','g'};　　B）char c[ ]='string';

C）char c[7]={'s','t','r','i','n','g','\0'};　　D）char c[7]={'string'};

43. 设 static char str[5][4];所说明的数组在静态存储区的十进制起始地址为 100，则数组元素 str[4][3]在静态存储区中的十进制地址为（　　）。

A）114　　B）138　　C）128　　D）119

44. 若有说明 char c[7]={'s','t','r','i','n','g'};，则对元素的非法引用是（　　）。

A）c[0]　　B）c[9-6]　　C）c[4*2]　　D）c[2*3]

45. 若有说明 char c[10]={'E','a','s','t','\0'};，则下述说法中正确的是（　　）。

A）c[7]不可引用　　B）c[6]可引用，但值不确定

C）c[4]不可引用　　D）c[4]可引用，其值为空字符

46. 若有说明：char s1[ ]="That girl"，s2[ ]="is beautiful";，则使用函数 strcpy(s1,s2)后，结果是（　　）。

A）s1 的内容更新为 That girl is beautiful

B）s1 的内容更新为 is beautiful\0

C）有可能导致数据错误

D）s1 的内容不变

47. 以下程序段的输出结果是（　　）。

```
char s[]="an apple";
printf("%d\n",strlen(s));
```

A）7　　B）8　　C）9　　D）10

48. 运行下面程序段的输出结果是（　　）。

```
char s1[10]={'S','e','t','\0','u','p','\0'};
printf("%s",s1);
```

A）Set　　B）Setup　　C）Set up　　D）'S''e''t'

49. 如有说明：char s1[5],s2[7];，要给数组 s1 和 s2 整体赋值，下列语句中正确的是（　　）。

A）s1=getchar();　s2=getchar();　　B）scanf("%s%s",s1,s2);

C）scanf("%c%c",s1,s2);　　D）gets(s1,s2);

50. 若有以下说明：char s1[ ]={"tree"},s2[ ]={"flower"};，则以下对数组元素或数组的输出语句中，正确的是（　　）。

A）printf("%s%s",s1[5],s2[7]);　　B）printf("%c%c",s1,s2);

C）puts(s1);puts(s2);　　D）puts(s1,s2);

51. 若有以下定义：static char str[9];，现要使 str 从键盘上获取字符串"The lady"，应使用（　　）。

A）scanf("%s",str);　　B）for(i=0;i<9;i++）getchar(str[i]);

C）gets(str);　　D）for(i=0;i<9;i++）scanf("%s",&str[i]);

52. 当执行下面的程序时，如果输入 ABC，则输出结果是（　　）。

```
#include "stdio.h"
#include "string.h"
int main()
{
    char ss[10]="12345";
    gets(ss);
    strcat(ss,"6789");
    printf("%s\n",ss);
    return 0;
}
```

A）ABC6789　　B）ABC67　　C）12345ABC6　　D）ABC45678

53. 下列程序执行后的输出结果是（　　）。

```
#include <stdio.h>
int main()
{
      int a,b[5];
      a=0; b[0]=3;
      printf("%d,%d\n",b[0],b[1]);
      return 0;
}
```

A）3,0　　B）3　0　　C）0,3　　D）3,不定值

54. 已知数组 a 的赋值情况如下所示，则执行语句 a[2]++;后 a[1]和 a[2]的值分别是（　　）。

a[0]	a[1]	a[2]	a[3]	a[4]
10	20	30	40	50

A）20 和 30　　B）20 和 31　　C）21 和 30　　D）21 和 31

55. 设已定义：char st[]="how are you";，下列程序段中正确的是（　　）。

A）chara[11]; strcpy(a,st);　　B）char a[12]; strcpy(a,st[10]);

C）char a[12]; strcpy(a,st);　　D）char a[]; strcpy(a,st);

56. 有如下说明：

int a[10]={0,1,2,3,4,5,6,7,8,9}；则数值不为 9 的表达式是（　　）。

A）a[10-1]　　B）a[8]　　C）a[9]-0　　D）a[9]-a[0]

57. 以下程序的输出结果是（　　）。

```
#include <stdio.h>
int main()
  {
    int i,x[9]={9,8,7,6,5,4,3,2,1};
```

```
    for(i=0;i<4;i+=2) printf("%d  ",x[i]);
    return 0;
  }
```

A）5　2　　B）5　1　　C）5　3　　D）9　7

58. 以下程序的输出结果是（　　）。

```
#include <stdio.h>
int main()
  {
    int i,x[3][3]={9,8,7,6,5,4,3,2,1};
    for(i=0;i<3;i+=1) printf("%5d",x[1][i]);
    return 0;
  }
```

A）6　5　4　　B）9　6　3　　C）9　5　1　　D）9　8　7

59. 以下程序的输出结果是（　　）。

```
#include <stdio.h>
int main()
  {
    char a[10]={'1','2','3','\0','5','6','7','8','9',0};
    printf("%s\n",a);
    return 0;
}
```

A）123　　B）1230　　C）123056789　　D）1230567890

60. 以下程序的输出结果是（　　）。

```
#include <stdio.h>
#include <string.h>
int main()
    {
      char p1[]="abcd",p2[]="efgh",str[50]="ABCDEFG";
      strcat(str,p1);  strcat(str,p2);
      printf("%s",str);
      return 0;
}
```

A）ABCDEFGefghabcd　　B）ABCDEFGefgh

C）abcdefgh　　D）ABCDEFGabcdefgh

61. 下面程序的输出结果是（　　）。

```
#include <stdio.h>
int main()
  {
    int a[]={1,8,2,8,3,8,4,8,5,8};
    printf("%d,%d\n",a[4]*3,a[4+3]);
    return 0;
  }
```

A）9,6　　B）8,8　　C）9,8　　D）8,6

62. 下列程序段的输出结果是（　　）。

```
#include <stdio.h>
int main()
   {
     char b[]="Hello,you"; b[5]=0;
     printf("%s\n",b);
     return 0;
   }
```

A）Hello,you　　B）Hello　　C）Hello0you　　D）H

63. 当执行下面程序且输入 ABC 时，输出的结果是（　　）。

```
#include <stdio.h>
#include<string.h>
int main()
{
    char ss[10]="12345";
    strcat(ss,"6789");
    gets(ss); printf("%s\n",ss);
    return 0;
  }
```

A）ABC　　B）ABC9　　C）123456ABC　　D）ABC456789

64. 以下程序执行时输入 Language Programming<回车>，输出结果是（　　）。

```
#include <stdio.h>
int main()
{
    char str[30];
    scanf("%s",str);
    printf("str=%s\n",str);
    return 0;
}
```

A）Language Programming　　B）Language

C）str=Language　　D）str=Language Proguamming

65. 设有定义语句：static char str[ ]="Are you ready?"; （注意各单词之间有一空格），则执行

```
printf("%d\n", strlen(strcpy(str,"OK!")));
```

后的输出结果为（　　）。

A）16　　B）14　　C）3　　D）2

66. 设有定义语句：static char str[20]="Are you ready?"; （注意各单词之间有一空格），则执行

```
printf("%d\n", strlen(strcat(str,"OK")));
```

后的输出结果为（　　）。

A）16　　B）10　　C）2　　D）20

67. 请读程序：

```
#include <stdio.h>
#include<string.h>
int main()
{
    char s1[20]="Ab", s2[20]="ABCDE";
    printf("%d\n",strcmp(s1,s2));
    return 0;
}
```

程序的输出结果是（　　）。

A）确定的正数　　B）不确定的正数

C）零　　D）负数

68. 请读程序：

```
#include <stdio.h>
#include <string.h>
int main()
```

```
{
    char s1[20]="AbCdEf", s2[20]="aB";
    printf("%d\n",strcmp(s1,s2));
    return 0;
}
```

程序的输出结果是（　　）。

A）1　　B）0　　C）-1　　D）不确定的值

69. 以下程序的输出结果是（　　）。

```
#include <stdio.h>
int main()
{
     int i,a[10];
     for(i=9;i>=0;i--)  a[i]=10-i;
     printf("%d%d%d",a[2],a[5],a[8]);
     return 0;
}
```

A）258　　B）741　　C）852　　D）369

70. 以下程序的输出结果是（　　）。

```
#include <stdio.h>
int main()
 {
     int a[4][4]={{1,3,5,},{2,4,6},{3,5,7}};
     printf("%d%d%d%d\n",a[0][3],a[1][2],a[2][1],a[3][0]);
     return 0;
}
```

A）0650　　B）1470　　C）5430　　D）输出值不定

71. 以下程序执行时输入 Language Programming<回车>，输出结果是（　　）。

```
#include <stdio.h>
int main()
{
     char str[30];
     gets(str);
     printf("str=%s\n",str);
     return 0;
}
```

A）Language Programming　　B）Language

C）str=Language　　D）str=Language Programming

72. 以下程序输出的结果是（　　）。

```
#include <stdio.h>
int main()
{
     int a[ ]={1,2,3,4,5},i,j,s=0;
     j=1;
     for(i=4;i>=0;i--)  { s=s+a[i]*j;  j=j*10;  }
     printf("s=%d\n",s);
     return 0;
}
```

A）s=12345　　B）s=1 2 3 4 5　　C）s=54321　　D）s=5 4 3 2 1

73. 以下程序输出的结果是（　　）。

```
#include <stdio.h>
int main()
```

```
{
    int a[ ]={5,4,3,2,1},i,j,s=0;
    for(i=0;i<5;i++)    s=s*10+a[i];
    printf("s=%d\n",s);
    return 0;
}
```

A）s=12345　　B）s=5 4 3 2 1　　C）s=54321　　D）以上都不对

74. 下面程序运行后，输出结果是（　　）。

```
#include <stdio.h>
int main()
 {
    char s[ ]="father";
    int i,j=0;
    for(i=1;i<6;i++)
         if(s[j]<s[i])  j=i;
    s[j]=s[6];
    printf("%s\n",s);
    return 0;
}
```

A）f　　B）fa　　C）farher　　D）fath

75. 下面程序的功能是（　　）。

```
#include <stdio.h>
int main()
 {
    char s[ ]="father";
    int i,j=0;
    for(i=1;i<6;i++)
        if(s[j]>s[i])  j=i;
    printf("%c,%d\n",s[j],j+1);
    return 0;
}
```

A）输出字符数组 s 中 ASCII 码最大的字符及位置

B）输出字符数组 s 中 ASCII 码最小的字符及位置

C）输出字符数组 s 中 ASCII 码最大的字符及字符串的长度

D）输出字符数组 s 中 ASCII 码最小的字符及字符串的长度

76. 下面程序运行后，输出的结果是（　　）。

```
#include <stdio.h>
int main()
{
    int i,j,x=0;
    static int a[6]={2,3,4};
    for(i=0,j=1;i<3&&j<4;++i,j++)  x+=a[i]*a[j];
    printf("%d\n",x);
    return 0;
}
```

A）18　　B）不确定　　C）25　　D）29

77. 下面程序输出的结果是（　　）。

```
#include <stdio.h>
int main()
{
    int i,j,x=0;
```

```
    static int a[6]={1,2,3,4,5,6};
    for(i=0,j=1;i<5;++i,j++)  x+=a[i]*a[j];
    printf("%d\n",x);
    return 0;
}
```

A）数组 a 中首尾的对应元素的乘积

B）数组 a 中首尾的对应元素的乘积之和

C）数组 a 中相邻各元素的乘积

D）数组 a 中相邻各元素的乘积之和

78. 若希望下面的程序运行后输出 25，程序空白处的正确选择是（　　）。

```
#include <stdio.h>
int main()
  {
    int i,j=50,a[ ]={7,4,10,5,8};
    for(________)
        j+=a[i];
    printf("%d\n",j-40);
    return 0;
}
```

A）i=4;i>2;--i　　　　B）i=1;i<3;++i

C）i=4;i>2;i--　　　　D）i=2;i<4;++i

79. 运行下面的程序段，输出结果是（　　）。

```
int i;
char s[ ][5]={"abc","def","ghi","jkl"};
for(i=1;i++<3;)  printf("%s",s[i]);
```

A）ghi　　B）defghi　　C）编译出错　　D）ghijkl

80. 若有定义和语句：

```
char s[10];s="abcd";printf("%s\n",s);
```

则程序运行后（　　）（以下 u 代表空格）。

A）输出 abcd　　　　B）输出 a

C）输出 abcduuuuu　　　　D）编译不通过

81. 给出以下定义：

```
char x[ ]="abcdefg";
char y[ ]={'a','b','c','d','e','f','g'};
```

则正确的叙述为（　　）。

A）数组 x 和数组 y 等价

B）数组 x 和数组 y 的长度相同

C）数组 x 的长度大于数组 y 的长度

D）数组 x 的长度小于数组 y 的长度

82. 下列程序执行后的输出结果是（　　）。

```
#include <stdio.h>
int main()
{
    int i,j,a[3][3];
    for(i=0;i<3;i++)
        for(j=0;j<3;j++)  a[i][j]=i*j+1;
    printf("%d,%d\n",a[1][2],a[2][1]);
```

```
    return 0;
  }
```

A）3,3　　B）3,不定值　　C）3　　D）3,1

83. 以下程序的输出结果是（　　）。

```
#include <stdio.h>
int main()
{
    int i,p=0,a[10]={1,5,9,0,-3,8,7,0,1,2};
    for(i=1;i<10;i++)
        if(a[i]<a[p]) p=i;
    printf("%d,%d\n",a[p],p);
    return 0;
}
```

A）-3,4　　B）0,1　　C）9,2　　D）2,9

84. 有如下程序：

```
#include <stdio.h>
int main()
{
    int n[5]={0,0,0},i,k=3;
    for(i=0;i<k;i++) n[i]=i+1;
    printf("%d\n",n[k]);
    return 0;
  }
```

该程序的输出结果是（　　）。

A）不确定的值　　B）4　　C）2　　D）0

85. 有如下程序：

```
#include <stdio.h>
int main()
{
    int a[3][3]={{1,2},{3,4},{5,6}},i,j,s=0;
    for(i=1;i<3;i++)
        for(j=0;j<=i;j++) s+=a[i][j];
    printf("%d\n",s);
    return 0;
}
```

该程序的输出结果是（　　）。

A）18　　B）19　　C）20　　D）21

86. 有如下程序：

```
#include <stdio.h>
int main()
{
    int a[3][3]={{1,2,3},{3,4,5},{5,6,7}},i,j,s=0;
    for(i=0;i<3;i++)
         for(j=0;j<=i;j++) s+=a[i][j];
    printf("%d\n",s);
    return 0;
}
```

该程序的输出结果是（　　）。

A）36　　B）16　　C）26　　D）21

87. 有如下程序：

```
#include <stdio.h>
int main()
 {
    char ch[2][5]={"6937","8254"};
    int i,j,s=0;
    for(i=0;i<2;i++)
         for(j=0;ch[i][j]>'\0';j+=2)
             s=10*s+ch[i][j]-'0';
    printf("%d\n",s);
    return 0;
 }
```

该程序的输出结果是（　　）。

A）69825　　B）63825　　C）6385　　D）693825

88. 下列程序执行后的输出结果是（　　）。

```
#include <stdio.h>
#include <string.h>
int main()
{
   char arr[2][4];
   strcpy(arr[0],"you");
   strcpy(arr[1],"me");
   printf("%s\n",arr[0]);
   return 0;
}
```

A）you&me　　B）you　　C）me　　D）err

89. 下面程序的功能是：计算 1 到 10 之间的奇数之和及偶数之和，划线处应填（　　）。

```
#include <stdio.h>
int main()
{
    int a,b,c,i;
    a=b=c=0;
    for(i=0;i<=10;i+=2)
    { a+=i;
      ________;
      c+=b;  }
  printf("偶数之和=%d\n",a);
  printf("奇数之和=%d\n",c-11);
  return 0;
}
```

A）c+=i　　B）b+=I　　C）b=i+1　　D）i=i+1

90. 以下程序的功能是：将无符号八进制数字构成的字符串转换为十进制整数。例如，输入的字符串为：556，则输出十进制整数 366，划线处应填（　　）。

```
#include <stdio.h>
int main()
{
  char s[6];
  int n,j;
  gets(s);
  if(s[0]!='\0')  n=s[0]-'0';
  j=0;
  while(________!='\0') n=n*8+s[j]-'0';
  printf("%d\n",n);
  return 0;
}
```

A）s[0]　　B）s[j++]　　C）s[j]　　D）s[++j]

91. 以下程序输出 a 数组中的最小值及其下标，在划线处应填入的是（　　）。

```
#include <stdio.h>
int main()
{
    int i,p=0,a[10];
    for(i=0;i<10;i++)  scanf("%d",&a[i]);
        for(i=1;i<10;i++)
            if(a[i]<a[p])__________;
   printf("%d,%d\n",a[p],p);
   return 0;
}
```

A）i=p　　B）a[p]=a[i]　　C）p=j　　D）p=i

92. 下面程序把数组元素中的最大值放入 a 的最后一个元素中，则在 if 语句中的条件表达式应该是（　　）。

```
#include <stdio.h>
int main()
 {
   int a[11]={6,7,2,9,1,10,5,8,4,3},i;
   a[10]=a[0];
   for(i=0;i<10;i++)
     if(________)  a[10]=a[i];
   printf("%d\n",a[10]);
   return 0;
}
```

A）a[10]>a[0]　　B）a[10]>a[i]　　C）a[10]<a[0]　　D）a[10]<a[i]

93. 下列程序的输出结果是（　　）。

```
#include <stdio.h>
int main()
{
  char b[]="ABCDEFG";
  char p=0;
  while(p<7)
    putchar(b[p++]);
  putchar('\n');
  return 0;
}
```

A）GFEDCBA　　B）BCDEFG　　C）ABCDEFG　　D）GFEDCB

94. 阅读程序：

```
#include <stdio.h>
#include <string.h>
int main()
{
   char str1[]="how do you do",str2[10];
   scanf("%s",str2);
   printf("%s",str2);
   printf("%s\n",str1);
   return 0;
}
```

运行该程序，输入字符串 HOW DO YOU DO，则程序的输出结果是（　　）。

A）HOW DO YOU DO　　B）HOWhow do you do

C）How how do you do　　D）how do you do

95. 下面程序运行后，输出的结果是（　　）。

```
#include <stdio.h>
int main()
{
  char s[10]="flexible",c;
  int i=0,j;
  for(j=1;j<10;j++)
    if(s[i]>s[j]&&s[j]!='\0')
      {c=s[i];s[i]=s[j];s[j]=c;}
  printf("%s\n",s);
  return 0;
}
```

A）xlfeible　　B）blfxiele　　C）xfelible　　D）blexifle

96. 读如下程序，下面的说法中正确的是（　　）。

```
#include <stdio.h>
#include <string.h>
int main()
 {
   int i=0;
   char s1[10]="1234",s2[10]="567";
   strcat(s1,s2);
   while(s2[i]!='\0')  {s2[i]=s1[i]; i++;}
   puts(s2);
   return 0;
}
```

A）将语句：while(s2[i]!='\0') {s2[i]=s1[i]; i++;} 改为：while(s2[i++]!='\0') s2[i]=s1[i]; 后，程序的运行结果不变

B）程序的功能是将字符串 s2 连接到字符串 s1 的后面，再将 s1 复制到 s2 中

C）在程序中将字符串 s2 连接到字符串 s1 的后面，再将 s1 中的前 3 个字符复制到 s2 中

D）在程序中将字符串 s1 连接到字符串 s2 的后面，再将 s1 中的前 3 个字符复制到 s2 中

97. 要求下面的程序运行后，显示如下结果：

```
2  10   4   6
1   5   2   3
2   4   7   8
5   1   3   2
```

则程序中的划线处应填入（　　）。

```
#include <stdio.h>
int main()
{
   int a[4][4]={__________};
   int i,j,l;
   for(i=0;i<4;i++)
     {for(j=0;j<4;j++)  printf("%4d",a[j][i]);
      printf("\n"); }
   return 0;
}
```

A）{1,5,2,3},{2,4,7,8},{5,1,3,2}

B）{2,10,4,6},{1,5,2,3},{2,4,7,8},{5,1,3,2}

C）{5,1,3,2},{2,4,7,8},{1,5,2,3}

D）{2,1,2,5},{10,5,4,1},{4,2,7,3},{6,3,8,2}

98. 下面程序的输出是（　　）。

```
#include <stdio.h>
int main()
{
   char s[20]="12121212";
   int k=0, a=0, b=0;
   do
    {k++;
     if(k%2==0) {a=a+s[k]-'0';continue;}
    b=b+s[k]-'0';
     a=a+s[k]-'0';
    } while (s[k+1]);
   printf("k=%d a=%d b=%d\n",k,a,b);
   return 0;
}
```

A）k=8 a=12 b=8　　B）k=8 a=11 b=12

C）k=7 a=11 b=8　　D）k=7 a=12 b=11

99. 以下程序的功能是：从键盘上输入一行字符，存入一个字符数组中，然后输出该字符串。划线处应填入（　　）。

```
#include "ctype.h"
#include "stdio.h"
int main( )
{
   char str[81];  int i;
   for(i=0;i<80;i++)
     { str[i]=getchar();
       if(str[i]=='\n') break;}
   ________;
   i=0;
   while(str[i]) putchar(str[i++]);
   return 0;
}
```

A）str[i]='0'　　B）str[i-1]='0'　　C）str[i]=0　　D）str[i-1]=0

100. 下列程序运行后，输出的结果是（　　）。

```
#include <stdio.h>
int main( )
{
  char p[ ][10]={ "BOOL", "OPK", "H", "SP"};
  int i;
  for(i=3; i>=0; i--,i--) printf( "%c", p[i][0]);
  printf("\n");
  return 0;
}
```

A）BOHS　　B）SHOB　　C）HB　　D）SO

参 考 答 案

1～5 CCDDC	6～10 DBCDD	11～15 DDBAC	16～20 BCDAA
21～25 DCBCB	26～30 DCCCA	31～35 CBABB	36～40 DDABB
41～45 DCDCD	46～50 CBABC	51～55 CADBC	56～60 BDAAD
61～65 CBACC	66～70 AACCA	71～75 DACBB	76～80 ADDDD
81～85 CAADA	86～90 CCBCD	91～95 DDCBB	96～100 CDCCD

习题 5 函数

1. 以下说法正确的是（　　）。

   A）C 语言程序总是从第一个定义的函数开始执行

   B）在 C 语言程序中，要调用的函数必须在 main()函数中定义

   C）C 语言程序总是从 main()函数开始执行

   D）C 语言程序中的 main()函数必须放在程序的开始部分

2. 一个完整的 C 源程序是（　　）。

   A）由一个主函数或一个以上的非主函数构成

   B）由一个且仅由一个主函数和零个以上的非主函数构成

   C）由一个主函数和一个以上的非主函数构成

   D）由一个且只有一个主函数或多个非主函数构成

3. 以下正确的函数原型声明是（　　）。

   A）double fun(int x, int y)　　B）double fun(int x; int y)

   C）double fun(int x, int y);　　D）double fun(int x,y);

4. 以下所列的各函数首部中，正确的是（　　）。

   A）void play(var :Integer,var b:Integer)

   B）void play(int a,b)

   C）void play(int a,int b)

   D）Sub play(a as integer,b as integer)

5. 若调用一个函数，且此函数中没有 return 语句，关于该函数的返回值，正确的说法是（　　）。

   A）没有返回值　　B）返回若干个系统默认值

   C）能返回一个用户所希望的函数值　　D）返回一个不确定的值

6. C 语言规定，函数返回值的类型是由（　　）。

   A）return 语句中的表达式类型所决定

   B）调用该函数时的主调函数类型所决定

   C）调用该函数时系统临时决定

   D）定义该函数时所指定的函数类型所决定

7. 在 C 语言中，函数的数据类型是指（　　）。

   A）函数返回值的数据类型　　B）函数形参的数据类型

   C）调用该函数时的实参的数据类型　　D）任意指定的数据类型

8. C语言中，若未说明函数的类型，则系统默认该函数的类型是（　　）。

A）float 型　　B）long 型　　C）int 型　　D）double 型

9. 若主调用函数类型为 double，被调用函数定义中没有进行函数类型说明，而 return 语句中的表达式类型为 float 型，则被调函数返回值的类型是（　　）。

A）int 型　　B）float 型

C）double 型　　D）由系统当时的情况而定

10. 若有以下调用语句，则正确的 fun 函数头是（　　）。

```
int main()
{
   …
   int a;float x;
   …
   fun(x,a);
   …
   return 0;
}
```

A）void fun(int a, float x)　　B）void fun(float a, int x)

C）void fun(float x; int a)　　D）void fun(int x, float a)

11. 以下说法正确的是（　　）。

A）C语言编译时不检查语法

B）C语言的子程序有过程和函数两种

C）C语言的函数可以嵌套定义

D）C语言所有的函数都是外部函数

12. 以下关于函数的叙述中不正确的是（　　）。

A）C程序是函数的集合，包括标准库函数和用户自定义函数

B）在C语言程序中，被调用的函数必须在 main 函数中定义

C）在C语言程序中，函数的定义不能嵌套

D）在C语言程序中，函数的调用可以嵌套

13. 定义一个 void 型函数意味着调用该函数时，函数（　　）。

A）通过 return 返回一个用户所希望的函数值

B）返回一个系统默认值

C）没有返回值

D）返回一个不确定的值

14. 以下关于 return 语句的叙述中正确的是（　　）。

A）一个自定义函数中必须有一条 return 语句

B）一个自定义函数中可以根据不同情况设置多条 return 语句

C）定义成 void 类型的函数中可以有带返回值的 return 语句

D）没有 return 语句的自定义函数在执行结束时不能返回到调用处

15. 在C语言中，以下正确的说法是（　　）。

A）实参和与其对应的形参各占用独立的存储单元

B）实参和与其对应的形参共占用一个存储单元

C）只有当实参和与其对应的形参同名时才共占用存储单元

D）形参是虚拟的，不占用存储单元

16. 在C语言中，以下正确的说法是（　　）。

A）定义函数时，形参的类型说明可以放在函数体内

B）return 后边的值不能为表达式

C）如果函数值的类型与返回值的类型不一致，以函数值类型为准

D）如果形参与实参的类型不一致，以实参类型为准

17. C语言规定，简单变量作实参时，它和对应形参之间的数据传递方式是（　　）。

A）地址传递

B）单向值传递

C）由实参传给形参，再由形参传回给实参

D）由用户指定传递方式

18. 有如下函数调用语句 func(rec1,rec2+func(rec3,rec4));，该函数调用语句中，func 函数的实参个数是（　　）。

A）2　　B）3　　C）4　　D）有语法错误

19. 设有如下程序，则划线处应填（　　）。

```
#include <stdio.h>
float ggg(x)
float x;
{ return (x*x);}
int main()
{ printf("________\n",ggg(1.2)); return 0;}
```

A）%f　　B）%ld　　C）%d　　D）无法确定

20. 以下函数 fun 形参的类型是（　　）。

```
float fun( int x)
{   float  y;
   y=3.14*x-4;
   return  y;
}
```

A）int　　B）不确定　　C）void　　D）float

21. 阅读下面的程序：

```
#include <stdio.h>
swap(int a,int b)
{   int temp;
    temp=a; a=b; b=temp;
}
int main()
{
    int a,b;
    a=3;b=4;
    swap(a,b);
    printf("a=%d,b=%d\n",a,b);
    return 0;
}
```

下面的说法中，正确的是（　　）。

A）在 main()函数中调用 swap()后，能使变量 a 和 b 的值交换

B）在 main()函数中输出的结果是：a=3,b=4

C）swap()函数中的变量 a 和 main()函数中的变量 a 是同一个变量

D）swap()函数的类型是 void

22. 下面的说法中，错误的是（ ）。

A）函数未被调用时，系统将不为形参分配内存单元

B）实参与形参的个数应相等，且类型相同或赋值兼容

C）实参可以是常量、变量或表达式

D）形参可以是常量、变量或表达式

23. 函数调用时，当实参和形参都是简单变量时，它们之间数据传递的过程是（ ）。

A）实参将其地址传递给形参，并释放原先占用的存储单元

B）实参将其地址传递给形参，调用结束时形参再将其地址回传给实参

C）实参将其值传递给形参，调用结束时形参再将其值回传给实参

D）实参将其值传递给形参，调用结束时形参并不将其值回传给实参

24. 设函数 fun 的定义形式为

```
void fun(char ch, float x ) { … }
```

则以下对函数 fun 的调用语句中，正确的是（ ）。

A）fun("abc",3.0); B）t=fun('D',16.5);

C）fun('65',2.8); D）fun(32,32);

25. 在一个 C 源程序文件中所定义的全局变量，其作用域为（ ）。

A）所在文件的全部范围 B）所在程序的全部范围

C）所在函数的全部范围 D）由具体定义位置和 extern 说明来决定范围

26. 在 C 语言程序中，以下描述正确的是（ ）。

A）函数的定义可以嵌套，但函数的调用不可以嵌套

B）函数的定义不可以嵌套，但函数的调用可以嵌套

C）函数的定义和调用均不可以嵌套

D）函数的定义和函数的调用均可以嵌套

27. 在 C 语言程序中，以下描述正确的是（ ）。

A）main()函数必须出现在所有函数之前

B）main()函数可以在任何地方出现

C）main()函数必须出现在所有函数之后

D）main()函数必须出现在固定位置

28. 若程序中定义函数：

```
float add(float a, float b)
{ return a+b;}
```

并将其放在调用语句之后，则在调用之前应对该函数进行说明。

以下说明中错误的是（ ）。

A）float add(float a,b); B）float add(float b, float a);

C）float add(float, float); D）float add(float a, float b);

29. 若已定义的函数有返回值，则以下关于该函数调用的叙述中错误的是（ ）。

A）函数调用可以作为独立的语句存在

B）函数调用可以作为一个函数的实参

C）函数调用可以出现在表达式中

D）函数调用可以作为一个函数的形参

30. 以下正确的说法是（　　）。

A）用户若需调用标准库函数，调用前必须重新定义

B）用户可以重新定义标准库函数，若如此，该函数将失去原有含义

C）系统根本不允许用户重新定义标准库函数

D）用户若需调用标准库函数，调用前不必使用预编译命令将该函数所在文件包括到用户源文件中，系统自动调用

31. 以下程序的正确运行结果是（　　）。

```
#include <stdio.h>
int func(int a,int b)
{
    return(a+b);
}
int main()
{
    int x=2,y=3,z=4,r;
    r=func(func(x,y),z);
    printf("%d\n",r);
    return 0;
}
```

A）5　　B）6　　C）7　　D）9

32. 以下程序的正确运行结果是（　　）。

```
#include <stdio.h>
int func(int a,int b)
{
    return(a+b);
}
int main()
{
    int x=2,y=3,z=4,r;
    r=func(x-y,z);
    printf("%d\n",r);
    return 0;
}
```

A）1　　B）3　　C）5　　D）7

33. 以下程序的正确运行结果是（　　）。

```
#include <stdio.h>
func(int a,int b)
{
    int c;
    c=a+b;
    return c;
}
int main()
{
    int x=3,y=4,z=5,r;
    r=func((x--,y++,x+y),z--);
    printf("%d\n",r);
```

```
    return 0;
}
```

A）11　　B）12　　C）13　　D）17

34. 以下程序的功能是计算函数 F(x,y,z)=(x+z)/(y-z)+(y+2z)/(x-2z)的值，应在程序的两空缺处分别应填入（　　）。

```
#include <stdio.h>
float f(float x,float y)
{ float value;
  value=_______;
  return value;
}
int main( )
{ float x,y,z,sum;
  scanf("%f%f%f",&x,&y,&z);
  sum=f(x+z,y-z)+f(_______);
  printf("sum=%f\n",sum);
  return 0;
}
```

A）x/y 和 x,y,z　　B）x+y 和 y,x,2*z

C）x/y 和 y+2*z,x-2*z　　D）x+y 和 y+z,x-z

35. 函数调用 strcat(strcpy(str1,str2),str3)的功能是（　　）。

A）将串 str1 复制到串 str2 中后再连接到串 str3 之后

B）将串 str1 连接到串 str2 之后再复制到串 str3 之后

C）将串 str2 连接到串 str1 之后再将串 str1 复制到串 str3 中

D）将串 str2 复制到串 str1 中后再将串 str3 连接到串 str1 之后

36. 已知函数定义如下：

```
float fun1(int x,int y)
{    float z;
     z=(float)x/y;
     return(z);
}
```

主调函数中有 int a=1,b=0；可以正确调用此函数的语句是（　　）。

A）printf("%f",fun1(a,b));　　B）printf("%f",fun1(&a,&b));

C）printf("%f",fun1(*a,*b));　　D）调用时发生错误

37. 以下程序的正确运行结果是（　　）。

```
#include <stdio.h>
int fun(int n)
{    return (n/10+n%10); }
int main()
{
     printf("%d\n",fun(fun(123)));
     return 0;
}
```

A）0　　B）1　　C）6　　D)15

38. 以下程序的正确运行结果是（　　）。

```
#include <stdio.h>
int f(int x,int y)
{    return x>y?x:y; }
```

```
int main()
{
    int a=5,b=6,c=7;
    printf("%d\n",f(a,f(b,c)));
    return 0;
}
```

A）5　　　　B）6　　　　C）7　　　　D）13

39. C语言规定，程序中各函数之间（　　）。

A）既允许直接递归调用也允许间接递归调用

B）不允许直接递归调用也不允许间接递归调用

C）允许直接递归调用不允许间接递归调用

D）不允许直接递归调用允许间接递归调用

40. 以下程序的正确运行结果是（　　）。

```
#include <stdio.h>
void fun (int k)
{
    if(k>0) fun(k-1);
    printf("%d ",k);
}
int main( )
{
    int w=5;
    fun(w);
    printf("\n");
    return 0;
}
```

A）5 4 3 2 1　　B）0 1 2 3 4 5　　C）1 2 3 4 5　　D）5 4 3 2 1 0

41. 以下程序的正确运行结果是（　　）。

```
#include <stdio.h>
int fun (int k)
{
    int  n;
    if(k>0)
        n=k+fun(k-1);
    else
        n=0;
    return  n;
}
int main()
{
    int w=4;
    printf("%d\n", fun(w));
    return 0;
}
```

A）4 3 2 1 0　　B）0 1 2 3 4　　C）10　　D)15

42. 以下程序的正确运行结果是（　　）。

```
#include <stdio.h>
long fun(int n)
{
    long s;
    if(n==1||n==2)
```

```
        s=2;
    else
        s=n-fun(n-1);
    return s;
}
int main()
{   printf("%ld\n",fun(3));
    return 0;
}
```

A）1　　B）2　　C）3　　D）4

43. 以下程序的正确运行结果是（　　）。

```
#include <stdio.h>
func( int x)
{   int p;
    if(x==0 || x==1)
        return (3);
    p=x-func(x-2);
    return p;
}
int main( )
{   printf("%d\n",func(4));
    return 0;
}
```

A）7　　B）5　　C)3　　D）2

44. 以下程序的正确运行结果是（　　）。

```
#include <stdio.h>
int w=2;
fun(int k)
{
    if(k==0) return w;
    return(fun(k-1)*k);
}
int main()
{
    int w=10;
    printf("%d\n",fun(4)*w);
    return 0;
}
```

A）48　　B）160　　C）240　　D）480

45. 以下程序的正确运行结果是（　　）。

```
#include <stdio.h>
long fib(int n)
{
    if(n>2) return(fib(n-1)+fib(n-2));
    else return (2);
}
int main()
{   printf("%d\n",fib(3));
    return 0;
}
```

A）2　　B）3　　C）4　　D）6

46. 以下程序的正确运行结果是（　　）。

```
#include <stdio.h>
func1( int a,int b)
{   int c;
    a+=a;  b+=b;
    c=func2(a,b);
    return  (c*c);
}
func2(int a,int b)
{   int c;
    c=a*b%3;
    return  (c);
}
int main ( )
{   int x=7,y=17;
    printf("%d\n",func1(x,y));
    return 0;
}
```

A）0　　B）4　　C）7　　D）17

47. 假设程序运行时输入 10，以下程序的正确运行结果是（　　）。

```
#include <stdio.h>
int fun(int n)
{
  if(n==1)  return 1;
  else return(n+fun(n-1));
}
int main()
{
  int x;
  scanf("%d",&x);
  x=fun(x);
  printf("%d\n",x);
  return 0;
}
```

A）55　　B）54　　C）65　　D）45

48. 函数中未指定存储类别的局部变量，其隐含的存储类别是（　　）。

A）自动(auto)　　B）静态(static)　　C）外部(extern)　　D）寄存器(register)

49. 在 C 语言中，全局变量的存储类别是（　　）。

A）extern　　B）static　　C）void　　D）register

50. 如果一个变量在整个程序运行期间都存在，但是仅在说明它的函数内是可见的，这个变量的存储类型应该被说明为（　　）。

A）静态变量　　B）动态变量　　C）外部变量　　D）内部变量

51. 下面的说法中，不正确的是（　　）。

A）在同一 C 程序文件中，不同函数中可以使用同名变量

B）在 main 函数体内定义的变量是全局变量

C）形参是局部变量，函数调用完成即失去意义

D）若同一文件中全局变量和局部变量同名，则全局变量在局部变量作用范围内不起作用

52. 下面的说法中，不正确的是（　　）。

A）静态局部变量的初值是在编译时赋予的，在程序执行期间不再赋予初值

B）若全局变量和某一函数中的局部变量同名，则在该函数中，此全局变量被屏蔽

C）静态全局变量可以被其他的编辑单位所引用

D）所有自动类局部变量的存储单元都是在进入这些局部变量所在的函数体（或复合语句）时生成，退出其所在的函数体（或复合语句）时消失

53. 如果一个函数位于C程序文件的上部，在该函数体内说明语句后的复合语句中定义了一个变量，则该变量（　　）。

A）为全局变量，在本程序文件范围内有效

B）为局部变量，只在该函数内有效

C）为局部变量，只在该复合语句中有效

D）定义无效，为非法变量

54. 若在一个C源程序文件中定义了一个允许其他源文件引用的实型外部变量a，则在另一文件中可使用的引用说明是（　　）。

A）extern static float a;　　B）float a;

C）extern auto float a;　　D）extern float a;

55. 以下程序的正确运行结果是（　　）。

```
#include <stdio.h>
int main( )
{    int a=1,b=2;
     b=a+b;
     {
          int b=5;
          a=a-b;
          printf("%d,%d,",a,b);
     }
     printf("%d,%d\n",a,b);
     return 0;
}
```

A）−2,3,−2,3　　B）−4,5,−4,3　　C）−4,3,−4,3　　D）−4,5,1,3

56. 假设程序运行时输入3，4，以下程序的正确运行结果是（　　）。

```
#include <stdio.h>
int a, b;
void swap( )
{
  int t;
  t=a; a=b; b=t;
}
int main()
{
  scanf("%d,%d", &a, &b);
  swap( );
  printf ("a=%d,b=%d\n",a,b);
  return 0;
}
```

A）a=4,b=3　　B）a=3,b=4　　C）4,3　　D）3,4

57. 以下程序的正确运行结果是（　　）。

```
#include <stdio.h>
fun(int x,int y,int z)
{ z=x*x+y*y;}
int main( )
{
    int a=8;
    fun(3,4,a);
    printf("%d",a);
    return 0;
}
```

A）0　　B）25　　C）8　　D）无定值

58. 以下程序的正确运行结果是（　　）。

```
#include <stdio.h>
void num( )
{ extern int x,y;
  int a=12,b=8;
  x=a-b;
  y=a+b;
}
int x ,y;
int main( )
{ int a=8, b=6;
  x=a+b;
  y=a-b;
  num( );
  printf("%d, %d\n", x, y);
  return 0;
}
```

A）14, 2　　B）不确定　　C）4, 20　　D）2, 14

59. 以下程序的正确运行结果是（　　）。

```
#include <stdio.h>
int fun()
{
    int  x=1;
    x*=2;
    return  x;
}
int main()
{
    int i,s=1;
    for (i=1;i<=2;i++)  s=fun();
    printf("%d\n",s);
    return 0;
}
```

A）1　　B）2　　C）4　　D）8

60. 以下程序的正确运行结果是（　　）。

```
#include <stdio.h>
f(int a)
{ int b=0; static int c=1;
  b++; c++;
  return(a+b+c);
```

```
}
int main( )
{ int a=2, i;
  for (i=0;i<3; i++)
      printf("%4d", f(a));
  return 0;
}
```

A）5 5 5　　B）5 8 11　　C）5 7 9　　D）5 6 7

61. 以下程序的正确运行结果是（　　）。

```
#include <stdio.h>
void fun()
{
    static int a=0;
    a+=2;
    printf("%d",a);
}
int main()
{
    int i;
    for(i=1;i<4;i++)
        fun( );
    printf("\n");
    return 0;
}
```

A）222　　B）246　　C）2222　　D）2468

62. 以下程序的正确运行结果是（　　）。

```
#include <stdio.h>
int d=1;
fun(int p)
{
    int d=5;
    d+=p++;
    printf("%d ",d);
}
int main()
{
    int a=3;
    fun(a);
    d+=a++;
    printf("%d\n",d);
    return 0;
}
```

A）8 4　　B）9 6　　C）9 4　　D）8 5

63. 以下程序的正确运行结果是（　　）。

```
#include <stdio.h>
int m=6;
int fun(int x,int y)
{  int m=2;
   return(x*y-m);
}
int main( )
{
    int a=4,b=5;
```

```
    printf("%d\n",fun(a,b)/m);
    return 0;
}
```

A）1　　B）2　　C）3　　D）10

64. 以下程序的正确运行结果是（　　）。

```
#include <stdio.h>
int a,b;
void fun()
{ a=100;  b=200; }
int main()
{   int a=5,b=7;
    fun();
    printf("%d %d\n",a,b);
    return 0;
}
```

A）100 200　　B）5 7　　C）200 100　　D）7 5

65. 以下程序的正确运行结果是（　　）。

```
#include <stdio.h>
int i=10;
int func()
{   int k=0;
    k=k+i;
    i=i+10;
    return (k);
}
int main()
{   int j=1;
    j=func(); printf("%d,",j);
    j=func(); printf("%d\n",j);
    return 0;
}
```

A）0,0　　B）10,20　　C）10,10　　D）20,20

66. 以下程序的功能是（　　）。

```
#include <stdio.h>
func(int n)
{  static  long  s=1;
   s=s*n;
   return  s;
}
int main()
{   int i; long  sum=0;
    for(i=1;i<6;i++)
        sum+=func(i);
    printf("sum=%ld\n",sum);
    return 0;
}
```

A）输出 1～5 的累加和　　B）输出 1～5 的连乘积

C）输出 1～6 的连乘积　　D）输出 1～5 的阶乘之和

67. 以下程序的功能是（　　）。

```
#include <stdio.h>
sum(int k)
{   static  x=0;
```

```
    return  x+=k;
}
int main()
{   int i,s;
    for(i=1;i<=10;i++)
        s=sum(i);
    printf("s=%d\n",s);
    return 0;
}
```

A）输出 1+(1+2)+……+(1+2+3+……+10)之值

B）输出 1+2+3+……+10 之值

C）输出结果是 s=10

D）以上都不对

68. 以下程序的功能是：求正整数 n 的各位之积，在划线处应填入（　　）。

```
#include <stdio.h>
long func(long m)
{ long k=1;
  do
  { k*=m%10;  m/=10;  }
  while(______);
  return  (k);
}
int main( )
{   long n;
    scanf("%ld",&n);
    printf("%ld\n",func(n));
    return 0;
}
```

A）m　　　　B）m%10==0　　　　C）m==0　　　　D）m>=0

69. 以下程序是将输入的一个整数反序打印出来，例如，输入 1234，则输出 4321；输入-1234，则输出-4321，程序中划线处应分别填入（　　）。

```
#include <stdio.h>
void fun(long int n)
{
    int i=0;
    if(n==0)  return;
    else
        while(n)
        {   if(n>0||i==0) printf("%ld",n%10);
            else printf("%ld",_______);
            i=1;
            _______;
        }
 }
int main( )
{   long int n;
    scanf("%ld",&n);
    fun(n);
    printf("\n");
    return 0;
}
```

A）n%10 和 n=n/10　　　　B）-n%10 和 n=n/10

C）-n/10 和 n=n%10　　　　　　D）n%10 和 n/=10

70. 以下程序的功能是求任意两个整数 a 和 b 的最大公约数，并予以显示，程序的两划线处应分别填入（　　）。

```
#include <stdio.h>
long fun(long n1,long n2)
{   long t;
    while(n2)
    {_______; n1=n2;n2=t; }
    return _______;
}
int main( )
{   long a,b,x;
    printf("Please input two numbers:");
    scanf("%ld%ld",&a,&b);
    x=fun(a,b);
    printf("%ld,%ld,%ld\n",a,b,x);
    return 0;
}
```

A）t=n1 和 n1　　　　　　B）t=n2 和 n2

C）t=n1%n2 和 n1　　　　　　D）t=n1%n2 和 n2

71. 若用数组名作为函数调用的实参，则传递给形参的是（　　）。

A）数组的首地址　　　　　　B）数组的第一个元素的值

C）数组中全部元素的值　　　　　　D）数组元素的个数

72. 在调用函数时，如果实参是数组名，它与对应形参之间的数据传递方式是（　　）。

A）单向值传递

B）地址传递

C）由实参传给形参，再由形参传回实参

D）传递方式由用户指定

73. 以下函数返回 a 数组中最小值所在的下标，在划线处应填入的是（　　）。

```
fun( int a[],int n)
{   int i,j=0,p;
    p=j;
    for(i=j;i<n;i++)
      if(a[i]<a[p]) _______;
    return (p);
}
```

A）i=p　　　　B）a[p]=a[i]　　　　C）p=j　　　　D）p=i

74. 以下程序的正确运行结果是（　　）。

```
#include <stdio.h>
int f(int t [ ],int n);
int main()
{   int a[4]={1,2,3,4},s;
    s=f(a,4);
    printf("%d\n",s);
    return 0;
}
int f(int t[], int n)
{   if (n>0)  return t[n-1]+f(t,n-1);
    else  return 0;
```

```
}
```

A）4　　B）10　　C）14　　D）6

75. 以下函数把 b 字符串连接到 a 字符串后面，并返回 a 中新字符串的长度。下划线处应分别填入（　　）。

```
fun(char a[ ],char b[ ])
{   int num=0,n=0;
    while(a[num]!=_______) num++;
    while(b[n]) { a[num]=b[n];num++;_______;}
    return (num);
}
```

A）'\n'和 n++　　B）'\n'和 num++　　C）'\0'和 n++　　D）'\0'和 num++

76. 以下函数的功能是（　　）。

```
fun(char s[],char t[])
{   int i=0;
    while( t[i]) { s[i]=t[i];  i++ ;  }
    s[i]= '\0';
}
```

A）求字符串的长度　　B）比较两个字符串的大小

C）将字符串 s 复制到字符串 t 中　　D）将字符串 t 复制到字符串 s 中

77. 以下函数的功能是（　　）。

```
fun(char s[])
{   int i=0;
    while( s[i])  i++ ;
    return  i;
}
```

A）求字符串的长度　　B）比较两个字符串的大小

C）将字符串 s 逆序存放　　D）功能无法确定

78. 若已定义实参数组 int a[3][4]={2,4,6,8,10};，则在被调用函数 f 的下述定义中，对形参数组 b 定义正确的选项是（　　）。

A）f(int b[ ][6])　　B）f(int b[ ][4]);

C）f(int b[3][ ]);　　D）f(int b[4][5]);

79. 对以下程序，正确的说法是（　　）。

```
#include <stdio.h>
sub(char x,char y)
{   int z;
    z=x%y;
    return  z;
}
int main( )
{ int g=5,h=3,k;
  k=sub(g,h);
  printf("%d\n",k);
  return 0;
}
```

A）实参与其对应的形参类型不一致，程序不能运行

B）被调函数缺少数据类型说明，程序不能运行

C）主函数中缺少对被调函数的说明语句，程序不能运行

D）程序中没有错误，可以正常运行

80. 以下程序的功能是（　　）。

```
#include <stdio.h>
f(int b[], int n)
{ int i, r=1;
  for(i=0; i<=n; i++) r=r*b[i];
  return r;
}
int main()
{ int x, a[]={2,3,4,5,6,7,8,9};
  x=f(a, 3);
  printf("%d\n",x);
  return 0;
}
```

A）求数组 a 中的所有元素之和　　B）求数组 a 中的所有元素之积

C）求数组 a 中部分元素之和　　D）求数组 a 中部分元素之积

参考答案

1～5　CBCCA	6～10　DACAB	11～15　DBCBA	16～20　CBAAA
21～25　BDDDD	26～30　BBADB	31～35　DBBCD	36～40　DCDAB
41～45　CABDC	46～50　BAABA	51～55　BCCDB	56～60　ACCBD
61～65　BACBB	66～70　DBABC	71～75　ABDBC	76～80　DABDD

习题 6

指针

1. 设有定义：int a=1, *p=&a; float b=2.0; char c='A';，以下不合法的运算是（　　）。

   A）p++;　　B）a--;　　C）b++;　　D）c--;

2. 以下程序执行后 a 的值为（　　）。

```
#include <stdio.h>
int main( )
{
  int a, m=2, k=1, *p=&k;
  a=p==&m;
  printf("%d\n",a);
  return 0;
}
```

   A）−1　　B）0　　C）1　　D）2

3. 以下对指针变量的操作中，不正确的是（　　）。

   A）int p, *q; q=&p;　　B）int *p, *q; q=p=NULL;

   C）int a=5, *p; *p=a;　　D）int a=5, *p, *q=&a; *p=*q;

4. 以下对指针变量的操作中，不正确的是（　　）。

   A）int a, *p, *q; p=q=&a;　　B）int a=6, *p, *q=&a; p=q;

   C）int a=6, b,*p; p=&a; b=*p;　　D）int a, *p, *q; q=&a; p=*q;

5. 设有语句：int k=1, *p1=&k, *p2=&k;，以下不能正确执行的赋值语句是（　　）。

   A）p1=k　　B）p1=p2　　C）*p1=*p2　　D）k=*p1+*p2

6. 若有语句：int a=4, *p=&a;，下面均代表地址的一组选项是（　　）。

   A）a, p, &*a　　B）*&a, &a, *p　　C）&a, p, &*p　　D）*&p, *p, &a

7. 若有说明语句：char c='9', *sp1, *sp2;，以下均正确的一组赋值语句是（　　）。

   A）sp1=&c; sp2=sp1;　　B）sp1=&c; sp2=&sp1;

   C）sp1=&c; sp2=*sp1;　　D）sp1=&c; *sp2=*sp1;

8. 以下判断正确的是（　　）。

   A）char *s="string";等价于 char *s; *s="string";

   B）char str[10]={"string"};等价于：char str[10]; str={"string"};

   C）char *s="string";等价于 char *s; s="string";

   D）char str[10]={"string"};等价：char str[10]; *str={"string"};

9. 以下能正确进行字符串赋值操作的是（　　）。

   A）char s[5]={"ABCDE"};　　B）char s[5]={'A', 'B', 'C', 'D', 'E'};

C）char *s;　*s="ABCDE";　　D）char *s="ABCDE";

10. 下面程序段的运行结果是（　　）。

```
char *s="abcde";
s+=1;
printf("%d", s);
```

A）bcde　　B）字符'b'的地址
C）字符'c'的地址　　D）字符'b'的 ASCII 值

11. 以下能正确读入字符串的程序段是（　　）。

A）char *p;　scanf("%s", p);
B）char str[10];　scanf("%s", &str);
C）char str[10], *p; p=str;　scanf("%s", p);
D）char str[10], *p=str;　scanf("%s", p[1]);

12. 设有说明语句：
char *str="\t\'c\\Language\n";，则指针 str 所指字符串的长度为（　　）。
A）13　　B）15　　C）17　　D）说明语句不合法

13. 以下运算正确的程序段是（　　）。

A）char str1[ ]="12345", str2[ ]="abcdef";　strcat(str1, str2);
B）char str[10], *st="abcde";　strcat(str, st);
C）char *st1="12345", *st2="abcde";　strcat(st1,st2);
D）char str[10]="", *st="abcde"; strcat(str, st);

14. 下面程序段的运行结果是（　　）。

```
char str[ ]="xyz", *p=str;
printf("%d\n", *(p+3) );
```

A）字符'z'的地址　　B）0
C）字符'z'的 ASCII 码　　D）字符'z'

15. 以下程序段的运行结果是（　　）。

```
char a[ ]="program", *p;
p=a;
while (*p!='g')
{
   printf("%c", *p-32);
   p++;
}
```

A）PROgram　　B）PROGRAM　　C）PRO　　D）proGRAM

16. 以下语句不正确的是（　　）。

A）char a[6]="test";　　B）char a[6], *p=a;　　p="test";
C）char *a;　　a="test";　　D）char a[6], *p;　　p=a="test";

17. 若有语句：

```
char s1[ ]="Beijing", s2[8],*s3,  *s4="Shanghai";
```

则对库函数 strcpy 调用正确的是（　　）。

A）strcpy(s1, s4);　　B）strcpy(s2, s4);
C）strcpy(s3, s1);　　D）strcpy(s4, s1);

18. 以下程序段的运行结果是（ ）。

```
char b[ ]="Basic", *p;
for (p=b; p<b+5; p++)
   printf("%s\n", p);
```

A)	B)	C)	D)
Basic asic sic ic c	B a s i c	c ic sic asic Basic	Basic

19. 设指针 x 指向的整形变量值为 25，则语句 printf（"%d\n",++*x）;的输出是（ ）。

A）23 B）24 C）25 D）26

20. 以下程序段的输出结果是（ ）。

```
char a[ ]="Program",*ptr;
ptr=a;
for( ;ptr<a+7;ptr+=2)
   putchar(*ptr);
```

A）Program B）Porm C）有语法错 D）Por

21. 下面程序段的运行结果是（ ）。

```
char st[8]="output";
printf("\"%s\"\n", st);
```

A）output B）"output" C）\"output\" D）编译出错

22. 以下程序段的输出结果是（ ）。

```
char a[ ]="language", *ptr=a;
while (*ptr)
{
  printf("%c", *ptr-32);
  ptr++;
}
```

A）LANGUAGE B）陷入死循环 C）有语法错 D）language

23. 若有定义：int b[5];，则以下对 b 数组元素的正确引用是（ ）。

A）*&b[5] B）b+2 C）*(*(b+2)) D）*(b+2)

24. 若有以下语句，则数值为 9 的表达式是（ ）。

```
int a[10]={1,2,3,4,5,6,7,8,9,10},*p=a;
```

A）*(p+9) B）*(p+8) C）*p+=9 D）p+8

25. 若有定义：int c[5], *p=c;，则以下对 c 数组元素地址的正确引用是（ ）。

A）p+5 B）c++ C）&c+1 D）&c[0]

26. 若有说明语句：int a[2][3], m, n;且 0≤m≤1，0≤n≤2，则以下对数组元素的正确引用形式是（ ）。

A）a[m]+n B）(a+m)[n] C）*(a+m)+n D）*(*(a+m)+ n)

27. 若有定义：int a[2][3];，则以下对 a 数组元素地址的正确表示为（ ）。

A）*(a+1) B）*(a[1]+2) C）a[1]+3 D）a[0][0]

28. 若有定义：int (*p)[3];，则以下叙述正确的是（ ）。

A）p 是一个指针数组名

B）p 是一个指针,它可以指向一个一维数组中的任意元素

C）p是一个指针,它可以指向一个含有3个整型元素的一维数组

D）(*p)[3]等价于*p[3]

29. 若有以下定义和语句，则对m数组元素地址的正确引用是（　　）。

```
int m[2][3], (*p)[3];
p=m;
```

A）p[2]　　B）p[0]+1　　C）*(p+2)　　D）(p+1)+2

30. 若有定义：int x[5], *p=x;，则不能代表x数组首地址的是（　　）。

A）x　　B）&x[0]　　C）&x　　D）p

31. 若有以下定义和语句，则对a数组元素的正确引用是（　　）。

```
int a[2][3], (*p)[3];
p=a;
```

A）(p+1)[0]　　B）*(*(p+2)+1)　　C）*(p[1]+1)　　D）p[1]+2

32. 若有定义：int i, x[3][4];，则不能将x[1][1]的值赋给变量i的语句是（　　）。

A）i=x[1][1]　　B）i=*(*(x+1))　　C）i=*(*(x+1)+1)　　D）i=*(x[1]+1)

33. 若有以下定义和赋值语句，且0≤i≤1，0≤j≤2，则以下对s数组元素地址的正确引用形式是（　　）。

```
int s[2][3]={0}, (*p)[3], i, j;
p=s;
```

A）(*(p+i))[j]　　B）*(p[i]+j)　　C）*(p+i)+j　　D）(p+i)+j

34. 设用以下程序段建立了sp与str的关系，则以下对字符串的引用不正确的是（　　）。

```
char str[4][8]={"str1","str2","str3","str4"},*sp[4];
int n;
for (n=0; n<4; n++)
    sp[n]=str[n];
```

A）sp　　B）*sp　　C）sp[0]　　D）*(sp+1)

35. 若有定义：int x[10], *p=x;，则*(p+5)表示（　　）。

A）数组元素x[5]的地址　　B）数组元素x[5]的值

C）数组元素x[6]的地址　　D）数组元素x[6]的值

36. 若有定义语句：int s[4][6], t[6][4], (*p)[6];，则以下正确的赋值语句是（　　）。

A）p=t;　　B）p=s;　　C）p=s[2];　　D）p=t[3];

37. 若要对变量a进行--运算，则a应具有的说明是（　　）。

A）int p[3];　int *a=p;　　B）int k;　int *a=&k;

C）char *a[3];　　D）int b[10];　int *a=b+1;

38. 若有定义语句：int x[5]={0, 1, 2, 3, 4}, *p;，则以下数值不为2的表达式是（　　）。

A）p=x+1, ++(*p)　　B）p=x+2, *p++

C）p=x+1, *(p++)　　D）p=x+1, *++p

39. 执行以下程序段后，y的值是（　　）。

```
int a[]={1,3,5,7,9}
int x=0, y=1, *ptr;
ptr=&a[1];
while (!x)
{
  y+=*(ptr+x);
  x++;
```

```
}
```

A）1　　B）2　　C）4　　D）24

40. 执行以下程序段后，m 的值是（　　）。

```
int a[2][3]={{1, 2, 3}, {4, 5, 6}};
int m, *ptr;
ptr=&a[0][0];
m=(*ptr)*(*ptr+2)*(*ptr+4);
```

A）15　　B）48　　C）24　　D）无定值

41. 设有以下定义：char *ch[2]={"abc", "xyz"};，则以下正确的叙述是（　　）。

A）数组 ch 的两个元素中分别存放了字符串"abc"和"xyz"的首地址

B）数组 ch 的两个元素分别存放的是含有 3 个字符的一维字符数组的首地址

C）ch 是指针变量，它指向含有两个数组元素的字符型一维数组

D）数组 ch 的两个元素的值分别是"abc"和"xyz"

42. 下面程序的运行结果是（　　）。

```
#include <stdio.h>
int main( )
{
    int x[5]={1, 2, 3, 4, 5}, *p=x, **q;
    q=&p;
    printf("%d, ", *(p++));
    printf("%d\n", **q);
    return 0;
}
```

A）1, 1　　B）1, 2　　C）2, 2　　D）2, 3

43. 下列程序执行后的输出结果是（　　）。

```
#include <stdio.h>
int main()
{
    int a[3][3],i,*pmul;
    pmul=&a[0][0];
    for(i=0;i<9;i++) pmul[i]=i+1;
    printf("%d\n",a[1][2]);
    return 0;
}
```

A）3　　B）6　　C）9　　D）随机数

44. 有如下程序段，执行该程序段后，a 的值为（　　）。

```
int *p,a=10,b=1;
p=&a;
a=*p+b;
```

A）12　　B）11　　C）10　　D）编译出错

45. 以下程序的运行结果是（　　）。

```
#include <stdio.h>
void sub(int x, int y, int *z)
{
   *z=y-x;
}
 int main( )
 {
```

```
    int a, b, c;
    sub(10, 15, &a);
    sub(6, a, &b);
    sub(a, b, &c);
    printf("%d, %d, %d\n", a, b, c);
    return 0;
}
```

A）5, 1, 6　　B）−5, −11, −6　　C）−5, 11, 6　　D）5, −1, −6

46. 设有变量定义和函数调用语句：int a=20;　print_value(&a);，下面函数的输出结果是（　　）。

```
void print_value(int *x)
{
      printf("%d\n", ++*x);
}
```

A）20　　B）21　　C）变量 a 的地址　　D）随机值

47. 语句 int　(*ptr)( );的含义是（　　）。

A）ptr 是指向一维数组的指针变量

B）ptr 是指向 int 型数据的指针变量

C）ptr 是指向函数的指针，该函数返回一个 int 型数据

D）ptr 是一个函数名，该函数的返回值是指向 int 型数据的指针

48. 若有函数 max (a ,b)，并且已使函数指针变量 p 指向函数 max，则利用函数指针调用 max 函数的正确形式是（　　）。

A）(*p)max (a , b)　　B）*p max(a, b)

C）p-> max (a, b)　　D）(*p　) (a, b)

49. 若有定义：int (*p)(　);，则指针 p（　　）。

A）代表函数的返回值　　B）指向函数的入口地址

C）表示函数的类型　　D）表示函数返回值的类型

50. 下面程序的运行结果是（　　）。

```
#include <stdio.h>
int main( )
{
  int b[10]={1, 2, 3, 4, 5, 6, 7, 8, 9, 10};
  int *q=b;
  printf("%d\n", *(q+2));
  return 0;
}
```

A）1　　B）2　　C）3　　D）4

51. 下面程序的运行结果是（　　）。

```
#include <stdio.h>
#include <string.h>
int main()
{
      int a[3][3]={{2},{4},{6}};
      int k,*q=&a[0][0];
      for(k=0;k<2;k++)
    {
        if(k= =0)
```

```
            a[k][k+1]=*q+1;
        else
            ++q;
        printf( "%d" ,*q);
    }
        return 0;
}
```

A）26　　B）23　　C）36　　D）33

52. 下面程序的运行结果是（　　）。

```
#include <stdio.h>
void prt(int *a)
{
    printf( "%d\n" ,++*a);
}
int main()
{
    int b=25;
    prt(&b);
    return 0;
}
```

A）26　　B）24　　C）25　　D）23

53. 下面程序的运行结果是（　　）。

```
#include <stdio.h>
int main( )
{
    int a[3][4]={1, 3, 5, 7, 9, 11, 13, 15, 17, 19, 21, 23};
    int (*q)[4]=a, i, j, n=0;
    for (i=0;i<3;i++)
     for (j=0;j<2;j++)
        n=n+*(*(q+1)+j);
    printf("%d\n", n);
    return 0;
}
```

A）68　　B）99　　C）60　　D）108

54. 下面程序的运行结果是（　　）。

```
#include <stdio.h>
#include <string.h>
int main()
{
    char *a="AbCdEf", *b="aB";
    a++;
    b++;
    printf("%d\n", strcmp(a,b));
    return 0;
}
```

A）零　　B）正数　　C）负数　　D）无确定值

55. 若运行以下程序时，从键盘上输入 OPEN THE DOOR<回车>，则程序的运行结果是（　　）。

```
#include <stdio.h>
char f(char *ch)
{
```

```
        if(*ch<='Z'&&*ch>='A')
        *ch-='A'-'a';
        return *ch;
}
int main()
{
        char s1[81],*q=s1;
        gets(s1);
        while(*q)
        {
           *q=f(q);
           putchar(*q);
           q++;
        }
        putchar('\n');
        return 0;
}
```

A）oPEN tHE dOOR　　B）OPEN THE DOOR

C）open the door　　D）Open The Door

56. 下列程序的运行结果是（　　）。

```
#include <stdio.h>
#include <stdlib.h>
void f (float *q1, float *q2, float *a)
{
        a=(float *)calloc(1, sizeof(float));
        *a=*q1+*(q2++);
}
int main()
{
        float a[2]={1.1, 2.2}, b[2]={10.0, 20.0}, *s=a;
        f(a, b, s);
        printf("%f\n", *s);
        return 0;
}
```

A）1.100000　　B）11.100000　　C）12.100000　　D）21.100000

57. 下列程序的运行结果是（　　）。

```
#include <stdio.h>
#include <string.h>
void f(char *s, int n)
{
        char  a,*q1,*q2;
        q1=s;
        q2=s+n-1;
        while (q1<q2)
        {
              a=*q1++;
              *q1=*q2--;
              *q2=a;
        }
}
int main()
{
```

```
    char b[]="ABCDEFG";
    f(b,strlen(b));
    puts(b);
    return 0;
}
```

A）GAGGAGA　B）AGAAGAG　C）GFEDCBA　D）AGADAGA

58. 以下程序的运行结果是（　　）。

```
#include <stdio.h>
int main( )
{
    char *q ="Is  it";
    printf("%3s, %0.4s\n", q , q );
    return 0;
}
```

A）Is , Is　I　B）Is , Is　it　C）Is　It , Is　it　D）Is　it , Is

59. 若已定义：int a[]={0,1,2,3,4,5,6,7,8,9},*p=a,i;，其中 0≤i≤9，则对 a 数组元素不正确的引用是（　　）。

A）a[p-a]　B）*(&a[i])　C）p[i]　D）a[10]

60. 下面程序运行时，如果从键盘上输入 3,5<回车>，程序输出的结果是（　　）。

```
#include <stdio.h>
int main( )
{
    int a,b,*pa,*pb;
    pa=&a;
    pb=&b;
    scanf("%d,%d",pa,pb);
    *pa=a+b;
    *pb=a+b;
    printf("a=%d,b=%d\n",a,b);
    return 0;
}
```

A）a=13,b=13　B）a=8,b=8　C）a=8,b=13　D）出错

61. 下面程序段的输出结果是（　　）。

```
#include <stdio.h>
int main( )
{
    char string1[20],string2[20]={"ABCDEF"};
    strcpy(string1,string2);
    printf("%s\n",string1+3);
    return 0;
}
```

A）EF　B）DEF　C）CDEF　D）ABCDEF

62. 以下函数返回 a 所指数组中最小值所在的下标值

```
fun( int *a,int n)
{
    int i,j=0,p;
    p=j;
    for(i=j;i<n;i++)
        if( *(a+i)<*(a+p) ) ________;
    return (p);
```

```
    return 0;
}
```

在下划线处应填入的是（　　）。

A）i=p;　　B）a[p]=a[i];　　C）p=j;　　D）p=i;

63. 有如下说明

```
int a[10]=[1,2,3,4,5,6,7,8,9,10},*p=a;
```

则数值为 9 的表达式是（　　）。

A）*(p+9)　　B）*(p+8)　　C）*p+=9　　D）p+8

64. 下面程序的输出结果是（　　）。

```
#include <stdio.h>
int main()
{
    int a[]={1,2,3,4,5,6,7,8,9, 0},*p;
    p=a;
    printf("%d\n",*p+9);
    return 0;
}
```

A）0　　B）1　　C）10　　D）9

65. 若有说明语句"int　i,j =7,*p=&i;"，则与 i=j 等价的语句是（　　）。

A）i=*p;　　B）*p=*&j;　　C）i=&j;　　D）i=**p ;

66. 若有说明语句 int　a[10],*p=a;，对数组元素的正确引用是（　　）。

A）a[p]　　B）p[a]　　C）*(p+2)　　D）p+2

67. 下列各语句行中，能正确进行赋字符串操作的语句是（　　）。

A）char　s[5]={"ABCDE"};

B）char　s[5]={'A' ,'B','C','D','E'};

C）char　*s;　s="ABCDE";

D）char　*s;　scanf("%s",&s);

68. 若有以下定义语句，则不能表示 a 数组元素的表达式是（　　）。

```
int a[10]={1,2,3,4,5,6,7,8,9,10},*p=a;
```

A）*p　　B）a[10]　　C）*a　　D）a[p-a]

69. 执行语句"char　a[10]={"abcd"},*p=a;"后，*(p+4)的值是（　　）。

A）"abcd"　　B）'d'　　C）'\0'　　D）不能确定

70. 若有以下定义，则数组为 4 的表达式是（　　）。

```
int  a[3][4]={{0,1},{2,4},{5,8}},(*p)[4]=a;
```

A）*a[1]+1　　B）p++,*(p+1)　　C）a[2][2]　　D）p[1][1]

71. 若有如下定义和语句,则输出结果是（　　）。

```
char  *a="ABCD";printf("%s",a);
```

A）A　　B）AB　　C）ABC　　D）ABCD

72. 下列程序执行后输出的结果是（　　）。

```
#include <stdio.h>
int main()
{
    char  *a[6]={"AB","CD","EF","GH","IJ","KL"};
    int  i;
```

```
    for(i=0;i<4;i++)
    printf("%s",a[i]);
    printf("\n");
    return 0;
}
```

A）ACEG B）ABCDEFGH C）EGIK D）EFGHIJKL

73. 一个能指向具有 5 个整型元素的一维数组指针的正确定义方式是（ ）。

A）int (*p)[5]; B）int *p[5]; C）int (*p[5]); D）int *(p[5]);

74. 若有说明语句，则表达式*(*(a+1)+2)**(p+1)的值是（ ）。

```
int a[2][4]={2,4,6,8,10,12,14,16},*p=a[0];
```

A）140 B）80 C）56 D）48

75. 若有变量定义语句，则表达式指向的数组元素是（ ）。

```
int a[4][3],*p=a[2];
```

A）a[0][1] B）a[1][1] C）a[2][0] D）a[3][0]

76. 下列程序执行后的输出结果是（ ）。

```
#include <stdio.h>
void func(int *a,int b[ ])
{
    b[0]=*a+6;
}
int main()
{
    int a,b[5];
    a=0;b[0]=3;
    func(&a,b);
    printf("%d\n",b[0]);
    return 0;
}
```

A）6 B）7 C）8 D）9

77. 下列程序的输出结果是（ ）。

```
#include <stdio.h>
int b=2;
int func(int *a)
{
    b+=*a;
    return(b);
}
int main()
{
    int a=2,res=2;
    res+=func(&a);
    printf("%d\n",res);
    return 0;
}
```

A）4 B）6 C）8 D）10

78. 下列程序的输出结果是（ ）。

```
#include <stdio.h>
void fun(int *x,int *y)
{
    printf("%d%d",*x,*y);
    *x=3;
```

```
        *y=4;
}
int main()
{
    int  x=1,y=2;
    fun(&y,&x);
    printf("%d%d",x,y);
    return 0;
}
```

A）2 1 4 3　　B）1 2 1 2　　C）1 2 3 4　　D）2 1 1 2

79. 有如下程序段，执行该程序段后，a 的值为（　　）。

```
int  *p,a=10,b=1;
p=&a;
a=*p+b;
```

A）12　　B）11　　C）10　　D）编译出错

80. 下面程序把数组元素中的最大值放入 a[0]中，则在 if 语句中的条件表达式应该是（　　）。

```
#include <stdio.h>
int main()
{
    int  a[10]={6,7,2,9,1,10,5,8,4,3},*p=a,i;
    for(i=0;i<10;i++,p++)
        if(________)*a=*p;
    printf("%d",*a);
    return 0;
}
```

A）p>a　　B）*p>a[0]　　C）*p>*a[0]　　D）*p[0]>*a[0]

81. 以下程序的输出结果是（　　）。

```
#include <stdio.h>
int main()
{
    char  *s="12134211";
    int  v[4]={0,0,0,0},k,i;
    for(k=0;s[k];k++)
    {
      switch(s[k])
      {
        case  '1': i=0;
        case  '2': i=1;
        case  '3': i=2;
        case  '4': i=3;
      }
      v[i]++;
    }
    for(k=0;k<4;k++)
    printf("%d  ",v[k]);
    return 0;
}
```

A）4 2 1 1　　B）0 0 0 8　　C）4 6 7 8　　D）8 8 8 8

82. 以下程序的输出结果是（　　）。

```
#include <stdio.h>
int main()
```

```
{
    char  a[10]={'1','2','3','4','5','6','7','8','9',0},*p;
    int  i;i=8;p=a+i;
    printf("%s\n",p-3);
    return 0;
}
```

A）6　　B）6789　　C）'6'　　D）789

83. 下列程序执行后的输出的结果是（　　）。

```
#include <stdio.h>
int main()
{
    int  a[3][3],i,*p;
    p=&a[0][0];
    for(i=0; i<9;i++)
    p[i]=i+1;
    printf("%d\n",a[1][2]);
    return 0;
}
```

A）3　　B）6　　C）9　　D）随机数

84. 下列程序的输出结果是（　　）。

```
#include  <stdio.h>
int main( )
{
    int a[ ]={1,2,3,4,5,6},*p;
    p=a;
    *(p+3)+=2;
    printf("%d,%d\n",*p,*(p+3));
    return 0;
}
```

A）0,5　　B）1,5　　C）0,6　　D）1,6

85. 若在C程序中有以下说明和语句，则下面表示的都是对数组元素的正确引用的是（其中0<=i<4,　0<=j<3）（　　）。

```
#include <stdio.h>
int main( )
{
    int  a[4][3]={0},*ptr[4],i,j;
    ptr=a;
    return 0;
}
```

A）a[i][j], a[i]+j, *(*(a+i)+j)　　B）*(ptr+i)[j], ptr[i]+j, *(*(ptr+i)+j)

C）*(ptr+i)[j], *(a+i)[j], *(ptr+i)　　D）ptr[i][j], *(ptr[i]+j),*(a[i]+j)

86. 若有以下说明和语句，其输出结果是（　　）。

```
char  *s="\t\v\\owill\n";
printf("%d",strlen(s));
```

A）14　　B）3　　C）9　　D）10

87. 若有以下说明和语句，其输出结果是（　　）。

```
char  *sp="\x69\082\n";
printf("%d",strlen(sp));
```

A）3　　B）5

C）1　　D）字符串中有非法字符，输出值不定

88. 下列程序的输出结果是（　　）。

```
#include <stdio.h>
int main()
{
     char  ch[2][5]={"6937","8254"},*p[2];
     int  i,j,s=0;
     for(i=0;i<2;i++)
          p[i]=ch[i];
     for(i=0;i<2;i++)
          for(j=0;p[i][j]>'\0';j+=2)
               s=10*s+p[i][j]-'0';
     printf("%d\n",s);
     return 0;
}
```

A）69825　　B）63825　　C）6385　　D）693825

89. 以下程序的输出结果是（　　）。

```
#include <stdio.h>
int  fun(int x,int y,int  *cp,int  *dp)
{
     *cp=x+y;
     *dp=x-y;
}
int main()
{
     int a,b,c,d;
     a=30;
     b=50;
     fun(a,b,&c,&d);
     printf("%d,%d\n",c,d);
     return 0;
}
```

A）50,30　　B）30,50　　C）80,-20　　D）80,20

90. 当运行以下程序时，若从键盘输入 Sorry!<回车>，则下面程序的运行结果是（　　）。

```
#include  <stdio.h>
#include  <string.h>
int main( )
{
     char  str[10],*p=str;
     gets(p);
     printf("%d\n",stre(p));
     return 0;
}
stre(char  str[ ])
{
     int  num=0;
     while(*(str+num)!='\0')
     num++;
     return(num);
}
```

A）7　　B）6　　C）5　　D）10

91. 下面程序的运行结果是（　　）。

```
#include  <stdio.h>
int main()
{
     static  char  a[]="Language",
     b[]="programe";
     char  *p1,*p2;
```

```
    int  k;
    p1=a;
    p2=b;
    for(k=0;k<=7;k++)
        if(*(p1+k)= =*(p2+k))
            printf("%c", *(p1+k));
    return 0;
}
```

A）gae　　B）ga　　C）Language　　D）有语法错

92. 下面程序的运行结果为（　　）。

```
#include  <stdio.h>
#include  <string.h>
int main ( )
{
    char  *aa="then",*bb="than";
    aa+=2;
    bb+=2;
    printf("%d\n",strcmp(aa,bb));
    return 0;
}
```

A）有语法错　　B）大于零　　C）等于零　　D）小于零

93. 下面程序的运行结果是（　　）。

```
#include  <stdio.h>
int main( )
{
    int  a=28,b;
    char  s[10],*p;
    p=s;
    do
    {
      b=a%16;
      if(b<10)
          *p= b+48;
      else
          *p= b+55;
      p++;
      a= a/5;
    }while(a>0);
    *p='\0';
    puts(s);
    return 0;
}
```

A）10　　B）C2　　C）C51　　D）\0

94. 下面程序的运行结果是（　　）。

```
#include  <stdio.h>
void  select(char  *s)
{
    int  i,j;
    char  *t;
    t=s;
    for(i=0,j=0;*(t+i)!='\0';i++)
        if(*(t+i)>='0'&&*(t+i)<='9')
        {
            *(s+j)=*(t+i);
            j++;
        }
    *(s+j)='\0';
```

```
}
int main( )
{
    char  *str="IBM 486&586";
    select(str);
    printf("\n%s",str);
    return 0;
}
```

A）IBM 486&586　B）IBM　C）486&586　D）486586

95. 当运行以下程序时，从键盘输 My Book<回车>，则下面程序的运行结果是（　　）。

```
#include  <stdio.h>
char  fun(char  *s)
{
    if(*s<='Z'&&*s>='A')
    *s+=1;
    return  *s;
}
int main()
{
    char  c[80],*p=c;
    gets(c);
    while(*p)
    {
        *p=fun(p);
        Putchar(*p);
        p++;
    }
    printf("\n");
    return 0;
}
```

A）mZ bPPk　B）my book　C）Ny Cook　D）My Book

96. 以下函数 Abc 的功能是（　　）。

```
int  Abc(char  *ps)
{
    char  *p;
    p=ps;
    while(*p++);
    return(p-ps);
}
```

A）计算字符串的长度　B）比较两个字符串的大小
C）实现字符串的复制　D）以上三种说法都不对

97. 以下函数的功能是（　　）。

```
fun(char  *s1,char  *s2)
{
    int  j;
    char  *s=s1;
    for ( ;*s2!='\0';s2++)
    {
        for (j=0, s1=s;*s1!='\0';s1++)
            if(*s1!=*s2)
            {
                s[j]=*s1;
                j++;
            }
        s[j]='\0';
    }
}
```

A）比较两个字符串的长度是否相等
B）将字符串 s2 连接到字符串 s1 后
C）找出字符串 s1 和 s2 中不相同的字符
D）找出字符串 s1 和 s2 中相同的字符

98. 设 p1 和 p2 是指向同一个 int 型一维数组的指针变量，k 为 int 型变量，则不能正确执行的语句是（　　）。
A）k=*p1+*p2;　　B）p2=k;　　C）p1=p2;　　D）k=*p1*(*p2);

99. 已知定义 int a[]={1,2,3,4},y,*p=&a[1];，执行 y=(*--p)++;后，y 的值是（　　）。
A）0　　B）1　　C）2　　D）3

100. 以下与库函数 strcmp(char *s,char *t)的功能相等的程序段是（　　）。

A）
```
strcmpA（char   *s,char   *t）
{
    for(;*s++= =*t++;)
    if(!*s) return 0;
    return(*s-*t);
}
```
B）
```
strcmpB（char   *s,char   *t）
{
    for(;*s++= =*t++;)
        if(*s= ='\0') return 0;
    return(*s-*t);
}
```
C）
```
strcmpC(char   *s,char   *t)
{
    for(;*s++= =*t;s++,t++)
        if(!*s)   return 0;
    return(*s-*t);
}
```
D）
```
strcmpD(char   *s,char   *t)
{
    for(;*t= =*s;)
    {
        if(!*t)   return 0;
        t++; s++;
    }
    return(*s-*t);
}
```

参 考 答 案

1～5 ABCDA	6～10 CACDB	11～15 CACBC	16～20 DDADB
21～25 BADBD	26～30 DACBC	31～35 CBCAB	36～40 BDCCA
41～45 BBBBD	46～50 BCDBC	51～55 BACBC	56～60 ABDDC
61～65 BDBCB	66～70 CCBCD	71～75 DBACC	76～80 ABABB
81～85 BBBDD	86～90 CACCB	91～95 ABCDC	96～100 ACBBD

习题 7 编译预处理

1. 在宏定义#define A 3.897678 中，宏名 A 代替一个（　　）。
   A）单精度数　　B）双精度数　　C）常量　　D）字符串
2. 以下叙述中正确的是（　　）。
   A）预处理命令行必须位于源文件的开头
   B）在源文件的一行上可以有多条预处理命令
   C）宏名必须用大写字母表示
   D）宏替换不占用程序的运行时间
3. C 语言的编译系统对宏命令的处理（　　）。
   A）在程序运行时进行的
   B）在程序连接时进行的
   C）和 C 程序中的其他语句同时进行的
   D）在对源程序中其他语句正式编译之前进行的
4. 在文件包含预处理语句的中，被包含文件名用“<>”括起时，寻找被包含文件的方式是（　　）。
   A）直接按系统设定的标准方式搜索目录
   B）先在源程序所在目录搜索，再按系统设定的标准方式搜索
   C）仅仅在源程序所在目录搜索
   D）仅仅搜索当前目录
5. 以下说法中正确的是（　　）。
   A）#define 和 printf 都是 C 语句　　B）#define 是 C 语句，而 printf 不是
   C）printf 是 C 语句，但#define 不是　　D）#define 和 printf 都不是 C 语句
6. 以下程序运行结果为（　　）。

```
#define A 3.897678
#include <stdio.h>
int main()
{
  printf("A=%f", A);return 0;
}
```

   A）3.897678=3.897678　　B）3.897678=A
   C）A=3.897678　　D）无结果
7. 有宏定义：

```
#define LI(a,b)  a*b
```

```
#define LJ(a,b)  (a)*(b)
```

在后面的程序中有宏引用：

```
x=LI(3+2,5+8);
y=LJ(3+2,5+8);
```

则 x、y 的值是（　　）。

A）x=65,y=65　　B）x=21,y=65　　C）x=65,y=21　　D）x=21,y=21

8. 有以下程序，程序运行后的输出结果是（　　）。

```
#define f(x)  (x*x)
#include <stdio.h>
int main()
{
int i1, i2;
i1=f(8)/f(4)
i2=f(4+4)/f(2+2)
printf("%d, %d\n",i1,i2);
return 0;
}
```

A）64,　28　　B）4,　4　　C）4,　3　　D）64,　64

9. 以下程序的输出结果是（　　）。

```
#define  M(x,y,z)  x*y+z
#include <stdio.h>
int main()
{
 int  a=1,b=2, c=3;
 printf("%d\n",M(a+b,b+c,c+a));
 return 0;
}
```

A）19　　B）17　　C）15　　D）12

10. 有以下程序，编译后运行的输出结果是：（　　）。

```
#define N 5
#define M1 N*3
#define M2 N*2
#include <stdio.h>
int main()
{
     int  i;
     i=M1+M2;
     printf( “%d\n” ,i);
     return 0;
}
```

A）10　　B）20　　C）25　　D）30

11. 有如下程序，该程序中的 for 循环执行的次数是（　　）。

```
#define N 2
#define M N+1
#define NUM 2*M+1
#include <stdio.h>
int main()
{
     int  i;
     for(i=1;i<=NUM;i++)
        printf("%d\n",i);
     return 0;
}
```

A）5　　B）6　　C）7　　D）8

12. 以下程序执行的输出结果是（　　）。

```
#define MIN(x,y) (x)<(y)?(x):(y)
#include <stdio.h>
int main()
{
 int i,j,k;
 i=10;j=15;
 k=10*MIN(i,j);
 printf("%d\n",k);
 return 0;
}
```

A）15　　B）100　　C）10　　D）150

13. 下列程序执行后的输出结果是（　　）。

```
#define MA(x) x*(x-1)
#include <stdio.h>
int main()
{
 int a=1,b=2;
 printf("%d \n",MA(1+a+b));
 return 0;
}
```

A）6　　B）8　　C）10　　D）12

14. 请读程序：

```
#include <stdio.h>
#define SUB(X,Y) (X)*Y
int main()
{
 int a=3, b=4;
 printf("%d", SUB(a++, b++));
 return 0;
}
```

上面程序的输出结果是（　　）。

A）12　　B）15　　C）16　　D）20

15. 执行下面的程序后，a 的值是（　　）。

```
#define SQR(X) X*X
#include <stdio.h>
int main( )
{
 int a=10,k=2,m=1;
 a/=SQR(k+m)/SQR(k+m);
 printf("%d\n",a);
 return 0;
}
```

A）10　　B）1　　C）9　　D）0

16. 设有以下宏定义：

```
#define N 3
#define Y(n) ((N+1)*n)
```

则执行语句:z=2 * (N+Y(5+1))；后，z 的值为（　　）。

A）出错　　B）42　　C）48　　D）54

17. 以下程序的输出结果是（　　）。

```
#define LETTER 0
#include <stdio.h>
int main()
{
  char str[20]= "C Language",c;
  int i;
  i=0;
  while((c=str[i])!='\0')
 {
  i++;
  #if LETTER
     if(c>='a'&&c<='z') c=c-32;
  #else
     if(c>='A'&&c<='Z') c=c+32;
  #endif
  printf("%c",c);
 }
 return 0;
}
```

A）C Language　　B）c language　　C）C LANGUAGE　　D）c LANGUAGE

18. 若有宏定义如下：

```
#define X 5
#define Y X+1
#define Z Y*X/2
```

则执行以下 printf 语句后，输出结果是（　　）。

```
int a;
a=Y;
printf("%d\n",Z);
printf("%d\n",--a);
```

A）7
6　　B）12
6　　C）12
5　　D）7
5

19. 对下面程序段，正确的判断是（　　）。

```
#define A 3
#define B(a) ((A+1)*a)
...
x=3*(A+B(7));
```

A）程序错误，不许嵌套宏定义　　B）x=93

C）x=21　　D）程序错误，宏定义不许有参数

20. 以下正确的描述是（　　）。

A）C 语言的预处理功能是指完成宏替换和包含文件的调用

B）预处理指令只能位于 C 源程序文件的首部

C）凡是 C 源程序中行首以“#”标识的控制行都是预处理命令

D）C 语言的编译预处理就是对源程序进行初步的语法检查

参考答案

1～5 DDDAD	6～10 CBCDC	11～15 BABAB	16～20 CBDBC

习题 8 结构体与共用体

1. 说明一个结构体变量时系统分配给它的内存是（　　）。
   A）各成员所需要内存量的总和
   B）结构体中第一个成员所需内存量
   C）成员中占内存空间量最大者所需的容量
   D）结构中最后一个成员所需内存量
2. C 语言结构体类型变量在程序执行期间（　　）。
   A）所有成员一直驻留在内存中
   B）只有一个成员驻留在内存中
   C）部分成员驻留在在内存中
   D）没有成员驻留在内存中
3. 下列关于结构类型与结构变量的说法中，错误的是（　　）。
   A）结构类型与结构变量是两个不同的概念，其区别如同 int 类型与 int 型变量的区别一样
   B）结构可将不同数据类型、但相互关联的一组数据，组合成一个有机整体使用
   C）结构类型名和数据项的命名规则，与变量名相同
   D）结构类型中的成员名，不可以与程序中的变量同名
4. 设有以下说明语句，叙述不正确的是（　　）。

```
struct stu
{   int a ;
    float b ;
} stutype ;
```

   A）struct 是结构体类型的关键字
   B）struct stu 是用户定义的结构体类型
   C）stutype 是用户定义的结构体类型名
   D）a 和 b 都是结构体成员名
5. 以下对结构体类型变量 td 的定义中，错误的是（　　）。

A）
```
typedef  struct  aa
{  int   n;
   float  m;
}AA;
```

B）
```
struct  aa
{   int  n
    float  m;
};
```

AA　td;　　　　　　　　　　　　　　struct aa td;

C）struct

```
{    int   n;
     float   m;
}aa;
struct   aa td;
```

D）struct

```
{    int   n;
float   m;
}td;
```

6. 程序中有下面的说明和定义，则会发生的情况是（　　）。

```
struct abc { int x; char y; }
struct abc s1, s2;
```

A）编译出错

B）程序将顺利编译、连接、执行

C）能顺利通过编译、连接、但不能执行

D）能顺利通过编译、但连接出错

7. 设有如下说明语句，能正确定义结构体数组并赋初值的语句是（　　）。

```
typedef struct
{ int n; char c; double x;}STD;
```

A）STD tt[2]={{1,'A',62},{2, 'B',75}};

B）STD tt[2]={1,"A",62},2, "B",75};

C）struct tt[2]={{1,'A'},{2, 'B'}};

D）struct tt[2]={{1,"A",62.5},{2, "B",75.0}};

8. 有如下定义，能输出字母 M 的语句是（　　）。

```
struct person { char name[9];  int age; };
struct person class[10]={ " Johu",  17, "Paul",  19, "Mary",  18, "Adam",  16};
```

A）prinft(" %c\n"，class[3].name)　;

B）printf(" %c\n"，class[3].name[1]);

C）prinft(" %c\n"，class[2].name[1]);

D）printf(" %c\n"，class[2].name[0])　;

9. 下面程序的输出是（　　）。

```
#include <stdio.h>
int main()
{    struct cmplx
     {  int x;
        int y;
     } cnum[2]={1,3,2,7};
     printf("%d\n",cnum[0].y/cnum[0].x*cnum[1].x) ;
     return 0;
}
```

A）0　　　　　　B）1　　　　　　C）3　　　　　　D）6

10. 下列程序的输出结果是 （　　）。

```
#include <stdio.h>
struct abc
{ int a, b, c;};
int main()
{   struct abc s[2]={{1,2,3},{4,5,6}};
```

```
    int t;
    t=s[0].a*s[1].b;
    printf("%d\n",t) ;
    return 0;
}
```

A）5　　B）6　　C）7　　D）8

11. 有以下程序输出结果是（　　）。

```
#include <stdio.h>
struct stu
{   int num;
    char name[10];
    int age;
};
void fun(struct stu *p)
{   printf("%s\n",(*p).name) ;
}
int main()
{   struct stu students[3]={{9801,"Zhang",20},{9802,"Wang",19}, {9803,"Zhao",18}};
    fun(students+2) ;
    return 0;
}
```

A）Zhang　　B）Zhao　　C）Wang　　D）18

12. 设有如下定义，若有语句 p=&data;，则对 data 中 a 域的正确引用是（　　）。

```
struct sk
{
   int a ;
   float b ;
}data , *p ;
```

A）(*p) .data.a　　B）(*p) .a　　C）p->data.a　　D）p.data.a

13. 有以下程序，运行结果是（　　）。

```
#include <stdio.h>
int main()
{
    struct ms
    {
         int x;
         int *p;
    }s1,s2;
    s1.x=10;
    s2.x=s1.x+10;
    s1.p=&s2.x;
    s2.p=&s1.x;
    *s1.p+=*s2.p;
    printf("%d%d\n\n",s1.x,s2.x) ;
    return 0;
}
```

A）10，30　　B）10，20　　C）20，20　　D）20，10

14. 下面程序的输出结果为（　　）。

```
#include <stdio.h>
struct st
{   int x ;
```

```
    int *y ;
} *p;
int dt[4]={10,20,30,40};
struct st aa[4]={50,&dt[0],60,&dt[1],70,&dt[2],80,&dt[3]};
int main()
{   p=aa;
    printf("%d\n",p->x);
    printf("%d\n",(p)->x);
    printf("%d\n",(*p->y));
    return 0;
}
```

A）10　　B）50　　C）51　　D）60

20　　50　　60　　70

20　　10　　21　　31

15. 有以下结构体说明和变量的定义，且如下图所示指针 p 指向变量 a，指针 q 指向变量 b。则不能把结点 b 连接到结点 a 之后的语句是（　　）。

```
struct node
{   char data;
    struct node *next;
} a, b, *p=&a, *q=&b;
```

A）a.next=q;　　B）p.next=&b;　　C）p->next=&b;　　D）(*p) .next=q;

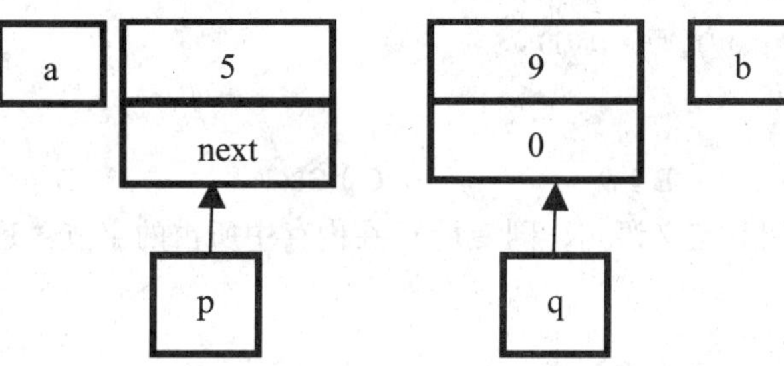

16. 若定义了以下函数，p 是该函数形参，要求通过 p 把动态存储单元的地址传回主调函数，则形参 p 的正确定义应是（　　）。

```
void f(…)
{……
 *p=(double *) malloc(10*sizeof(double));
……}
```

A）double *p　　B）float **p　　C）double **p　　D）float *p

17. 当说明一个共用体变量时系统分配给它的内存是（　　）。

A）各成员所需要内存量的总和

B）共用体中第一个成员所需内存量

C）成员中占内存空间量最大者所需的容量

D）共用体中最后一个成员所需内存量

18. 以下对 C 语言中共用体类型数据的叙述正确的是（　　）。

A）可以对共用体变量名直接赋值

B）一个共用体变量中可以同时存放其所有成员

C）一个共用体变量中不可以同时存放其所有成员

D）共用体类型定义中不能出现结构体类型的成员

19. C 语言共用体类型变量在程序运行期间（　　）。

A）所有成员一直驻留在内存中　　B）只有一个成员驻留在内存中

C）部分成员驻留在在内存中　　D）没有成员驻留在内存中

20. 若有以下程序段：则以下语句正确的是（　　）。

```
union data { int i  char c; float f;} a;
int n;
```

A）a=5;　　B）a={2,'a',1.2}　　C）printf("%d",a)；　　D）n=a;

21. 若有以下说明和定义，以下叙述中错误的是（　　）。

```
union dt { int  a;   char  b;  double  c; }data;
```

A）data 的每个成员起始地址都相同

B）变量 data 所占内存字节数与成员 c 所占字节数相等

C）程序段：data.a=5;printf("%f\n",data.c) ;输出结果为 5.000000

D）data 可以作为函数的实参

22. 字符'0'ASCII 码的十进制数为 48，且数组的第 0 个元素在低位，则以下程序的输出结果是（　　）。

```
#include <stdio.h>
int main()
{   union { int i[2]; long k;  char c[4]; }r, *s=&r;
  s->i[0]=0x39;  s->i[1]=0x38;
  printf("%c\n", s->c[0]) ;
  return 0;
}
```

A）39　　B）9　　C）38　　D）8

23. 若有以下说明和定义语句，则变量 w 在内存中所占的字节数是（　　）。

```
union aa
    {     int x,y ;
          char c[8];
    };
struct st
    {     union aa v;
          int b[5];
          float ave;
    } w;
```

A）8　　B）16　　C）32　　D）64

24. 已知字符 0 ASCII 码的十六进制数为 30，下面程序的输出结果是（　　）。

```
#include <stdio.h>
int main()
{  union
    { unsigned char c;
      unsigned int i[4];
    }z;
    z.i[0]=0x39;
    z.i[1]=0x36;
    printf("%c\n",z.c) ;
    return 0;
}
```

A）6　　B）9　　C）0　　D）3

25. 以下对枚举类型名的定义中正确的是（ ）。

A）enum a={one，two，three} ；

B）enum a {one=9，two=-1，three} ；

C）enum a={"one"，"two"，"three"} ；

D）enum a {"one"，"two"，"three"} ；

26. 设有如下枚举类型定义：enum language { Basic=3，Assembly，Ada=100，COBOL，Fortran}；枚举量 Fortran 的值为（ ）。

A）4　　B）7　　C）102　　D）103

27. 下面程序的输出是（ ）。

```
#include <stdio.h>
int main()
{
  enum team { my , your=4 , his , her=his+10};
  printf("%d,%d,%d,%d\n", my, your, his, her) ;
  return 0;
}
```

A）0, 1, 2 ,3　　B）0 ,4 ,0,10　　C）0, 4, 5 ,15　　D）1, 4 ,5 ,15

28. 以下选项中，能定义 s 为合法的结构体变量的是（ ）。

A）typedef struct abc
```
{
    double a;
    char b[10];
} s;
```

B）struct
```
{
    double a;
    char b[10];
} s;
```

C）struct ABC
```
{
    double a ;
    char b[10] ;
} ABC s ;
```

D）typedef ABC
```
{
    double a;
    char b[10] ;
} ABC s ;
```

29. 下面对的叙述中不正确的是（ ）。

A）用 typedef 可以定义各种类型名，但不能用来定义变量

B）用 typedef 可以增加新类型

C）用 typedef 只是将已存在的类型用一个新的标识符来代表

D）使用 typedef 有利于程序的通用和移植

30. 以下程序的输出结果是（ ）。

```
#include <stdio.h>
struct HAR
{
    int x, y;
    struct HAR *p;
} h[2];

int main()
{
    h[0].x=1;h[0].y=2;
```

```
    h[1].x=3;h[1].y=4;
    h[0].p=&h[1];
    h[1].p=h;
    printf("%d %d \n",(h[0].p) ->x,(h[1].p) ->y) ;
    return 0;
}
```

A）12　　B）23　　C）14　　D）32

参 考 答 案

1～5 AADDC 16～20 CCBAC	6～10 AADDA 21～25 CBCBB	11～15 BBABB 26～30 CCBBD

习题 9 位运算

1. 位运算是对运算对象按二进制位进行操作的运算，下面哪个选项是运算的对象（　　）。

   A）整型　　B）实型　　C）浮点型　　D）双精度型

2. 以下运算符中优先级最高的是（　　）。

   A）&&　　B）&　　C）||　　D）|

3. 在 C 语言中，要求运算数必须是整型或字符型的运算符是（　　）。

   A）&&　　B）&　　C）!　　D）||

4. 整型变量 x 和 y 的值相等，且为非 0 值，则以下选项中，结果为零的表达式是（　　）。

   A）x || y　　B）x | y　　C）x & y　　D）x ^ y

5. 语句：printf（"%d \n", 12 &012)；的输出结果是（　　）。

   A）12　　B）8　　C）6　　D）012

6. 若 a=1,b=2; 则 a|b 的值是（　　）。

   A）0　　B）1　　C）2　　D）3

7. 以下程序的输出结果是（　　）。

```
#include <stdio.h>
int main()
 { int x=0.5;
     char z='a';
     printf("%d\n",(x&1) &&(z<'z') ) ;
     return 0;
 }
```

   A）1　　B）2　　C）3　　D）0

8. 在执行完以下 C 语句后，输出结果是（　　）。

```
#include <stdio.h>
int main()
{   char      z='A';
    int       b;
    b=(241&15) &&(z|'a') ;
    printf("%d\n",b) ;
    return 0;
}
```

   A）1　　B）TURE　　C）0　　D）FALSE

9. 执行下面的程序段后，b 的值为（　　）。

```
#include <stdio.h>
int main()
{   int x=35,b ;
```

```
char z='A' ;
b=(x&15) &&(z<'a') ;
printf("%d\n",b) ;
return 0;
}
```

A）3　　B）2　　C）1　　D）0

10. 设有如下定义，则输出结果是（　　）。

```
int x=1,y=-1;
printf("%d\n",(x--&y) ) ;
```

A）0　　B）2　　C）-1　　D）1

11. 设有如下定义，则输出结果是（　　）。

```
int x=1,y=-1;
printf("%d\n",(--x^y) ) ;
```

A）1　　B）0　　C）-1　　D）false

12. 设 char 型变量 x 中的值为 10100111，则表达式（2+x）^(～3)的值是（　　）。

A）10101001　　B）10101000

C）11111101　　D）01010101

13. 在位运算中，操作数每右移一位，其结果相当于（　　）。

A）操作数乘以 2　　B）操作数除以 2

C）操作数除以 4　　D）操作数乘以 4

14. 在位运算中，操作数每左移一位，其结果相当于（　　）。

A）操作数乘以 2　　B）操作数除以 2

C）操作数除以 4　　D）操作数乘以 4

15. 下面程序的输出是（　　）。

```
#include <stdio.h>
int main()
{   char x=040;
    printf("%d\n", x=x<<1);
    return 0;
}
```

A）100　　B）160　　C）120　　D）64

16. 设有以下语句，则 c 的二进制值是（　　）。

```
char a=3,b=63;
printf("%x\n",a^b>>2) ;
```

A）00001100　　B）00010100　　C）00011100　　D）00011000

17. 设有以下语句，则输出表达式值是（　　）。

```
int b=3;
printf("%x\n",(b<<4) /(b>>1) ) ;
```

A）0　　B）20　　C）30　　D）40

18. 有以下程序，程序运行后的输出结果是（　　）。

```
#include <stdio.h>
int main()
{   unsigned int  a,b,c;
    a=3;
    b=a|0x8;
    c=b<<2;
```

```
    printf("%d%d",b,c) ;
    return 0;
}
```

A）-11 12　　B）-6 -13　　C）12 22　　D）11 44

19. 设位段的空间分配由右到左，则以下程序的运行结果是（　　）。

```
#include <stdio.h>
int main()
{   struct bit
  {   unsigned a;
      unsigned b;
      unsigned c;
      int i;
  } date ;
  date.a=8;date.b=2;
  printf("%d\n",date.a, date.b) ;
  return 0;
}
```

A）2　　B）5　　C）8　　D）10

20. 设位段的空间分配由右到左，则以下程序的运行结果是（　　）。

```
#include <stdio.h>
int main()
{
    struct bit
    {   unsigned   a:2;
        unsigned   b:3;
        unsigned   c:4;
        int    i;
    } date ;
    date.a=1;date.b=2;date.c=3;date.i=0;
    printf("%d\n", date) ;
    return 0;
}
```

A）2686569　　B）4199221　　C）4199193　　D）2686566

参 考 答 案

1～5 ABBDB	6～10 DDACD	11～15 CDBAD	16～20 ACDCA

习题 10 文件

1. 在C语言中若按照信息的存储形式划分，文件可分为（　　）。

   A）程序文件和数据文件　　B）磁盘文件和设备文件

   C）二进制文件和文本文件　　D）顺序文件和随机文件

2. 下列哪个是字符写函数（　　）。

   A）fgetc()　　B）fputc()　　C）fgets()　　D）fwrite()

3. 在C中，对文件的存取以（　　）为单位。

   A）记录　　B）字节　　C）元素　　D）簇

4. 在C中，下面对文件的叙述正确的是（　　）。

   A）用"r"方式打开的文件只能向文件写数据

   B）用"R"方式也可以打开文件

   C）用"w"方式打开的文件只能用于向文件写数据，且该文件可以不存在

   D）用"a"方式可以打开不存在的文件

5. 下列哪个是字符串读函数（　　）。

   A）fgetc()　　B）fputc()　　C）fgets()　　D）fwrite()

6. 若要打开D盘上user文件夹下名为abc.txt的文本文件进行读、写操作，符合此要求的函数调用是（　　）。

   A）fopen("D:\\user\\abc.txt","r")　　B）fopen("D:\\user\\abc.txt","w")

   C）fopen("D:\\user\\abc.txt","r+")　　D）fopen("D:\\user\\abc.txt","rb")

7. 下列哪个是读写文件出错检测函数（　　）。

   A）ferror()　　B）clearerr()　　C）feof()　　D）fwrite()

8. 以只写方式打开一个二进制文件，应选择的文件操作方式是（　　）。

   A）"a+"　　B）"w+"　　C）"rb"　　D）"wb"

9. 当顺利执行了文件关闭操作时，fclose()函数的返回值是（　　）。

   A）-1　　B）TRUE　　C）0　　D）1

10. 若执行fopen()函数发生错误时，则函数的返回值是（　　）。

    A）地址值　　B）null　　C）1　　D）EOF

11. 若以“a+”方式打开一个已存在的文件，则以下叙述正确的是（　　）。

    A）文件打开时，原有文件内容不被删除，位置指针移到文件末尾，可做添加和读操作

    B）文件打开时，原有文件内容被删除，位置指针移到文件开头，可做重新写

和读操作

C）文件打开时，原有文件内容被删除，只可做写操作

D）以上各种说法皆不正确

12. fscanf()函数的正确调用形式是（ ）。

A）fscanf(fp,格式字符串,输出表列)

B）fscanf(格式字符串,输出表列,fp)

C）fscanf(格式字符串,文件指针,输出表列)

D）fscanf(文件指针,格式字符串,输入表列)

13. fwrite()函数的一般调用形式是（ ）。

A）fwrite(buffer,count,size,fp)

B）fwrite(fp,size,count,buffer)

C）fwrite(fp,count,size,buffer)

D）fwrite(buffer,size,count,fp)

14. fgetc()函数的作用是从指定文件读入一个字符，该文件的打开方式必须是（ ）。

A）只写　　B）追加　　C）读或读写　　D）答案B和C都正确

15. 若调用 fputc()函数输出字符成功，则其返回值是（ ）。

A）EOF　　B）1　　C）0　　D）输出的字符

16. 下面的变量表示文件指针变量的是（ ）。

A）FILE *fp　　B）FILE fp　　C）FILER *fp　　D）file *fp

17. 在C语言中，当文件指针变 fp 已指向“文件结束”，则函数 feof(fp)的值是（ ）。

A）.t.　　B）.F.　　C）0　　D）1

18. 下面程序段的功能是（ ）。

```
#include <stdio.h>
int main()
{
    char s1;
    s1=putc(getc(stdin),stdout);
    return 0;
}
```

A）从键盘输入一个字符给字符变量 s1

B）从键盘输入一个字符，然后再输出到屏幕

C）从键盘输入一个字符，然后在输出到屏幕的同时赋给变量 s1

D）在屏幕上输出 stdout 的值

19. 在C语言中，常用如下方法打开一个文件：

```
if((fp=fopen("file1.c","r" ))==NULL)
{
    printf("Cannot open this file \n");
    exit(0);
}
```

其中函数 exit(0)的作用是（ ）。

A）退出C环境

B）退出所在的复合语句

C）当文件不能正常打开时，关闭所有的文件，并终止正在调用的过程

D）当文件正常打开时，终止正在调用的过程

20. 执行如下程序段

```
FILE *fp;
fp=fopen("file","w" );
```

则磁盘上生成的文件的全名是（　　）。

A）file　　B）file.c　　C）file.dat　　D）file.txt

21. 在C语言中，若按照信息的读写方式划分，文件可分为（　　）。

A）程序文件和数据文件　　B）磁盘文件和设备文件

C）二进制文件和文本文件　　D）顺序文件和随机文件

22. 若fp是指向某文件的指针，且已读到该文件的末尾，则C语言函数feof(fp)的返回值是（　　）。

A）EOF　　B）-1　　C）非零值　　D）NULL

23. 以下函数，一般情况下，功能相同的是（　　）。

A）fputc()和putchar()　　B）fwrite()和fputc()

C）fread()和fgetc()　　D）putc()和fputc()

24. 设文件file1.c已存在，且有如下列程序段，该程序段的功能是（　　）。

```
FILE *fp1;
fp1=fopen("file1.c","r");
while(!feof(fp1))
    putchar(getc(fp1));
```

A）将文件file1.c的内容输出到屏幕

B）将文件file1.c的内容输出到文件

C）将文件file1.c的第一个字符输出到屏幕

D）什么也不干

25. 如果要将存放在双精度型数组a[10]中的10个双精度型实数写入文件型指针fp1指向的文件中，正确的语句是（　　）。

A）for(i=0;i<80;i++)
    fputc(a[i],fp1);

B）for(i=0;i<10;i++)
    fputc(&a[i],fp1);

C）for(i=0;i<10;i++)
    fwrite(&a[i],8,1,fp1);

D）fwrite(fp1,8,10,a);

参 考 答 案

1～5 CBBCC	6～10 CADCB	11～15 ADDCD
16～20 ADCCA	21～25 DCDAC	

第三部分
主教材各章习题参考答案

本部分为教材各章节习题的参考答案，通过对参考答案的分析和理解，有助于提高学习者的编程能力。

第 1 章　C 语言概述
第 2 章　C 语言程序设计基础
第 3 章　程序控制结构
第 4 章　数组
第 5 章　函数
第 6 章　指针
第 7 章　编译预处理
第 8 章　结构体与共用体
第 9 章　位运算
第 10 章　文件
第 11 章　C 语言设计综合案例

第 1 章 C 语言概述

1. main()
2. 一、若干、main()
3. 函数体
4. ;（分号）
5. 若干
6. #include <stdio.h>
7. 编译、连接、运行

第 2 章 C 语言程序设计基础

一、选择题

1. B　2. D　3. B　4. D　5. B　6. D　7. D　8. C

9. C　10. B　11. C　12. D　13. D　14. B　15. B

二、填空题

1. 枚举　2. 双引号　3. 单个/一个　4. 1　5. 70；0

6. double；int　7. 原样　8. 输入　9. 2；8；2；7

10. **a=10,x=18.18**　11. &&，||，！

12. (x>=10)&&(x<20)||(x>=80)　13. 1（或“真”）　14. 45　15. 68,F

第3章
程序控制结构

1. 输入1个正整数，判断其奇偶性。

```
#include <stdio.h>
int main()
{
        int m;
        printf("Input a num:");
        scanf("%d",&m);
        if(m%2)
            printf("%d is a odd number!\n",m);
        else
            printf("%d is a even number!\n",m);
       return 0;
}
```

2. 任意输入一个百分制正整数成绩，判断是优秀、良好、中等、及格还是不及格。（优秀：[90,100]，良好[80,89]，中等[70,79]，及格[60,69]，不及格[0,59]）。分别用 if…else if语句和 switch 语句实现。

（1）if分支结构

```
#include <stdio.h>
int main()
{
        int score;
        printf("Input a score:");
        scanf("%d",&score);
        if(score<=59&&score>=0)
            printf("failure!\n");
        else if(score<=69)
                    printf("passed!\n");
                else if(score<=79)
                            printf("medium!\n");
                        else if(score<=89)
                                    printf("good!\n");
                                else if(score<=100)
                                    printf("excellent!\n");
                                    else
                                            printf("Data error!\n);
        return 0;
}
```

（2）switch分支结构

```
#include <stdio.h>
```

```
int main()
{
        int score,grade;
        printf("Input a score:");
        scanf("%d",&score);
        grade=score/10;
        switch(grade)
        {
            case 10:
            case 9: printf("excellent\n");break;
            case 8: printf("good!\n");break;
            case 7: printf("medium!\n");break;
            case 6: printf("passed!\n");break;
            case 5:
            case 4:
            case 3:
            case 2:
            case 1:
            case 0: printf("failure!\n");break;
            default: printf("Data error!\n");
        }
        return 0;
}
```

3. 求 N! (1<=N<=10)，进而求 sum=1!+2!+3!+…+N!。

（1）求 N!。

```
#include <stdio.h>
int main()
{
        int m,k,mul=1;
        printf("Input a num:");
        scanf("%d",&m);
        k=m;
        while(k>=1&&k<=10)
        {
            mul=mul*k;
            k--;
        }
        if(m!=k)
            printf("mul=%d\n",mul);
        else
            printf("Data error!\n");
        return 0;
}
```

（2）求 sum=1!+2!+3!+…+N!。

```
#include <stdio.h>
int main()
{
        int k,m,mul=1;
        float sum=0;
        printf("Input a num:");
        scanf("%d",&m);
        for(k=1;k<=m;k++)
         {
           mul*=k;
```

```
        sum+=1.0/mul;
    }
    if(m>=1&&m<=10)
        printf("\nsum=%.6f\n",sum);
    else
        printf("Data error!\n");
    return 0;
}
```

4. 已知公式：$\frac{\pi^2}{6} \approx \frac{1}{1^2}+\frac{1}{2^2}+\frac{1}{3^2}+\frac{1}{4^2}+\cdots+\frac{1}{n^2}$，求π的值，最后一项小于 10^{-8} 停止计算。

```
#include <stdio.h>
int main()
{
    int k;
    float sum;
    for(k=1,sum=0;(1.0/(k*k))>=1e-8;k++)
        sum+=1.0/(k*k);
    sum=sqrt(sum*6);
    printf("π=%.5f\n",sum);
    return 0;
}
```

5. 编程打印[100~1000]内所有满足各位数字之和等于 6 的数，每行输出 4 个数。

```
#include <stdio.h>
int main()
{
    int m,sum,count=0,temp;
    for(m=100;m<=1000;m++)
    {
        sum=0;
        temp=m;
        while(temp)
        {
            sum+=temp%10;
            temp=temp/10;
        }
        if(sum==6)
        {
            printf("%5d",m);
            count++;
            if(count%4==0)
                printf("\n");
        }
    }
    return 0;
}
```

6. 有一数列：$\frac{2}{1}$，$\frac{3}{2}$，$\frac{5}{3}$，$\frac{8}{5}$，$\frac{13}{8}$，$\frac{21}{13}$，…，编程求出这个数列的前 20 项之和。

```
#include <stdio.h>
int main()
{
    int i;
    float sum=0,t,m,temp;
    t=2;
    m=1;
```

```
        for(i=1;i<=20;i++)
            {
                sum+=t/m ;
                temp=t;
                t=t+m;
                m=temp;
            }
printf("sum=%.2f",sum);
return 0;
}
```

7. 一小球从 100 米高度自由落下，每次落地后反弹跳回原来高度的一半，再落下。求它在第 10 次落地时，共经过多少米路程？第 10 次反弹高度多少？

```
#include <stdio.h>
int main()
{
float  sum=100,h=50;              //第一次的路程和第一次的反弹高度
        for(int i=2;i<=10;i++)
        {
            sum+=h*2;              //第 i 次路程
            h=h/2;                 //第 i 次反弹高度
        }
        printf("The whole distance is %.2f\n",sum);
        printf("the height of 10 times is %f\n",h);
        return 0;
}
```

8. 今有物，不知其数。三三数之剩二，五五数之剩三，七七数之剩四。问：物至少几何？编程求出满足要求的最小数。

```
#include <stdio.h>
int main()
{
       int sum=9;
       do
       {
            if(sum%3==2&&sum%5==3&&sum%7==4)
                break;
            sum++;
       }while(1);
       printf("sum=%d\n",sum);
       return 0;
}
```

9. 编程打印出所有 4 位数的水仙花数。

```
int main()
{
       int m,k,sum,temp;
       for(m=1000;m<=9999;m++)
           {
             temp=m;
             sum=0;
             while(temp)
             {
                k=temp%10;
                sum+=k*k*k*k;
                temp=temp/10;
```

```
            }
            if(sum==m)
                printf("%d  ",m);
        }
        return 0;
    }
```

10. 编程打印出[1,1000]内所有的完数。

```
#include <stdio.h>
int main()
{
    int m,sum,factor;
    for(m=1;m<=1000;m++)
    {
        for(sum=0,factor=1;factor<m;factor++)
            if(m%factor==0)
                sum+=factor;
        if(sum==m)
            printf("%d ",m);
    }
    return 0;
}
```

11. 三对情侣国庆举行集体婚礼，三个新郎 A，B，C；三个新娘 X，Y，Z。有人不知道谁和谁结婚，于是询问了六位新人中的三位，但听到的回答是这样的：
① A 说他将和 X 结婚。② X 说她的未婚夫是 C。③ C 说他将和 Z 结婚。
这人听后，旁边一人对他说他们都在与你开玩笑呢！没有一个人说的真的，全是假话。请编程找出谁将和谁结婚。

```
#include <stdio.h>
#define A 1
#define B 2
#define C 3
int main()
{
    int x,y,z;
    for(x=A;x<=C;x++)
        for(y=A;y<=C;y++)
            for(z=A;z<=C;z++)
                if(x!=A&&x!=C&&z!=C&&x!=y&&x!=z&&z!=y)
                {
                    if(x==1)
                        printf("x married A\n");
                    else if(x==2)
                        printf("x married B\n");
                    else
                        printf("x married C\n");
                    if(y==1)
                        printf("y married A\n");
                    else if(y==2)
                        printf("y married B\n");
                    else
                        printf("y married C\n");
                    if(z==1)
                        printf("z married A\n");
                    else if(z==2)
```

```
                        printf("z married B\n");
                    else
                        printf("z married C\n");
        }
    return 0;
}
```

12. 编程打印如图所示的图形。提示：上、下三角形分开打印。

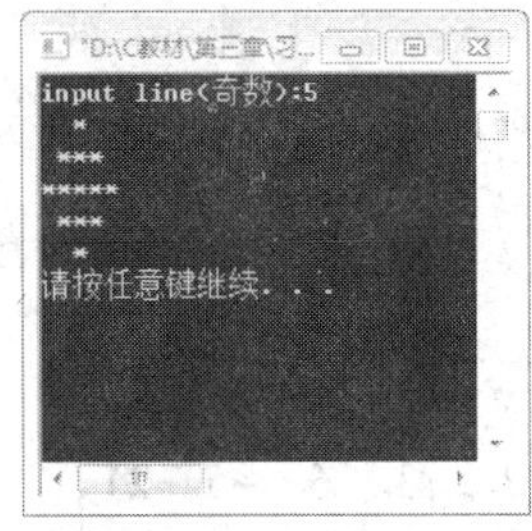

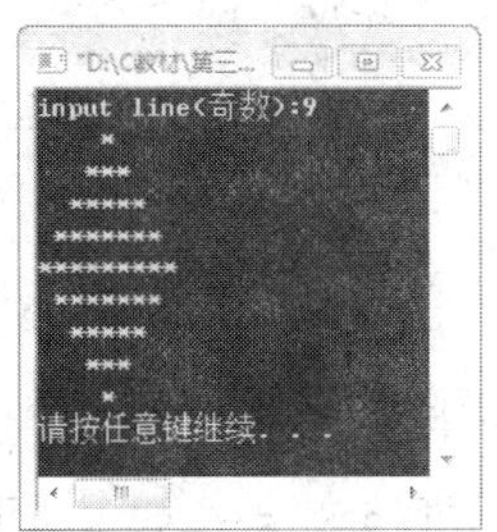


```
#include <stdio.h>
int main()
{
    int k,i,j,line;
    printf("input line(奇数):");
    scanf("%d",&line);
    for(i=0;i<=line/2;i++)
    {
        for(j=1;j<=line/2-i;j++)
            printf(" ");
        for(k=1;k<=2*i+1;k++)
            printf("*");
        printf("\n");
    }
    for(i=1;i<=line/2;i++)
    {
        for(j=1;j<=i;j++)
            printf(" ");
        for(k=1;k<=line-2*i;k++)
            printf("*");
        printf("\n");
    }
    return 0;
}
```

第4章 数组

1. 编程实现两个矩阵的乘积：

$$\begin{bmatrix} 2 & 5 & -5 & 3 \\ 10 & -4 & 20 & 15 \\ 21 & 8 & 4 & -10 \end{bmatrix} \begin{bmatrix} 2 & 3 & 6 & -5 & 21 \\ 9 & 6 & 9 & 10 & 12 \\ 7 & -8 & 9 & 7 & 14 \\ 14 & 5 & 1 & 0 & -2 \end{bmatrix}$$

```
#include <stdio.h>
int main()
{
      int a[3][4]={{2,5,-5,3},{10,-4,20,15},{21,8,4,-10}};
      int b[4][5]={{2,3,6,-5,20},{9,6,9,10,12},{7,-8,9,7,14},{14,5,1,0,-2}};
      int c[3][5]={0},i,j,k;
      for(i=0;i<3;i++)
           for(j=0;j<5;j++)
                   for(k=0;k<4;k++)
                       c[i][j]+=a[i][k]*b[k][j];
      printf("The result is:\n");
      for(i=0;i<3;i++){
      printf("\n");
      for(j=0;j<5;j++)
           printf("%5d",c[i][j]);
      }
      printf("\n");
      return 0;
}
```

2. 输入一行数字串（不大于50个字符），统计其中各个数字和空格分别出现的次数。

```
#include <stdio.h>
#define N 51
int main()
{
      char str[N];
      int i,count[10]={0},space=0;
      printf("Please input a digital string: ");
      gets(str);
      for(i=0;str[i]!='\0';i++)
           if((str[i]>='0') && (str[i]<='9'))   count[str[i]-'0']++;
           else if(str[i]=='')   space++;
      for(i=0;i<10;i++)
           printf("The number of %d is: %d\n",i,count[i]);
      printf("The number of space is: %d\n",space);
```

```
        return 0;
}
```

3. 输入一个字符串（不大于50个字符），删除其中的数字字符并将删除后的字符串输出。

```
#include <stdio.h>
#define N 51
#include <string.h>
int main()
{
        char str[N];
        int i,j;
        printf("Please input a string: \n");
        gets(str);
        for(i=0;str[i]!= '\0';)
             if(str[i]>= '0'&& str[i]<= '9')
                    for(j=i;str[j]!= '\0';j++)  str[j]=str[j+1];
             else   i++;
        printf("The new string is: %s\n", str);
        return 0;
}
```

4. 通过键盘给N×N的二维数组输入数据，然后求其主、次对角线元素之和。

```
#include <stdio.h>
#define N 4
int main()
{
        int a[N][N],i,j,s1=0,s2=0;
        printf("Please input 4×4 integers: \n");
        for(i=0;i<N;i++)
             for(j=0;j<N;j++)
                  scanf("%d",&a[i][j]);
        for(i=0;i<N;i++){
             s1=s1+a[i][i];
             s2=s2+a[i][N-1-i];
        }
        printf("s1=%d\n",s1);
        printf("s2=%d\n",s2);
        return 0;
}
```

5. 从键盘上输入两个字符串，若不相等，则将短的字符串连接到长的字符串的末尾并输出连接后的字符串。

```
#include <stdio.h>
#include <string.h>
#define N 81
int main()
{
        char str1[N],str2[N];
        printf("Please input string str1: ");
        gets(str1);
        printf("Please input string str2: ");
        gets(str2);
        if(strcmp(str1,str2)!=0)
             if(strlen(str1)>strlen(str2)){
                    strcat(str1,str2);
                    puts(str1);
             }
```

```
            else{
                  strcat(str2,str1);
                  puts(str2);
            }
        return 0;
    }
```

6. 编写程序，显示如下形式的杨辉三角形（要求显示到第10行）。

```
 1
 1   1
 1   2   1
 1   3   3   1
 1   4   6   4   1
 1   5  10  10   5   1
 ……
```

```
#include <stdio.h>
#define N 10
int main()
{
      int yanghui[N][N],i,j;
      for(i=0;i<N;i++){
           yanghui[i][0]=1;
           yanghui[i][i]=1;
      }
      printf("The Yanghuitriangle is:\n");
      for(i=2;i<N;i++)
           for(j=1;j<i;j++)
                yanghui[i][j]= yanghui[i-1][j-1]+ yanghui[i-1][j];
      for(i=0;i<N;i++){
           for(j=0;j<=i;j++)
                printf("%6d",yanghui[i][j]);
           printf("\n");
      }
      return 0;
}
```

7. 任意输入一个字符串，然后在指定的字符前插入一个字符。

```
#include <stdio.h>
#include <string.h>
int main()
{
     char str[81],ch1,ch2;
     int i=0,j,k;
     printf("Please input a string: ");
     gets(str);
     printf("Please input a character showing the position: ");
     scanf("%c%*c",&ch1);
     printf("Please input a character to be inserted: ");
     scanf("%c",&ch2);
     while(str[i]){
       k=strlen(str);
       if(str[i]==ch1){
              for(j=k;j>i;j--) str[j]=str[j-1];
              str[i]=ch2;
              str[k+1]='\0';
              i++;
```

```
        }
        i++;
    }
    printf("The result is: %s\n",str);
    return 0;
}
```

8. 任意输入一个字符串，判断该字符串是否回文。(回文是指字符串正读和反读都一样，例如，“121”、“level”、“madam” 等)。

```
#include <stdio.h>
#include <string.h>
int main()
{
    char str[81];
    int i,k,n=1;
    printf("Please input a string: ");
    gets(str);
    k=strlen(str);
    for(i=0;i<k/2;i++)
        if(str[i]!=str[k-1-i]) {n=0;break;}
    if(n) printf("%s is yes!\n",str);
    else printf("%s is not!\n",str);
    return 0;
}
```

第5章 函数

1. 输入 x，计算并输出下列分段函数 f(x)的值。可以调用数学库函数：平方根函数 sqrt()、绝对值函数 fabs()和幂函数 pow()。

$$f(x) = \begin{cases} |2x + 5| & x < 0 \\ (x + 1)^{1/2} & 0 <= x < 2 \\ (x + 2)^3 & x >= 2 \end{cases}$$

```
#include <stdio.h>
#include <math.h>
float  f(float x);
int main()
{
       float x;
       printf("请输入一个数:");
       scanf("%f",&x);
       printf("y=%.2f\n",f(x));
       return 0;
}
float  f(float x)
{
       float y;
       if (x<0)
            y=fabs(2*x+5);
            else if (x<2)
                   y=sqrt(x+1);
                 else
                   y=pow(x+2,3);
       return y;
}
```

2. 编写两个函数，分别求两个正整数的最大公约数和最小公倍数。

```
#include <stdio.h>
int gys(int m,int n);   /*最大公约数函数声明*/
int gbs(int m,int n);   /*最大公倍数函数声明*/
int main()
{
       int x,y;
       printf("请输入两个正整数:");
       scanf("%d%d",&x,&y);
       printf("%d 和%d 的最大公约数是: %d\n",x,y,gys(x,y));
```

```
        printf("%d 和%d 的最大公倍数是：%d\n",x,y,gbs(x,y));
        return 0;
}
int gys(int m,int n)
{
        int t,r;
        if(m<n)
           {t=m;m=n;n=t;}
        r=m%n;
        while(r!=0)
           {
              m=n;
              n=r;
              r=m%n;
           }
        return n;
}
int gbs(int m,int n)
{
        return m*n/gys(m,n);
}
```

3. 输出一张摄氏-华氏温度转化表，摄氏温度的取值区间是[-100℃，150℃]，温度间隔5℃。要求定义和调用函数ctof(c)，将摄氏温度℃转换为华氏温度° F，计算公式：F=32+C*9/5。

```
#include <stdio.h>
float ctof(int c);
int main()
{
        int i;
        for(i=-100;i<=150;i=i+5)
            printf("c=%d,f=%.2f\n",i,ctof(i)) ;
        return 0;
}
float ctof(int c)
{
    return 32+(float)c*9/5;
}
```

4. 编写一个函数power(x,n)，求*x*的*n*次方。

```
#include <stdio.h>
long power(int x,int n);
int main()
{
        int x,n;
        printf("请输入 2 个数:");
        scanf("%d%d",&x,&n);
        printf("%d 的%d 次方=%ld\n",x,n,power(x,n));
        return 0;
}
long power(int x,int n)
{
        int i;
        long s=1;
        for(i=1;i<=n;i++)
              s=s*x;
```

```
        return s;
}
```

5. 编写一个函数，判断一个整数是否是素数，并利用该函数找出100～200之间的所有素数。

```
#include <stdio.h>
#include <math.h>
int prime(int n);
int main()
{
        int i;
        for(i=100;i<=200;i++)
            if (prime(i))
               printf("%d  ",i);
        return 0;
}
int prime(int n)
{
        int i;
        for(i=2;i<=sqrt(n);i++)
             if (n%i==0)   break;
        if(i>sqrt(n))
             return 1;
        else
             return 0;
}
```

6. 编写一个函数，根据以下公式计算s。s=1+1/(1+2)+1/(1+2+3)+⋯+1/(1+2+3+4+⋯+*n*)

```
#include <stdio.h>
float fun(int n);
int main()
{
        int x;
        printf("请输入一个数:");
        scanf("%d",&x);
        printf("s=%.2f\n",fun(x));
        return 0;
}
float fun(int n)
{
        int i;
        float s=1.0,t=1.0;
        for (i=2;i<=n;i++)
        {
             t=t+i;
             s=s+1/t;
        }
        return s;
}
```

7. 编写一个函数，计算并输出给定整数 *n*（*n*<1000）的所有因子（不包括1与自身）之和。

```
#include <stdio.h>
int fun(int n);
int main()
{
        int x;
```

```
        printf("请输入一个数:");
        scanf("%d",&x);
        printf("%d 的所有因子之和为%d\n",x,fun(x));
        return 0;
}
int fun(int n)
{
        int s=0,i;
        for(i=2;i<=n-1;i++)
            if(n%i==0)
                s=s+i;
        return s;
}
```

8. 编写一个函数，求 Fibonacci 数列中大于 t 的最小的一个数。其中 Fibonacci 数列 $F(n)$ 的定义为：$F(1)=1,F(2)=1,F(n)=F(n-1)+F(n-2)$。

方法一：用递归的方法。

```
#include <stdio.h>
long fun(int t);
long fib(int n);
int main()
{
        int x;
        printf("请输入一个数:");
        scanf("%d",&x);
        printf("Fibonacci 数列中大于%d 的最小的一个数是%ld\n",x,fun(x));
        return 0;
}
long fun(int t)
{
        int a=1;
        int i=1;
        while(a<=t)
        {
            i++;
            a=fib(i);
        }
        return a;
}
long fib(int n)
{
        long f;
        if(n==1||n==2)
            f=1;
        else
            f=fib(n-1)+fib(n-2);
        return f;
}
```

方法二：不用递归的方法。

```
#include <stdio.h>
long fun(int t);
int main()
{
        int x;
```

```
        printf("请输入一个数:");
        scanf("%d",&x);
        printf("Fibonacci 数列中大于%d 的最小的一个数是%ld\n",x,fun(x));
        return 0;
}
long fun(int t)
{
        int a=1,b=1,c=0,i;
        for(i=1;i<=t;i++)
        {
              if(c<=t)
              {
                   c=a+b;
                   a=b;
                   b=c;
              }
              else
                   break;
        }
        return c;
}
```

9. 编写一个函数，计算并输出下列级数和： S=1/1*2+1/2*3+…+1/n(n+1)。

```
#include <stdio.h>
float fun (int n);
int main()
{
        int x;
        printf("请输入一个数:");
        scanf("%d",&x);
        printf("s=%.2f\n",fun(x));
        return 0;
}
float fun (int n)
{
        float s=0.0;
        int i;
        for(i=1;i<=n;i++)
              s=s+1.0/(i*(i+1));
        return s;
}
```

10. 编写一个函数 paint(side,c,flag)，用来画三角形。side 表示边长，c 表示画的字符，flag 表示是正立的三角形还是倒立的三角形，1 表示正立，0 表示倒立。
例如，paint(3,'*',1)和 paint(4, 'A',0)分别输出以下图形。

```
  *          AAAAAAA
 ***          AAAAA
*****          AAA
                A
```

```
#include <stdio.h>
void paint(int side,char c,int flag);
void printf_x(int n,char c);
int main()
```

```
{
      int a,c;
      char b;
      printf("请输入填充字符:");
      scanf("%c",&b);
      printf("请输入边长:");
      scanf("%d",&a);
      printf("请输入是否倒立（1 表示正立，0 表示倒立）:");
      scanf("%d",&c);
      paint(a,b,c);
      return 0;
}
void paint(int side,char c,int flag)
{
      int i;
      if(flag==1)
             for(i=1;i<=side;i++)
             {
                    printf_x(side-i,' ');
                    printf_x(2*i-1,c);
                    printf("\n");
             }
      else
           for(i=1;i<=side;i++)
            {
                  printf_x(i-1,' ');
                  printf_x(2*side-2*i+1,c);
                  printf("\n");
            }
}
void printf_x(int n,char c)
{
      int i;
      for(i=1;i<=n;i++)
           printf("%c",c);
}
```

第 6 章 指针

1. 输入 3 个整数，按从小到大的顺序输出。

```
#include <stdio.h>
int main()
{
        int  a,b,c,temp;
        int  *p1,*p2,*p3;
        p1=&a;
        p2=&b;
        p3=&c;
        printf("input a,b,c: ");
        scanf("%d%d%d",p1,p2,p3);
        if(*p1>*p2)
        {
            temp=*p1;
            *p1=*p2;
            *p2=temp;
        }
        if(*p1>*p3)
        {
            temp=*p1;
            *p1=*p3;
            *p3=temp;
        }
        if(*p2>*p3)
        {
            temp=*p2;
            *p2=*p3;
            *p3=temp;
        }
        printf("a=%d,b=%d,c=%d\n",*p1,*p2,*p3);
        return 0;
}
```

2. 由键盘输入 10 个整数，将它们按从小到大的顺序排列。

```
#include <stdio.h>
int main()
{
        int a[10],i,j,t,*p;
        p=a;
        printf("请输入 10 个整数：\n");
        for(i=0;i<10;i++,p++)
```

```
        scanf("%d",p);
    p=a;
    for(i=0;i<10-1;i++)
    {
        for(j=i+1;j<10;j++)
            if(*(p+i)>*(p+j))
            {
                t=*(p+i);
                *(p+i)= *(p+j);
                *(p+j)=t;
            }
    }
    for(i=0,p=a;i<10;i++,p++)
        printf("%3d",*p);
    return 0;
}
```

3. 输入 3 个字符串，按从小到大的顺序输出。

```
#include <stdio.h>
#include <string.h>
int main()
{
    char  a[20],b[20],c[20],temp[20];
    int  *p1,*p2,*p3;
    p1=a;
    p2=b;
    p3=c;
    printf("input a,b,c: ");
    scanf("%s%s%s",p1,p2,p3);
    if(strcmp(p1,p2)>0)
    {
        strcpy(temp,p1);
        strcpy(p1,p2);
        strcpy(p2,temp);
    }
    if(strcmp(p1,p3)>0)
    {
        strcpy(temp,p1);
        strcpy(p1,p3);
        strcpy(p3,temp);
    }
    if(strcmp(p1,p2)>0)
    {
        strcpy(temp,p2);
        strcpy(p2,p3);
        strcpy(p3,temp);
    }
    printf("a=%s,b=%s,c=%s\n",p1,p2,p3);
    return 0;
}
```

4. 由键盘输入 10 个字符串，将它们按从小到大的顺序排列。

```
#include <stdio.h>
#include <string.h>
int main()
{
    int i,j;
```

```
        char str[10][20],*p[10],strtepm[20];
        for(i=0;i<10;i++)
        p[i]=str[i];
        printf("请输入 10 个字符串：\n");
        for(i=0;i<10;i++)
            gets(p[i]);
        for(i=0;i<10-1;i++)
        {
            for(j=i+1;j<10;j++)
              if(strcmp(p[i],p[j])>0)
              {
                  strcpy(strtepm,p[i]);
                  strcpy(p[i],p[j]);
                  strcpy(p[j],strtepm);
              }
        }
        for(i=0;i<10;i++)
            puts(p[i]);
        return 0;
}
```

5. 将具有 10 个元素的一维数组中的数据倒置。

```
#include <stdio.h>
int main()
{
        int a[10],i,t,*p=a,*q;
        printf("input array a:\n");
        for(i=0;i<10;i++,p++)
        {
             printf("a[%d]= ",i);
             scanf("%d",p);
        }
        p=a;
        q=a+9;
        for(;p<q;p++,q--)
        {
            t=*p;
            *p=*q;
            *q=t;
        }
        printf("output array a:\n");
        for(i=0;i<10;i++)
            printf("a[%d]=%d\n",i,a[i]);
        return 0;
}
```

6. 由键盘输入 10 个整数，将最大的与第一个互换，将最小的与最后一个互换。

```
#include <stdio.h>
int main()
{
        int a[10],i,t,*p=a,*p1,*p2;
        printf("input array a:\n");
        for(i=0;i<10;i++,p++)
        {
            printf("a[%d]=",i);
            scanf("%d",p);
```

```
        }
        p=a;
        p1=p2=p;
        for(i=0;i<10;i++,p++)
        {
            if(*p>*p1)
                p1=p;
            if(*p<*p2)
                p2=p;
        }
        if(a!=p1)
        {
            t=*a;
            *a=*p1;
            *p1=t;
        }
        if((a+9)!=p2)
        {
            t=*(a+9);
            *(a+9)=*p2;
            *p2=t;
        }
        for(i=0;i<10;i++)
            printf("a[%d]=%d\n",i,a[i]);
        return 0;
    }
```

7. 写一函数，求一个字符串的长度。

```
#include <stdio.h>
#include <string.h>
strl(char *p)
{
        int n;
        n=0;
        while(*p!='\0')
        {
            n++;
            p++;
        }
        return n;
}
int main()
{
        int  length;
        char s[80];
        printf("input string: ");
        gets(s);
        length=strl(s);
        printf("The length is %d\n", length);
        return 0;
}
```

8. 写一函数，将两个字符串进行连接。

```
#include <stdio.h>
#include <string.h>
strc(char *p1,char *p2)
```

```
{
      for(;*p1!='\0';p1++);
      for(;*p2!= '\0';p1++,p2++)
           *p1=*p2;
      *p1='\0'
}
int main()
{
      char str1[80],str2[80];
      printf("input string1: ");
      gets(str1);
      printf("input string2: ");
      gets(str2);
      strc(str1,str2);
      printf("The string is %s.\n",str1);
      return 0;
}
```

9. 由键盘任意输入一字符串 str，再输入一字符 ch 和一正整数 n，将字符 ch 插入到字符串 str 的第 n 个位置。如 str 为 abcdefgh，ch 为 k，n 为 3，则插如后的 str 为 abkcdefgh。

```
#include <stdio.h>
#include <string.h>
int main()
{
      char str[80],ch,*p;
      int n,i,len;
      printf("input a character: ");
      scanf("%c",&ch);
      printf("input string: ");
      scanf("%s",str);
      printf("input n: ");
      scanf("%d",&n);
      len=strlen(str);
      p=str+len;
      for(;p-str>=n-1;p--)
      {
           *(p+1)=*p;
      }
      *(p+1)=ch;
      printf("The string is %s\n",str);
      return 0;
}
```

10. 找出 3 行 4 列二维数组中的最大数及其位置。

```
#include <stdio.h>
int main()
{
      int a[3][4],(*p)[4],imax,jmax;
      int i,j;
      p=a;
      for(i=0;i<3;i++)
           for(j=0;j<4;j++)
                 scanf("%d",*(p+i)+j);
      imax=0;
      jmax=0;
      for(i=0;i<3;i++)
```

```
        for(j=0;j<4;j++)
            if(*(*(p+i)+j)>*( *(p+imax)+jmax))
            {
                imax=i;
                jmax=j;
            }
    printf("The max is a[%d]{%d}=%d\n", imax,jmax,*( *(p+imax)+jmax));
    return 0;
}
```

11. 由键盘任意输入一字符串 str，再输入一字符 ch，在字符串 str 中查找是否有此字符 ch，若有，则将该字符从字符串中删除。如 str 为 abcdefgh, ch 为 d，则删除后的 str 为 abcefgh。

```
#include <stdio.h>
int main()
{
    char str[80],ch,*p,*q;
    printf("input a character: ");
    scanf("%c",&ch);
    printf("input string: ");
    scanf("%s",str);
    p=q=str;
    while(*p!='\0')
    {
        if(*p==ch)
        {
            *q=*p;
            p++;
        }
        else
        {
            *q=*p;
            p++;
            q++;
        }
    }
    *q='\0';
    printf("The string is %s\n",str);
    return 0;
}
```

12. 写一函数，分别统计任意输入的字符串中 26 个字母出现的个数，并在主函数中调用该函数。如字符串为 abcabaz，则统计后结果为：a 字符 3 个，b 字符 2 个，c 字符 1 个，d 字符 0 个，……y 字符 0 个，z 字符 1 个。

```
#include <stdio.h>
#include <string.h>
void  fun(char *p,int *a)
{
    int i;
    for(i=0;i<26;i++)
        a[i]=0;
    while(*p!='\0')
    {
        if(*p>='a'&&*p<='z') a[*p-'a']++;
        if(*p>='A'&&*p<='Z') a[*p-'A']++;
        p++;
```

```
        }
}
int main()
{
    char str[80];
    int count[26],i;
    gets(str);
    fun(str,count);
    for(i=0;i<26;i++)
        printf("字母%c 的个数是%d\n", 'a'+i,count[i]);
    return 0;
}
```

13. 写一函数，将任意一个十六进制数据字符串转换成十进制数据，并在主函数中调用该函数。

```
#include <stdio.h>
#include <string.h>
int conver(char *p)
{
    int n=0;
    for(;*p!= '\0';p++)
    if(*p>='a'&&*p<='f')
        n=n*16+*p-'a'+10;
    else if(*p>='A'&&*p<='F')
        n=n*16+*p-'A'+10;
    else
        n=n*16+*p-'0';
    return n;
}
int main()
{
    char s[10];
    printf("input string: ");
    gets(s);
    printf("The string is %d.\n", conver(s));
    return 0;
}
```

14. 输入一个月份号，输出该月份的英文月份名。如输入“6”，则输出“June”，如输入“11”，则输出“November”。

```
#include <stdio.h>
int main()
{
    char *monthstr[13]={"", "January","February"," March"," April"," May","
June"," July"," August"," September"," October"," November"," December"};
    int n;
    printf("input month:\n");
    scanf("%d",&n);
    if(n>=1&&n<=12)
        printf("It is %s\n",*(monthstr+n));
    else
        printf("It's wrong!\n");
    return 0;
}
```

第 7 章 编译预处理

1. 100
2. 36
3. 输入两个整数 x、y，求 x 除以 y 的余数(x>y)。用带参的宏来实现，编程序。

```
#include <stdio.h>
#define remainder(a,b)  a%b
int main()
{
        int x,y,t;
        printf("input two nums:");
        scanf("%d%d",&x,&y);
        if(x<y)
             {
               t=x;
               x=y;
               y=t;
             }
        printf("remainder=%d\n",remainder(x,y));
        return 0;
}
```

4. 用带参的宏从 3 个数中找出最大值。

```
#include <stdio.h>
#define max(a,b,c)  (a>b?a:b)>c?(a>b?a:b):c
int main()
{
        int x,y,z;
        printf("input two nums:");
        scanf("%d%d%d",&x,&y,&z);
        printf("max=%d\n",max(x,y,z));
        return 0;
}
```

5. 输出如下数据：

```
1
12
123
1234
```

6. 利用“文件包含”来编写两个整数的加、减、乘、除运算（不同的功能函数放在不同的文件，然后用#include"文件名"将几个文件整合在一起，在主文件中调用）。

file_add.h	file_sub.h	file_mul.h	file_div.h

int fadd(int x,int y)
{
  return x+y;
}
	int fsub(int x,int y)
	{
	  return x-y;
	}
		int fmul(int x,int y)
		{
		  return x*y;
		}
			float fdiv(int x,int y)
			{
			  return x*1.0/y;
			}

主函数代码如下：

```
#include <stdio.h>
#include "file_add.h"
#include "file_sub.h"
#include "file_mul.h"
#include "file_div.h"
int main()
{
        int a,b;
        printf("input two nums:");
        scanf("%d%d",&a,&b);
        printf("add=%d\n",fadd(a,b));
        printf("sub=%d\n",fsub(a,b));
        printf("mul=%d\n",fmul(a,b));
        printf("div=%f\n",fdiv(a,b));
        return 0;
}
```

7. 输入一行字母字符，根据需要设置条件编译，使之能将字母全改成成大写字母输出，或全改写为小写字母输出。例如：

   程序代码如下：

```
#define  CHANGE  0   则输出小写字母，若#define  CHANGE  1   则输出大写字母
#include <stdio.h>
#define CHANGE 1
int main()
{
        char str[]="Welcome to Jiaxing!";
        int i;
        for(i=0;(str[i])!='\0';i++)
            #if(CHANGE)
                if(str[i]>='a'&&str[i]<='z')
                            str[i]=str[i]-32;
            #else
                 if(str[i]>='A'&&str[i]<='Z')
                            str[i]=str[i]+32;
            #endif
        puts(str);
        return 0;
}
```

第 8 章 结构体与共用体

1. 编写一个函数 print()，输出一个学生的成绩数组，该数组中有 5 个学生的数据记录，每个记录包括 num、name、score[3]，用主函数输入这些记录，用 print()函数输出这些记录。

解：

```
#include <stdio.h>
#define N 5
struct student
{
      int num;
      char name[20];
      float score[3];
}stu[N];
void print(struct student stu[]);      /*函数原型声明*/
int main()
{
  int i,j;
  for(i=0;i<N;i++)
  {
        printf("\ninput %d's record:\n",i+1);
        printf("No.:");
        scanf("%d",&stu[i].num);
        printf("name:");
        scanf("%s",stu[i].name);
        for(j=0;j<3;j++)
        {
              printf("score %d:",j+1);
              scanf("%f",&stu[i].score[j]);
        }
        printf("\n");
  }
  print(stu);
  return 0;
}
void print(struct student stu[])
{
      int i,j;
      printf("\n   No.    name    score1    score2    score3\n");
      for(i=0;i<N;i++)
      {
           printf("%5d%10s",stu[i].num,stu[i].name);
           for(j=0;j<3;j++)
```

```
                printf("%10.2f",stu[i].score[j]);
            printf("\n");
        }
}
```

2. 有 5 个学生的数据记录，每个记录包括学号、姓名、3 门课的成绩，从键盘输入 5 个学生的数据，要求输出 3 门课的总平均成绩，以及最高分的学生的数据。

解：

```
#include <stdio.h>
#define N 5
struct student
{
     int num;
     char name[20];
     float score[3];
     float aver;
}stu[N];

int main()
{
  int i,j,maxi;
  float sum,max,average;
  for(i=0;i<N;i++)    /*输入数据*/
  {
        printf("\ninput %d's record:\n",i+1);
        printf("No.:");
        scanf("%d",&stu[i].num);
        printf("name:");
        scanf("%s",stu[i].name);
        for(j=0;j<3;j++)
        {
              printf("score %d:",j+1);
              scanf("%f",&stu[i].score[j]);
        }
        printf("\n");
  }
 average=0;
 sum=0;
 maxi=0;
 for(i=0;i<N;i++)
 {
       sum=0;
       for(j=0;j<3;j++)
            sum+=stu[i].score[j];        /*计算第 i 个学生的总分*/
            stu[i].aver=sum/3;           /*计算第 i 个学生的平均分*/
       average+=stu[i].aver;
       if(sum>max)                       /*找到分数最高的学生*/
       {
           max=sum;
           maxi=i;                       /*maxi 记录分数最高的学生的下标*/
       }
 }
 average/=N;        /*计算总平均分*/
 printf("\n  No.    name    score1    score2    score3\n");/*输出全部记录*/
```

```
for(i=0;i<N;i++)
      {
          printf("%5d%10s",stu[i].num,stu[i].name);
          for(j=0;j<3;j++)
            printf("%10.2f",stu[i].score[j]);
          printf("\n");
      }
printf("average=%6.2f\n",average);
printf("The highest score is:student %d,%s.\n",stu[maxi].num,stu[maxi].name);
printf("His scores are:%6.2f,%6.2f,%6.2f,average:%6.2f.\n",stu[maxi].score[0],
      stu[maxi].score[1],stu[maxi].score[2],stu[maxi].aver);
return 0;
}
```

3. 由 11 个学生围成一圈，从第一个人开始顺序报号 1、2、3。凡报到 3 的学生退出圈子。再依此循环，找出最后留在圈子中的人的原来的序号。

解：

```
#include <stdio.h>
#define N 11
struct person
{
     int num;
     int nextp;  /*存放相邻学生的序号*/
}link[N+1];     /*下标从 1 开始使用*/

int main()
{
      int i,count,h;
      for(i=1;i<=N;i++)
      {
              if(i==N)              /*序号 1 和序号 13 相邻，构成环*/
                  link[i].nextp=1;
              else
                  link[i].nextp=i+1;
              link[i].num=i;
      }
      printf("\n");
      count=0;
      h=N;
      printf("sequence that persons leave the circle:\n");
      while(count<N-1)
      {
         i=0;
         while(i!=3)
         {
            h=link[h].nextp;
            if(link[h].num)
                 i++;
         }
         printf("%4d",link[h].num);
         link[h].num=0;    /*退出队伍的学生的序号赋值为 0*/
         count++;
      }
      printf("\nThe lase one is:");
      for(i=1;i<=N;i++)
```

```
        if(link[i].num)
         printf("%4d",link[i].num);
         printf("\n");
         return 0;
    }
```

4. 已知两个有序链表 a、b，每个链表中的结点包括学号、成绩，并按学号由小到大排序，现要将 A. b 两个链表合并成一个有序链表。

解：

```
#include <stdio.h>
#include <malloc.h>
#define NULL 0
struct student
{
  int num;
  float score;
  struct student *next;
};
struct student * creat2( )
/* 用尾插法建立一个带头结点的链表 head */
{ struct student *head,*p,*q;
   head=(struct student *)malloc(sizeof(struct student));
   head->next=NULL;
   q=head;/*q 为尾指针，始终指向表尾结点*/
   p=(struct student *)malloc(sizeof(struct student));
   printf("input num and score:\n");
   scanf("%d%f",&p->num,&p->score);
   while(p->num!=0)              /*当输入 0 时循环结束*/
       {
                q->next=p;
                q=p;/*q 指向新的表尾结点*/
                printf("input num and score:\n");
                p=(struct student *)malloc(sizeof(struct student));
                scanf("%d%f",&p->num,&p->score);
       }
   q->next=NULL;
       return head;
}

void print(struct student *head)
/* 输出带头结点的链表 head 中的各结点的数据元素*/
{ struct student *p;
   p=head->next;          /*p 指向链表中第一个结点*/
   while(p)
      {printf("%-10d%6.2f\n",p->num,p->score);
       p=p->next;
       }
}

struct student * mergelink(struct student *a,struct student *b)
{
      struct student *pa,*pb,*pc;
      pa=a->next;pb=b->next;
```

```
        pc=a;
        while(pa&&pb)
        {
            if(pa->num<=pb->num)
            {
            pc->next=pa; pc=pa; pa=pa->next;
            }
            else
            {
            pc->next=pb; pc=pb; pb=pb->next;
            }
        }
        pc->next=pa?pa:pb;      /*将 a 或 b 的剩余段链接到 pc 的结点之后 */
        free(b);               /*释放链表 b 的头结点*/
        return a;
}

int main()
{
        struct student *ahead,*bhead;
        printf("list a:\n");
        ahead=creat2();
        print(ahead);
        printf("list b:\n");
        bhead=creat2();
        print(bhead);
        printf("\nafter merge,list a:\n");
        ahead=mergelink(ahead,bhead);
        print(ahead);
        return 0;
}
```

5. 试写一程序，对链表实现就地逆置，即将链头当链尾，链尾当链头。

解：

```
#include <stdio.h>
#include <malloc.h>
#define NULL 0
struct student
{
      int num;
      struct student *next;
};

struct student * creat2( )
/* 用尾插法建立一个带头结点的链表 head */
{ struct student *head,*p,*q;
   head=(struct student *)malloc(sizeof(struct student));
   head->next=NULL;
   q=head;/*q 为尾指针，始终指向表尾结点*/
   p=(struct student *)malloc(sizeof(struct student));
   printf("input num :\n");
   scanf("%d",&p->num);
   while(p->num!=0)              /*当输入 0 时循环结束*/
      {
```

```
        q->next=p;
        q=p;/*q指向新的表尾结点*/
        printf("input num :\n");
        p=(struct student *)malloc(sizeof(struct student));
        scanf("%d",&p->num);
        }
       q->next=NULL;
       return head;
}

void print(struct student *head)
/* 输出带头结点的链表head中的各结点的数据元素*/
{ struct student *p;
  p=head->next;        /*p指向链表中第一个结点*/
  while(p)
    {printf("%-10d\n",p->num);
       p=p->next;
    }
}
struct student * LinkList_reverse(struct student *head)
//将带头结点的链表head就地逆置
{
      struct student *p,*q,*s;
      p=head->next;  q=p->next;  s=q->next;  p->next=NULL;
      while(q)  //把head的元素逐个插入新表表头
       {
         q->next=p; head->next=q;
         p=q;  //使p指向新链表的头部
         q=s;
         if(s) s=s->next;     //q,s指针指向下一个结点
         else break;
       }
  head->next=p;
  return head;
}
int main()
{
      struct student *ahead;
      printf("list :\n");
      ahead=creat2();
      printf("\nbefore reverse,list a:\n");
      print(ahead);
      printf("\nafter reverse,list a:\n");
      ahead=LinkList_reverse(ahead);
      print(ahead);
      return 0;
}
```

第9章 位运算

1. 编写程序，从键盘上输入任意无符号整数，取出其后 4 位二进制对应的值。

```
#include <stdio.h>
int main()
{
  unsigned short a;
  printf("\n Input a data a=?(a>0):");
  scanf("%x",&a);
  a=a&0xf;                                  /* 与掩码 0xf 按位与 */
  printf("\nThe result is : %x  %u\n",a,a);   /* 将该数的后四位二进制对应的数输出 */
  return 0;
}
```

运算情况如下：

```
Input a data a=?(a>0): abcd
The result is : d   13
```

2. 编写程序，从键盘上输入任意无符号整数，依次取出其偶数数位。

```
#include <stdio.h>
int main()
{
 unsigned short a,i,ibit;
 printf("\n Input a data a=?（a>0）");
 scanf("%x",&a);
 printf("\n The result is: ");
 for(i=0;i<sizeof(a)*8/2;i++)
 {
     ibit=a%2;                       /* 除 2 取余，即为最低端数据 */
     printf("%d",ibit);
     a>>=2;                          /* 右移 2 位，即将偶数位移到最低端 */
 }
 printf("\n");
 return 0;
}
```

运算情况如下：

```
Input a data a=?（a>0）abc8
The result is : 00011000
```

3. 编写程序，从键盘上输入任意无符号整数，将低字节按位取反。

```
 #include <stdio.h>
int main()
```

```
{
  unsigned short a;
  printf("\nInput a data a=?(a>0):");
  scanf("%x",&a);                                    /* 输入一个大于 0 的数 */
  a=a^0xff;                                              /* 与掩码 0xff 按位异或 */
  printf("\nThe result is: %x   %u\n",a,a);       /* 低字节取反后输出 a 的值 */
  return 0;
}
```

运算情况如下：

```
    Input a data a=?(a>0): ab00
    The result is: abff  44031
```

4. 编写程序，实现左右移位。如输入+2 表示右移 2 位，输入-3 表示左移 3 位。

```
#include <stdio.h>
int main()
{
  int a,b;
  printf("\nInput a data a=?");
  scanf("%x",&a);                                    /* 输入需移位的数据*/
  printf("\n Input shift b=?");
  scanf("%d",&b);                                    /* 输入移位的次数 */
  if(b>=0)
      a=a>>b;                                            /* 正数右移 */
  else
      a=a<<(-b);                                         /* 负数左移 */
  printf("\n The result is: %x   %d",a,a);
  return 0;
}
```

运算情况如下：

```
    Input a data a=?ff
    Input shift b=?2
The result is: 3f   63
```

第 10 章 文件

1. 二进制文件 file1.dat 中存有 10 个实数，现将它们按从小到大的顺序进行排序，结果存入文件 file2.dat 中，并在屏幕上显示。

程序代码如下：

```
#include <stdio.h>
int main()
{
        int temp,i,j,k;
        float a[10];
        FILE *fp1,*fp2;
        if((fp1=fopen("d:\\C 教材\\第 10 章\\file1.dat","rb")) == NULL)
        {
              printf("File1 open error!\n");
              exit(1);
        }
        if((fp2=fopen("d:\\C 教材\\第 10 章\\file2.dat","wb")) == NULL)
        {
              printf("File2 open error!\n");
              exit(1);
        }
        for(i=0;i<10;i++)
              fread(&a[i],sizeof(float),1,fp1);
        for(i=0;i<9;i++)
        {
              k=i;
              for(j=i+1;j<10;j++)
                     if(a[k]>a[j])  k=j;
              if(k!=i)
              {
                     temp=a[k];
                     a[k]=a[i];
                     a[i]=temp;
              }
        }
        for(i=0;i<10;i++)
        {
              fwrite(&a[i],sizeof(float),1,fp2);
              printf("%f, ",a[i]);
        }
        fclose(fp1);
        fclose(fp2);
```

```
    return 0;
}
```

2. 在磁盘上存放两个文本文件 file1.txt 和 file2.txt。它们中各存放有一行字符（英文字符），现在要求将这两个文件中的字符进行合并，合并时按字符顺序排列，并把结果存放到一个新的文本文件 file3.txt 中，同时要求在屏幕上显示。

程序代码如下：

```
#include <stdio.h>
#include <stdlib.h>
int main()
{
    FILE *fp;
    int i,j,n,i1;
    char c[100],t,ch;
    if((fp=fopen("d:\\C 教材\\第 10 章\\file1.txt","r"))==NULL)
    {
        printf("Can not open file!\n");
        exit(1);
    }
    for(i=0;(ch=fgetc(fp))!=EOF;i++)
    {
        c[i]=ch;
        putchar(c[i]);
    }
    fclose(fp);
    printf("\n");
    i1=i;
    if((fp=fopen("d:\\C 教材\\第 10 章\\file2.txt","r"))==NULL)
    {
        printf("Can not open file!\n");
        exit(1);
    }
    for(i=i1;(ch=fgetc(fp))!=EOF;i++)
    {
        c[i]=ch;
        putchar(c[i]);
    }
    fclose(fp);
    printf("\n");
    n=i;
    for (i=0;i<n;i++)
        for (j=i+1;j<n;j++)
            if (c[i]>c[j])
            {
                t=c[i];
                c[i]=c[j];
                c[j]=t;
            }
    fp=fopen("d:\\C 教材\\第 10 章\\file3.txt","w");
    for (i=0;i<n;i++)
    {
        putc(c[i],fp);
        putchar(c[i]);
    }
```

```
        printf("\n");
        fclose(fp);
        return 0;
}
```

3. 假设有 3 个学生，每个学生有 4 门课程的成绩，通过键盘输入这 3 个学生的有关数据，主要包括有学号、姓名以及 4 门课程成绩，如下表所示。现要求计算每个学生的总分和平均分，同时把每个学生的数据（学号、姓名、4 门课程成绩、总分及平均分）存放在硬盘上的文件 studdata1.dat 中。

学生表的数据

No.	Name	Score1	Score2	Score3	Score4	Sum	Ave
1002	ChenLi	90	86	85	81		
1001	GanLan	86	76	90	86		
1006	WuJin	88	89	86	96		

程序代码如下：

```
#include <stdio.h>
struct student
{
        char num[10];
        char name[8];
        int score[4];
        int sum;
        float ave;
} stu[3];
int main()
{
        int i,j,s_sum;
        FILE *fp;
        for(i=0;i<3;i++)
        {
            printf("Input score of student %d:\n",i+1);
            printf("No.:");
            scanf("%s",stu[i].num);
            printf("Name:");
            scanf("%s",stu[i].name);
            s_sum =0;
            for (j=0;j<4;j++)
            {
                printf("Score %d:",j+1);
                scanf("%d",&stu[i].score[j]);
                s_sum +=stu[i].score[j];
            }
            stu[i].sum= s_sum;
            stu[i].ave= s_sum /4.0;
        }
        fp=fopen("d:\\C教材\\第10章\\studdata1.dat","wb");
        for (i=0;i<3;i++)
              if(fwrite(&stu[i],sizeof(struct student),1,fp)!=1)
                   printf("file write error\n");
        fclose(fp);
        printf(" No.  Name   Score1   Score2 Score3  Score4 Sum   Ave\n");
```

```
    fp=fopen("d:\\C教材\\第10章\\studdata1.dat ","rb");
    for (i=0;i<3;i++)
        {
        fread(&stu[i],sizeof(struct student),1,fp);
        printf("%-10s%2s%6d%6d%6d%6d%6d%6.2f\n",stu[i].num,stu[i].name,stu[i].
    score[0], stu[i].score[1],stu[i].score[2], stu[i].score[3], stu[i].sum,
    stu[i].ave);
    }
    fclose(fp);
    return 0;
}
```

4. 将第3题studdata1.dat文件中的学生数据，按总分进行从高到低的顺序排序，并将排序后的学生数据存入一个新的文件studdata2.dat中。

程序代码如下：

```
#include <stdio.h>
#include <stdlib.h>
#define SIZE 3
struct student
{
      char num[10];
      char name[8];
      int score[4];
      int sum;
      float ave;
} stud[SIZE],work;
void sort(void);

int main()
{
      int i;
      FILE *fp;
      sort();
      if ((fp=fopen("d:\\C教材\\第10章\\studdata2.dat ","rb"))==NULL)
      {
          printf("The file can not open\n");
          exit(1);
      }
      printf("Sorted student's scores list as follow\n");
      printf("---------------------------------------------------------\n");
      printf("No.  Name  Score1  Score2  Score3Score4  Sum  Ave \n");
      printf("---------------------------------------------------------\n");
      for (i=0;i<SIZE;i++)
      {
          fread(&stud[i],sizeof(struct student),1,fp);
          printf("%-10s%4s%3d%6d%6d%6d%5d%10.2f\n",stud[i].num,stud[i].name,
      stud[i]. score[0],stud[i].score[1], stud[i].score[2], stud[i].score[3],
      stud[i].sum, stud[i].ave);
      }
      fclose(fp);
      return 0;
}

void sort(void)
{
      FILE *fp1,*fp2;
```

```
    int i,j;
    if ((fp1=fopen("d:\\C教材\\第10章\\studdata1.dat ","rb"))==NULL)
    {
        printf("The file can not open\n");
        exit(1);
    }
    if ((fp2=fopen("d:\\C教材\\第10章\\studdata2.dat","wb"))==NULL)
    {
        printf("The file write error\n");
        exit(1);
    }
    for (i=0;i<SIZE;i++)
        if (fread(&stud[i],sizeof(struct student),1,fp1)!=1)
        {
            printf("file read error\n");
            exit(1);
        }
    for (i=0;i<SIZE;i++)
    {
        for (j=i+1;j<SIZE;j++)
            if (stud[i].sum<stud[j].sum)
            {
                work=stud[i];
                stud[i]=stud[j];
                stud[j]=work;
            }
        fwrite(&stud[i],sizeof(struct student),1,fp2);
    }
    fclose(fp1);
    fclose(fp2);
}
```

5. 将第 4 题 studdata2.dat 文件中的学生数据进行插入操作处理。插入一个学生的 4 门课程成绩，程序先计算新插入学生的总分和平均成绩，然后将它按总分高低顺序进行插入，插入后将结果保存在一个新的文件 studdata3.dat 中。

程序代码如下：

```
#include <stdio.h>
#include <stdlib.h>
struct student
{
    char num[10];
    char name[8];
    int score[4];
    int sum;
    float ave;
} st[10],s;

int main()
{
    FILE *fp,*fp1;
    int i,j,t,n;
    printf("\nNo.:");
    scanf("%s",s.num);
    printf("name:");
    scanf("%s",s.name);
```

```
    printf("Score1,Score2,Score3,Score4:");
    scanf("%d,%d,%d ,%d ",&s.score[0],&s.score[1] ,&s.score[2] ,&s.score[3]);
    s.sum= s.score[0]+s.score[1]+s.score[2]+ s.score[3];
    s.ave=s.sum/4.0;

    if((fp=fopen("d:\\C教材\\第10章\\studdata2.dat ","rb"))==NULL)
    {
        printf("Can not open file.\n");
        exit(1);
    }
    for (i=0;fread(&st[i],sizeof(struct student),1,fp)!=0;i++)
    {
        printf("\n%8s%8s",st[i].num,st[i].name);
        for (j=0;j<4;j++)
            printf("%8d",st[i].score[j]);
        printf("%8d",st[i].sum);
        printf("%10.2f",st[i].ave);
    }

    n=i;
    for (t=0;st[t].sum>s.sum&& t<n;t++);
    fp1=fopen("d:\\C教材\\第10章\\studdata3.dat ","wb");
    for (i=0;i<t;i++)
    {
        fwrite(&st[i],sizeof(struct student),1,fp1);
        printf("\n %8s%8s",st[i].num,st[i].name);
        for (j=0;j<4;j++)
            printf("%8d",st[i].score[j]);
        printf("%8d",st[i].sum);
        printf("%10.2f",st[i].ave);
    }
    fwrite(&s,sizeof(struct student),1,fp1);
    printf("\n %8s %7s %7d %7d %7d%7d%6d%10.2f",s.num,s.name,s.score[0],
            s.score[1] ,s.score[2] ,s.score[3],s.sum,s.ave);

    for (i=t;i<n;i++)
    {
        fwrite(&st[i],sizeof(struct student),1,fp1);
        printf("\n %8s%8s",st[i].num,st[i].name);
        for(j=0;j<4;j++)
            printf("%8d",st[i].score[j]);
        printf("%8d",st[i].sum);
        printf("%10.2f",st[i].ave);
    }
    printf("\n");
    fclose(fp);
    fclose(fp1);
    return 0;
}
```

第 11 章 C 语言程序设计综合案例

1. 将学生成绩管理系统中的删除记录模块改写为按姓名删除学生记录。

```
/*按姓名删除学生记录*/
void Del(PI * pi)
{
      int sel, i, num;
      char name[10];
      STU * p;
      Disp(pi,"删除记录");              /*显示当前数据序列*/
      Load(pi);                         /*打开数据记录文件*/
      p = pi->pHead;
      /*输入要删除的学生记录的姓名*/
      printf("请输入要删除纪录的姓名:");
      scanf("%s",name);
      /*按姓名搜索*/
      for (i = 1; i <= pi->count; i++)
      {
            if (!strcmp(name, p->name)) break;
            p++;
      }
      if (i > pi->count) {        /*没有找到记录的情况*/
            printf("该姓名不存在!\n");
            system("pause");
            return;
      }
      else if (i == pi->count)        /*如果删除最后一个记录，只需要将 count 减 1 即可*/
                  pi->count--;
         else {              /*删除某个记录，只要将其后的数据前移覆盖即可*/
                memcpy(p, p+1,(pi->pHead + pi->count - p)*sizeof(STU));
                pi->count--;
             }
      Save(pi);    /*保存删除*/
      printf("该记录已经成功删除!\n");
      system("pause");
}
```

2. 将学生成绩管理系统中的排序模块改写为可以按学号从低到高排序，也可以按总分从高到低排序。

```
/*记录排序，可选择按总分排，也可以选择按学号排*/
```

```
void Sort(PI * pi)
{
      int i,j;
      int sel;
      STU * p;
      system("cls");   /*清屏*/
      printf("                      学生成绩管理系统                   \n");
      printf("*************************记录排序*********************\n");
      Load(pi);        /*打开数据记录文件*/
      printf("请选择排序方式\n");
      printf("1、根据学号从低到高排序\n");
      printf("2、根据总分从高到低排序\n");
      printf("按其他任意键返回主菜单\n");
      printf("请选择[1,2]: ");
      scanf("%d",&sel);
      if (sel != 1 && sel != 2)  return;
      if (sel == 1)
      {    /*冒泡法，按学号从低到高排序*/
           for (i = 1; i <= pi->count -1; i++)
           {
                p = pi->pHead;
                for (j = 1; j <= pi->count - i; j++, p++)
                     if (p->num > (p+1)->num)
                          Swap(p, p+1);    /*交换两个数据单元，由 Swap 函数实现*/
           }
      }
      if(sel == 2)
      {    /*冒泡法，按总成绩从高到低排序*/
           for (i = 1; i <= pi->count -1; i++)
           {
                p = pi->pHead;
                for (j = 1; j <= pi->count - i; j++, p++)
                     if (p->total < (p+1)->total)
                          Swap(p, p+1);  /*交换两个数据单元，由 Swap 函数实现*/
           }
      }
      Save(pi);    /*保存排序结果*/
      Disp(pi,"记录排序");  /*输出排序结果*/
}
```

3. 给学生成绩管理系统添加一个统计信息模块，用于统计输出每门功课的平均分、最高分和最低分。

```
/*统计语文、数学、英语的平均分、最高分、最低分*/
void Sta(PI * pi)
{
      int num,i;
      float cavg=0; int cmax,cmin;       /*语文平均分，最高分，最低分 */
      float mavg=0; int mmax,mmin;       /*数学平均分，最高分，最低分*/
      float eavg=0; int emax,emin;       /*英语平均分，最高分，最低分*/
      STU *p;
      Disp(pi,"统计信息");             /*显示当前数据序列*/
```

```
    p = pi->pHead;
    cmax=cmin=p->cscore;
    mmax=mmin=p->mscore;
    emax=emin=p->escore;
    for(i=1;i<=pi->count;i++,p++)
    {
        cavg=cavg+p->cscore;
        mavg=mavg+p->mscore;
        eavg=eavg+p->escore;
        if (cmax<p->cscore)  cmax=p->cscore;
        if (mmax<p->mscore)  mmax=p->mscore;
        if (emax<p->escore)  emax=p->escore;
        if (cmin>p->cscore)  cmin=p->cscore;
        if (mmin>p->cscore)  mmin=p->mscore;
        if (emin>p->cscore)  emin=p->escore;
    }
    cavg=cavg/pi->count;
    mavg=mavg/pi->count;
    eavg=eavg/pi->count;
    printf("语文的平均分为%6.2f,最高分为%d,最低分为%d\n",cavg,cmax,cmin) ;
    printf("数学的平均分为%6.2f,最高分为%d,最低分为%d\n",mavg,mmax,mmin) ;
    printf("英语的平均分为%6.2f,最高分为%d,最低分为%d\n",eavg,emax,emin) ;
    system("pause");
}
```

第四部分
等级考试模拟题与参考答案

本部分为计算机等级考试二级（C）的模拟试题，通过模拟试题的练习，帮助读者了解和掌握等级考试的题型和难度。

计算机等级考试模拟题 1（二级 C）

计算机等级考试 C 语言上机模拟题 1

计算机等级考试模拟题 2（二级 C）

计算机等级考试 C 语言上机模拟题 2

计算机等级考试模拟题1（二级C）

说明：

（1）本试卷满分100分；考试时间为90分钟。

（2）考生应将所有试题的答案填写在答卷上。其中程序阅读与填空请在答卷上的各小题选项的对应位置上填“√”。

一、程序阅读与填空（24小题，每小题3分，共72分）

1. 阅读下列程序说明和程序，在每小题提供的若干可选答案中，挑选一个正确答案。

【程序说明】

输入5个整数，将它们从小到大排序后输出。

运行示例：

```
Enter 5 integer: 9  -9  3  6  0
After sorted: -9  0  3  6  9
```

【程序】

```
#include <stdio.h>
int main()
{
        int  i, j, n, t, a[10];
        printf("Enter 5 integers:");
        for(i = 0; i < 5 ; i++)
            scanf("%d",____(1)____);
        for(i = 1;____(2)____; i++)
            for(j = 0;____(3)____; j++)
                if(____(4)____)
                {
                        t = a[j], a[j] = a[j+1], a[j+1] = t;
                }
        printf("After sorted:");
        for(i = 0; i < 5 ; i++)
            printf("%5d", a[i]);
       return 0;
}
```

【供选择的答案】

（1）A. &a[i]　　B. a[i]

　　C. *a[i]　　D. a[n]

（2）A. i < 5　　B. i < 4

　　C. i >= 0　　D. i > 4

（3）A. j < 5–i–1　　B. j < 5–i
C. j < 5　　D. j <= 5

（4）A. a[j] < a[j+1]　　B. a[j] > a[j-1]
C. a[j] > a[j+1]　　D. a[j-1] > a[j+1]

2. 阅读下列程序说明和程序，在每小题提供的若干可选答案中，挑选一个正确答案。

【程序说明】

输出 80 到 120 之间的满足给定条件的所有整数，条件为构成该整数的每位数字都相同。要求定义和调用函数 is(n)判断整数 n 的每位数字是否都相同，若相同则返回 1，否则返回 0。

运行示例：

```
88  99  111
```

【程序】

```
#include <stdio.h>
int main()
{
        int  i;   int  is(int n);
        for(i = 80; i <= 120; i++)
             if(____(5)____)
        printf("%d ", i);
        printf("\n");
        return 0;
}
int is(int n)
{
        int old, digit;
        old = n % 10;
        do{
            digit = n % 10;
            if( ____(6)____ ) return 0 ;
            ____(7)____
            n = n / 10;
        }while( n != 0 );
        ____(8)____
}
```

【供选择的答案】

（5）A. is(n) == 0　　B. is(i) == 0
C. is(n) != 0　　D. is(i) != 0

（6）A. digit != n % 10　　B. digit == old
C. old == n % 10　　D. digit != old

（7）A. digit = old;　　B. ;
C. old = digit;　　D. old = digit / 10;

（8）A. return;　　B. return 1;
C. return 0;　　D. return digit != old;

3. 阅读下列程序说明和程序，在每小题提供的若干可选答案中，挑选一个正确答案。

【程序说明】

输入一个以回车结束的字符串（少于 80 个字符），将其逆序输出。要求定义和调用函数

reverse(a)，该函数将字符串 s 逆序存放。

运行示例：

```
Enter a string: goodbye
After reversed: eybdoog
```

【程序】

```
#include <stdio.h>
void reverse(char *str)
{
        int i, j, n = 0;
        char t;
        while(str[n] != '\0')
            n++;
        for(i = 0, ____(9)____ ; i < j; ____(10)____ )
        {
            t = str[i], str[i] = str[j], str[j] = t;
        }
}
int main()
{
        int i = 0 ;
        char s[80];
        printf("Enter a string:");
        while( ____(11)____ )
            i++;
        s[i] = '\0';
        ____(12)____ ;
        printf("After reversed:");
        puts(s);
        return 0;
}
```

【供选择的答案】

（9）A. j = n – 1　　B. j = n

C. j = n - 2　　D. j = n + 1

（10）A. i++, j--　　B. i++, j++

C. i--, j++　　D. i--, j--

（11）A. s[i] = getchar()　　B. (s[i] = getchar()) != '\n'

C. s[i] != '\0'　　D. (s[i] = getchar() != '\n')

（12）A. reverse(*s)　　B. reverse(s)

C. reverse(&s)　　D. reverse(str)

4. 阅读下列程序并回答问题，在每小题提供的若干可选答案中，挑选一个正确答案。

【程序】

```
#include <stdio.h>
#define S(x)  3 < (x) < 5
int n, a;
void f1(int n)
{
        for(; n >= 0; n--)
        {
            if(n % 2 != 0) continue;
            printf("%d ", n);
```

```
    }
    printf("\n");
}
double f2(double x, int n)
{
    if(n == 1) return x;
    else  return  x * f2(x, n-1);
}
int main( )
{
    int  a = 9;
    printf("%d %d\n", a, S(a));
    f1(4);
    printf("%.1f\n", f2(2.0, 3));
    printf("%d %d\n", n, S(n));
    return 0;
}
```

【问题】

（13）程序运行时，第1行输出____(13)____。

A. 0 1　　B. 9 1　　C. 0 0　　D. 9 0

（14）程序运行时，第2行输出____(14)____。

A. 3 1　　B. 4 2 0　　C. 4 3 2 1　　D. 0

（15）程序运行时，第3行输出____(15)____。

A. 8.0　　B. 2.0　　C. 4.0　　D. 3.0

（16）程序运行时，第4行输出____(16)____。

A. 0 1　　B. 3 1　　C. 0 0　　D. 3 0

5. 阅读下列程序并回答问题，在每小题提供的若干可选答案中，挑选一个正确答案。

【程序】

程序1：

```
#include <stdio.h>
int main()
{
    int i, j;
    static int a[4][4];
    for(i = 0; i < 4; i++)
        for(j = 0; j <= i; j++)
        {
          if(j == 0 || j == i) a[i][j] = 1;
          else a[i][j] = a[i-1][j-1] + a[i-1][j];
        }
    for(i = 2; i < 4; i++)
    {
        for(j = 0; j <= i; j++)
            printf("%d ", a[i][j]);
        printf("\n");
    }
    return 0;
}
```

程序2：

```
#include <stdio.h>
```

```
int main()
{
      char str[80];
      int i;
      gets(str);
      for(i = 0; str[i]!='\0'; i++)
          if(str[i]=='z') str[i] = 'a';
          else str[i]=str[i] + 1;
      puts(str);
      return 0;
}
```

【问题】

（17）程序 1 运行时，第 1 行输出____(17)____。

A. 1　　B. 1 1　　C. 1 2 1　　D. 1 3 3 1

（18）程序 1 运行时，第 2 行输出____(18)____。

A. 1　　B. 1 1　　C. 1 2 1　　D. 1 3 3 1

（19）程序 2 运行时，输入 123，输出____(19)____。

A. 123　　B. 012　　C. 231　　D. 234

（20）程序 2 运行时，输入 sz，输出____(20)____。

A. sz　　B. ty　　C. ta　　D. tz

6. 阅读下列程序并回答问题，在每小题提供的若干可选答案中，挑选一个正确答案。

【程序】

```
#include <stdio.h>
int main()
{
      int i,j;
      char ch, *p1, *p2, *s[4]={"tree","flower","grass","garden"};
      for(i = 0; i < 4; i++)
      {
          p2 = s[i];
          p1 = p2 + i;
          while(*p1 != '\0')
          {
              *p2 = *p1;
              p1++, p2++;
          }
          *p2 = '\0';
      }
      for(i = 0; i < 4; i++)
          printf("%s\n",s[i]);
      return 0;
}
```

【问题】

（21）程序运行时，第 1 行输出____(21)____。

A. ree　　B. ss　　C. tree　　D. e

（22）程序运行时，第 2 行输出____(22)____。

A. flower　　B. ower　　C. wer　　D. lower

（23）程序运行时，第 3 行输出____(23)____。

A. grass　　B. ss　　C. rass　　D. ass

（24）程序运行时，第 4 行输出____(24)____。

A. en　　B. arden　　C. den　　D. garden

二、程序编写(每题 14 分，共 28 分)

1. 输入 100 个整数，将它们存入数组 a 中，再输入一个整数 x，统计并输出 x 在数组 a 中出现的次数。

2. 按下面要求编写程序：

（1）定义函数 fact(*n*)计算 *n*!，函数返回值类型是 double。

（2）定义函数 main()，输入正整数 *n*，计算并输出下列算式的值。要求调用函数 fact(*n*)计算 *n*!。

$$s=\frac{n}{1!}+\frac{n-1}{2!}+\cdots+\frac{1}{n!}$$

参 考 答 案

一、程序阅读与填空（24 小题，每小题 3 分，共 72 分）

	A	B	C	D
（1）	√			
（2）	√			
（3）		√		
（4）			√	
（5）				√
（6）				√
（7）			√	
（8）		√		
（9）	√			
（10）	√			
（11）		√		
（12）		√		

	A	B	C	D
（13）		√		
（14）		√		
（15）	√			
（16）	√			
（17）			√	
（18）				√
（19）				√
（20）			√	
（21）			√	
（22）				√
（23）				√
（24）			√	

二、程序编写（每题 14 分，共 28 分）

1. 输入 100 个整数，将它们存入数组 a 中，再输入一个整数 x，统计并输出 x 在数组 a 中出现的次数。

```
#include <stdio.h>
int main()
{
      int  a[100], x, i, n=0 ;
      printf("Input 100 integers:\n");
      for ( i=0; i<100; i++)
              scanf("%d", a+i);
      printf("Input integer x:\n");
```

```
    scanf("%d", &x);
    for ( i=0; i<100; i++)
            if ( a[i] == x )  n++;
    printf( "n=%d\n", n);
    return 0;
}
```

2. 按下面要求编写程序：

（1）定义函数 fact(*n*)计算 *n*!，函数返回值类型是 double。

（2）定义函数 main()，输入正整数 *n*，计算并输出下列算式的值。要求调用函数 fact(*n*)计算 *n*!。

$$s=\frac{n}{1!}+\frac{n-1}{2!}+\cdots+\frac{1}{n!}$$

```
#include <stdio.h>
double  fact (int  n)
{
      int  i ;
      double s=1 ;
      for (i=1; i<=n; i++)
            s *= i ;
      return  s;
}
int main()
{
      double  s=0;
      int n, i ;
      do{
            scanf("%d", &n);
      }while  (n<=0);
      for ( i=1; i<=n; i++)
            s +=  (n-i+1)/fact(i);
      printf("s=%f\n", s);
      return 0;
}
```

计算机等级考试C语言上机模拟题1

1. 请务必仔细阅读下列信息，单击“回答”按钮，进行C语言调试【1】考试。

在考生文件夹的paper子文件夹下已有modify1.c文件。该文件中“___N___”是根据程序功能需要填充部分，请完成程序填充。（注意：不得加行、减行、加句、减句，否则后果自负）

程序功能：输入3个整数，按由小到大的顺序输出这3个数。

```
#include <stdio.h>
void swap(____1____)
{
    /*交换两个数的位置*/
    int temp;
    temp = *pa;
    *pa = *pb;
    *pb = temp;
}
int main()
{
    int a,b,c,temp;
    scanf("%d%d%d",&a,&b,&c);
    if(a>b)
        swap(&a,&b);
    if(b>c)
        swap(&b,&c);
    if(____2____)
        swap(&a,&b);
    printf("%d,%d,%d",a,b,c);
    return 0;
}
```

2. 请务必仔细阅读下列信息，单击“回答”按钮，进行C语言设计【1】考试。

在考生文件夹的paper子文件夹下已有design1.c文件。设计编写并运行程序，完成以下功能：

有数列：2/1，3/2，5/3，8/5，13/8，21/13……求出数列的前40项的和。将计算结果以格式“%.6f”写入到考生文件夹中paper子文件夹下的新建文件design1.dat中。

```
#include <stdio.h>
int main()
{
      FILE *p;
```

```
    int i;
    float f1=1.0,f2=2.0,t1=2.0,t2=3.0,s;
    float f,t;
    s=t1/f1+t2/f2;
    /*
    *
    *
    *考生在这里添加代码
    *
    *
    */
    return 0;
}
```

3. 请务必仔细阅读下列信息，单击“回答”按钮，进行 C 语言调试【2】考试。

在考生文件夹的 paper 子文件夹下已有 modify2.c 文件。该文件中“****N****”的下一行中有错误，请改正。(注意：不得加行、减行、加句、减句，否则后果自负)。

程序功能：运行时若输入 a、n 分别为 3、6，则输出下列表达式的值。

3+33+333+3333+33333+333333

```
#include <stdio.h>
int main()
{
    int i,a,n;
    long t=0;
    /********* 1 *******/
    s=0;
    scanf("%d%d",&a,&n);
    for(i=1;i<=n;i++)
    {
        /******* 2 ******/
        t=t*10+i;
        s=s+t;
    }
    s=s*a;
    printf("%ld\n",s);
    return 0;
}
```

4. 请务必仔细阅读下列信息，单击“回答”按钮，进行 C 语言设计【2】考试。

在考生文件夹的 paper 子文件夹下已有 design2.c 文件。设计编写并运行程序，完成以下功能：

在数组 x 的 10 个数中求平均值 v，找出与 v 相差最小的数组元素并将其以格式“%.5f”写入到考生文件夹中 paper 子文件夹下的新建文件 design2.dat 中。

```
#include <stdio.h>
#include <math.h>
int main()
{
    FILE *p;
    int i,k=0;
    float x[10]={7.23,-1.5,5.24,2.1,-12.45,6.3,-5,3.2,-0.7,9.81},d,v=0;
    for(i=0;i<10;i++)
        v+=x[i];
    v=v/10;
    d=fabs(x[0]-v);
```

```
        /*
        *
        *
        *考生在这里添加代码
        *
        *
        */
        return 0;
}
```

参考答案

1. 程序填空题。程序功能：输入3个整数，按由小到大的顺序输出这3个数。

```
#include <stdio.h>
void swap(int *pa,int *pb )
{
        /*交换两个数的位置*/
        int temp;
        temp = *pa;
        *pa = *pb;
        *pb = temp;
}
int main()
{
        int a,b,c,temp;
        scanf("%d%d%d",&a,&b,&c);
        if(a>b)
            swap(&a,&b);
        if(b>c)
            swap(&b,&c);
        if(__a>b_)
        swap(&a,&b);
        printf("%d,%d,%d",a,b,c);
        return 0;
}
```

2. 程序设计题。程序功能：有数列：2/1，3/2，5/3，8/5，13/8，21/13……求出数列的前40项的和。将计算结果以格式“%.6f”写入到考生文件夹中paper子文件夹下的新建文件design1.dat中。

```
#include <stdio.h>
int main()
{
        FILE *p;
        int i;
        float f1=1.0,f2=2.0,t1=2.0,t2=3.0,s;
        float f,t;
        s=t1/f1+t2/f2;
        p=fopen("Design1.dat","w");
        for(i=3;i<40;i=i+2)
        {
            t1=t1+t2;
            t2=t1+t2;
```

```
            f1=f1+f2;
            f2=f1+f2;
            s=s+t1/f1+t2/f2;
        }
        fprintf(p,"%.6f",s);
        fclose(p);
        return 0;
}
```

运行结果：65.020950

3. 程序改错题。程序功能：运行时若输入 a、n 分别为 3、6，则输出下列表达式的值。

```
3+33+333+3333+33333+333333
#include <stdio.h>
int main()
{
        int i,a,n;
        long t=0;
        /********* 1 *******/
        long s=0;
        scanf("%d%d",&a,&n);
        for(i=1;i<=n;i++)
        {
            /******* 2 ******/
            t=t*10+1;
            s=s+t;
        }
        s=s*a;
        printf("%ld\n",s);
        return 0;
}
```

4. 程序设计题。程序功能：在数组 x 的 10 个数中求平均值 v，找出与 v 相差最小的数组元素并将其以格式“%.5f”写入到考生文件夹中 paper 子文件夹下的新建文件 design2.dat 中。

```
#include <stdio.h>
#include <math.h>
int main()
{
        FILE *p;
        int i,k=0;
        float x[10]={7.23,-1.5,5.24,2.1,-12.45,6.3,-5,3.2,-0.7,9.81},d,v=0;
        for(i=0;i<10;i++)
            v+=x[i];
        v=v/10;
        d=fabs(x[0]-v);
        p=fopen("Design1.dat","w");
        for(i=1;i<10;i++)
        if(fabs(x[i]-v)<d)
        {
            d=fabs(x[i]-v);
            k=i;
        }
        fprintf(p,"%.5f",x[k]);
        fclose(p);
        return 0;
}
```

运行结果：2.10000

计算机等级考试模拟题 2（二级 C）

说明：

（1）本试卷满分 100 分；考试时间为 90 分钟；

（2）考生应将所有试题的答案填写在答卷上。其中程序阅读与填空请在答卷上的各小题选项的对应位置上填“√”。

一、程序阅读与填空（24 小题，每小题 3 分，共 72 分）

1. 阅读下列程序说明和程序，在每小题提供的若干可选答案中，挑选一个正确答案。

【程序说明】

验证哥德巴赫猜想：任何一个大于 6 的偶数均可表示为两个素数之和。例如 6=3+3，8=3+5，…，18=7+11。将 6～20 之间的偶数表示成两个素数之和，打印时一行打印 5 组。要求定义和调用函数 prime(m)判断 m 是否为素数，当 m 为素数时返回 1，否则返回 0。素数就是只能被 1 和自身整除的正整数，1 不是素数，2 是素数。

运行示例：

```
6=3+3, 8=3+5, 10=3+7, 12=5+7, 14=3+11
16=3+13 18=5+13 20=3+17 18=7+11
```

【程序】

```
#include <stdio.h>
#include <math.h>
int prime(int m)
{
      int i, n;
      if(m == 1) return 0;
            n = sqrt(m);
      for(i = 2; i <= n; i++)
          if(m % i == 0) return 0;
      ____(1)____
}
int main()
{
      int count, i,number;
      count=0;
      for(number=6; number<=20;number=number+2)
      {
           for(i=3; i<=number/2;i=i+2)
                if(____(2)____)
                {
```

```
                printf("%d=%d+%d",number,i,number - i);
                count++;
                if(____(3)____) printf("\n");
                ____(4)____
            }
        }
        return 0;
    }
```

【供选择的答案】

(1) A. ;　　B. return 1;
　　C. return 0;　　D. else return 1;

(2) A. prime(i)!=0 || prime(number – i)!=0
　　B. prime(i)!=0 && prime(number – i)!=0
　　C. prime(i)==0 || prime(number – i)==0
　　D. prime(i)==0 && prime(number – i)==0

(3) A. count % 5 ==0　　B. count % 5!=0
　　C. (count+1)%5==0　　D. (count+1)%5!=0

(4) A. break;　　B. else break;
　　C. continue;　　D. ;

2. 阅读下列程序说明和程序，在每小题提供的若干可选答案中，挑选一个正确答案。

【程序说明】

输入 1 个正整数 *n*，计算下列算式的前 *n* 项之和。

S=1-1/3+1/5-1/7+…

运行示例：

```
Enter n: 2
Sum=0.67
```

【程序】

```
#include <stdio.h>
int main( )
{
        int a , flag, i, n;
        double item,sum;
        printf("Enter n: ");
        scanf("%d",&n);
        a = 1;
        ____(5)____;
        sum = 0;
        for(i = 1;____(6)____; i++)
        {
            ____(7)____;
            sum=sum +item;
            ____(8)____;
            a= a+2;
        }
        printf("Sum=%.2f\n",sum);
        return 0;
}
```

【供选择的答案】

（5）A. flag=0　　B. flag=-1
　　C. flag=n　　D. flag=1

（6）A. i>=n　　B. i<n
　　C. i>n　　D. i<=n

（7）A. item=flag/a　　B. item=1 /a
　　C. item=flag*1.0/a　　D. item=1.0/a

（8）A. flag=-1　　B. flag=0
　　C. flag=-flag　　D. flag=flag

3. 阅读下列程序说明和程序，在每小题提供的若干可选答案中，挑选一个正确答案。

【程序说明】

输入一行字符，统计并输出其中数字字符、英文字母和其他字符的个数。要求定义并调用函数 count(s, digit，letter，other)分类统计字符串 s 中数字字符、英文字母和其他字符的个数，函数形参 s 的类型是字符指针，形参 digit、letter、other 的类型是整型指针，函数类型是 void。

运行示例：

```
Enter characters:f(x,y)=5x+2y-6
Digit=3 letter=5 other=6
```

【程序】

```
#include <stdio.h>
void count (char *s, int * digit, int * letter, int * other)
{
        ____(9)____
        while(____(10)____)
        {
        if (*s>='0' && *s<='9')
                (*digit)++;
        else if ((*s>='a' && *s<='z')||(*s>='A' && *s<='z'))
                (*letter)++;
        else
                (*other)++;
        s++;
        }
}
int main()
{
        int i=0,digit,letter,other;
        char ch,str[80];
        printf("Enter characters: ");
        ch=getchar();
        while (____(11)____)
        {
           str[i]=ch;
           i++;
           ch=getchar();
        }
        str[i]='\0';
        ____(12)____;
        printf("digit=%d letter=%d other=%d\n", digit,letter,other);
        return 0;
```

```
}
```

【供选择的答案】

（9）A. int digit=0,letter=0,other=0;

B. int *digit=0,*letter=0,*other=0;

C. digit=letter=other=0;

D. *digit=*letter=*other=0;

（10）A. *s++ ！='\0'　　B. *s++ ！='\n'

C. *s！='\0'　　D. *s ！='\n'

（11）A. ch ！='\0'　　B. ch ！='\n'

C. ch =='\0'　　D. ch =='\n'

（12）A. count(str,&digit,&letter,&other)

B. count(&str,&digit,&letter,&other)

C. count(*str, digit, letter,other)

D. count(*str,*digit,*letter,*other)

4. 阅读下列程序并回答问题，在每小题提供的若干可选答案中，挑选一个正确答案。

【程序】

```
#include <stdio.h>
int main()
{
        int flag=0,i;
        int a[7]={8,9,7,9,8,9,7};
        for(i=0;i<7;i++)
        if(a[i]==7)
        {
              flag=I;
              break;
        }
        printf("%d\n",flag);
        flag=-1;
        for(i=6;i>=0;i--)
        if(a[i]==8)
        {
              break;
              flag=i;
        }
        printf("%d\n",flag);
        flag=0;
        for(i=0;i<7;i++)
        if(a[i]==9)
        {
              printf("%d",i);
        }
        printf("\n");
        flag=0;
        for(i=0;i<7;i++)
        if(a[i]==7) flag=i;
        printf("%d\n", flag);
        return 0;
}
```

（13）程序运行时，第 1 行输出＿＿(13)＿＿。

A. 2　　B. 0　　C. 3　　D. 6

（14）程序运行时，第 2 行输出＿＿(14)＿＿。

A. 4　　B. −1　　C. 0　　D. 5

（15）程序运行时，第 3 行输出＿＿(15)＿＿。

A. 2 4 6　　B. 4　　C. 1 3 5　　D. 6

（16）程序运行时，第 4 行输出＿＿(16)＿＿。

A. 2 4 6　　B. 2　　C. 1 3 5　　D. 6

5. 阅读下列程序并回答问题，在每小题提供的若干可选答案中，挑选一个正确答案。

【程序】

```
int f1(int n)
{
      if(n==1) return 1 ;
      else return f1(n-1) + n;
}
int f2(int n)
{
      switch(n)
      {
           case 1:
           case 2:return 1;
           default: return f2(n-1) + f2(n-2);
      }
}
void f3(int n)
{
      printf("%d",n%10);
      if(n/10 !=0) f3(n/10);
}
void f4(int n)
{
      if (n/10 !=0) f4(n/10);
      printf("%d", n%10);
}
#include <stdio.h>
int main()
{
      printf("%d\n",f1(4));
      printf("%d\n",f2(4));
      f3(123);
      printf("\n");
      f4(123);
      printf("\n");
      return 0;
}
```

（17）程序运行时，第 1 行输出＿＿(17)＿＿。

A. 10　　B. 24　　C. 6　　D. 1

（18）程序运行时，第 2 行输出＿＿(18)＿＿。

A. 1　　B. 3　　C. 2　　D. 4

（19）程序运行时，第 3 行输出＿＿(19)＿＿。

A. 123　　B. 3　　C. 321　　D. 1

（20）程序运行时，第 4 行输出___(20)___。

A. 1　　B. 123　　C. 3　　D. 321

6. 阅读下列程序并回答问题，在每小题提供的若干可选答案中，挑选一个正确答案。

【程序】

```
#include <stdio.h>
struct num{ int a,b;};
void f(struct num s[], int n)
{
        int index, j, k;
        struct num temp;
        for(k=0;k< n-1;k++)
        {
              index=k;
              for(j=k+1;j<n;j++)
                   if(s[j].b<s[index].b) index=j;
                   temp=s[index];
                   s[index]=s[k];
                   s[k]=temp;
        }
}
int main()
{
        int count, i, k, m, n, no;
        struct num s[100],*p;
        scanf("%d%d%d", &n, &m, &k);
        for(i=0;i<n; i++)
        {
              s[i].a=i+1;
              s[i].b=0;
        }
        p=s;
        count = no =0;
        while(no<n)
        {
              if(p->b==0)  count++;
              if(count==m)
              {
                   no++;
                   p->b=no;
                   count=0;
              }
              p++;
              if(p==s + n)
                   p=s;
        }
        f(s,n);
        printf("%d: %d\n", s[k-1].b, s[k-1].a);
        return 0;
}
```

（21）程序运行时，输入 5 4 3，输出___(21)___。

A. 3: 5　　B. 2: 3　　C. 1: 2　　D. 4: 1

（22）程序运行时，输入 5 3 4，输出 (22) 。

A. 3: 5　　B. 1: 2　　C. 4: 3　　D. 4: 2

（23）程序运行时，输入 7 5 2，输出 (23) 。

A. 1: 5　　B. 6: 1　　C. 2: 3　　D. 2: 4

（24）程序运行时，输入 4 2 4，输出 (24) 。

A. 3: 3　　B. 4: 2　　C. 2: 4　　D. 4: 1

二、程序编写，要求如下（共 28 分）

1. 定义函数 fact(n)计算 n 的阶乘：n!=1*2*……*n，函数形参 n 的类型是 int，函数类型是 double。

2. 定义函数 cal(x, e)计算下列算式的值，直到最后一项的值小于 e，函数形参 x 和 e 的类型都是 double，函数类型是 double。要求调用自定义函数 fact（n）计算 n 的阶乘，调用库函数 pow（x, n）计算 x 的 n 次幂。

S=x+x^2/2!+x^3/3!+x^4/4!+……

3. 定义函数 main()，输入两个浮点数 x 和 e，计算并输出下列算式的值，直到最后一项的值小于精度 e。要求调用自定义函数 cal（x，e）计算下列算式的值。

S=x+x^2/2!+x^3/3!+x^4/4!+……

参 考 答 案

一、程序阅读与填空（24 小题，每小题 3 分，共 72 分）

	A	B	C	D
（1）		√		
（2）		√		
（3）	√			
（4）	√			
（5）				√
（6）				√
（7）			√	
（8）			√	
（9）				√
（10）			√	
（11）		√		
（12）	√			

	A	B	C	D
（13）	√			
（14）		√		
（15）			√	
（16）				√
（17）	√			
（18）		√		
（19）			√	
（20）		√		
（21）	√			
（22）				√
（23）			√	
（24）				√

二、程序编写（共 28 分）

```
#include <stdio.h>
#include <math.h>
double fact(int n)
{
        double p=1;
        int i;
```

```
        for(i=1;i<=n;i++)
            p=p*i;
        return p;
}
double cal(double x,double e)
{
        double s=0,t;
        int i=1;
        do{
            t=pow(x,i)/fact(i);
            s=s+t;
            i++;
        }while(t>=e);
        return s;
}
int main()
{
        double x,e,s;
        scanf("%lf%lf",&x,&e);
        s=cal(x,e);
        printf("s=%f\n",s);
        return 0;
}
```

计算机等级考试 C 语言上机模拟题 2

1. 请务必仔细阅读下列信息，单击“回答”按钮，进行 C 语言调试【1】考试。

在考生文件夹的 paper 子文件夹下已有 modify1.c 文件。该文件中“__N__”是根据程序功能需要填充部分，请完成程序填充。(注意：不得加行、减行、加句、减句，否则后果自负）

程序功能：调用 find 函数，在输入的字符串中查找是否出现“the”这个单词。如果查找到，返回出现的次数；如果未找到，返回 0。

```
#include <stdio.h>
int find(char *str)
{
        char *fstr="the";
        int i=0,j,n=0;
        while (str[i]!='\0')
        {
            for(___(1)___)
            if (str[j+i]!=fstr[j])
                break;
            if (___(2)___)
                n++;
            i++;
        }
        return n;
}
int main()
{
        char a[80];
        gets(a);
        printf("%d",find(a));
        return 0;
}
```

2. 请务必仔细阅读下列信息，单击“回答”按钮，进行 C 语言设计【1】考试。

在考生文件夹的 paper 子文件夹下已有 design1.c 文件。设计编写并运行程序，完成以下功能：

计算数列 1，-1/3!，1/5!，-1/7!，……的和至某项的绝对值小于 1e-5 时为止（该项不累加），将结果以格式“%.6f”写入到考生文件夹中 paper 子文件夹下的新建文件 design1.dat 中。

```
#include <stdio.h>
#include <math.h>
int main()
{
        FILE *p;
        float s=1,t=1,i=3;
        /*
```

```
        *
        *
        *考生在这里添加代码
        *
        *
        */
        return 0;
}
```

3. 请务必仔细阅读下列信息，单击“回答”按钮，进行C语言调试【2】考试。

在考生文件夹的paper子文件夹下已有modify2.c文件。该文件中“****N****”的下一行中有错误，请改正。(注意：不得加行、减行、加句、减句，否则后果自负)。

程序功能：运行时输入整数n，输出n各位数字之和（例如：n=137，则输出11；n=521，则输出8）。

```
#include <stdio.h>
#include <math.h>
int main()
{
        int n,s=0;
        scanf("%d",&n);
        n=fabs(n);
        /******** 1 *******/
        while(n>1)
        {
            s=s+n%10;
            /******** 2 ******/
            n=n%10;
        }
        printf("%d\n",s);
        return 0;
}
```

4. 请务必仔细阅读下列信息，单击“回答”按钮，进行C语言设计【2】考试。

在考生文件夹的paper子文件夹下已有design2.c文件。设计编写并运行程序，完成以下功能：

数组元素x[i]、y[i]表示平面上某个点坐标，统计10个点中处在圆（方程为：(x-1)*(x-1)+(y+0.5)*(y+0.5)=25）内的点数k，并将变量k的值以格式“%d”写入到考生文件夹中paper子文件夹下的新建文件design2.dat中。

```
#include <stdio.h>#include <math.h>
int main()
{
        FILE *p;
        int i,k=0;
        float x[]={1.1,3.2,-2.5,5.67,3.42,-4.5,2.54,5.6,0.97,4.65};
        float y[]={-6,4.3,4.5,3.67,2.42,2.54,5.6,-0.97,4.65,-3.33};
        /*
        *
        *
        *考生在这里添加代码
        *
        *
        */
        return 0;
}
```

参考答案

1. 程序填空题。程序功能：程序功能：调用 find 函数，在输入的字符串中查找是否出现“the”这个单词。如果查找到，返回出现的次数；如果未找到，返回 0。

```
#include <stdio.h>
int find(char *str)
{
       char *fstr="the";
       int i=0,j,n=0;
       while (str[i]!='\0')
       {
           for( j=0;fstr[j]!='\0';j++ )
           if (str[j+i]!=fstr[j])
                break;
           if ( fstr[j]=='\0')
               n++;
           i++;
       }
       return n;
}
int main()
{
       char a[80];
       gets(a);
       printf("%d",find(a));
       return 0;
}
```

2. 程序设计题。程序功能：计算数列 1，-1/3!，1/5!，-1/7!，……的和至某项的绝对值小于 1e-5 时为止（该项不累加），将结果以格式“%.6f”写入到考生文件夹中 paper 子文件夹下的新建文件 design1.dat 中。

```
#include <stdio.h>
#include <math.h>
int main()
{
       FILE *p;
       float s=1,t=1,i=3;
       p=fopen("design1.dat","w");
       while(fabs(1/t) >= 1e-5)
       {
           t=-t* (i-1)*i;
           s=s+1/t;
           i+=2;
       }
       fprintf(p,"%.6f",s);
       fclose(p);
       return 0;
}
```

运行结果：0.841471

3. 程序改错题。程序功能：运行时输入整数 n，输出 n 各位数字之和（例如：n=137，则输出 11；n=521，则输出 8）。

```
#include <stdio.h>
#include <math.h>
int main()
{
        int n,s=0;
        scanf("%d",&n);
        n=fabs(n);
        /******** 1 *******/
        while(n!=0)
        {
            s=s+n%10;
            /******** 2 ******/
            n=n/10;
        }
        printf("%d\n",s);
        return 0;
}
```

4. 程序设计题。程序功能：数组元素 x[i]、y[i]表示平面上某个点坐标，统计 10 个点中处在圆（方程为：(x-1)*(x-1)+(y+0.5)*(y+0.5)=25）内的点数 k，并将变量 k 的值以格式“%d”写入到考生文件夹中 paper 子文件夹下的新建文件 design2.dat 中。

```
#include <stdio.h>
#include <math.h>
int main()
{
        FILE *p;
        int i,k=0;
        float x[]={1.1,3.2,-2.5,5.67,3.42,-4.5,2.54,5.6,0.97,4.65};
        float y[]={-6,4.3,4.5,3.67,2.42,2.54,5.6,-0.97,4.65,-3.33};
        for(i=0;i<10;i++)
             if(pow(x[i]-1,2)+pow(y[i]+0.5,2)<=25)
                  k++;
        p=fopen("design2.dat","w");
        fprintf(p,"%d",k);
        fclose(p);
        return 0;
}
```

运行结果：3

参考文献

[1] 陈宝明，潘云燕，刘小军. C语言程序设计（第3版）[M]. 北京：人民邮电出版社，2013.

[2] 骆红波，邓昶，刘锦萍. C语言程序设计实验指导（第3版）[M]. 北京：人民邮电出版社，2013.

[3] 教育部考试中心. 全国计算机等级考试二级教程——C语言程序设计（2013年版）[M]. 北京：高等教育出版社，2013.

[4] 杜友福. C语言程序设计（第三版）[M]. 北京：科学出版社，2012.

[5] 谭浩强. C程序设计（第四版）[M]. 北京：清华大学出版社，2010.

[6] 谭浩强. C程序设计（第四版）学习输导[M]. 北京：清华大学出版社，2010.

[7] K.N.King（美），吕秀锋译. C语言程序设计现代方法[M]. 北京：人民邮电出版社，2007.

[8] 李明. C语言程序设计教程[M]. 上海：上海交通大学出版社，2008.

[9] 万常选，舒蔚，骆斯文，刘喜平. C语言与程序设计方法[M]. 北京：科学出版社，2005.

[10] 周纯杰，刘正林，何顶新，周凯波. 标准C语言程序设计及应用[M]. 武汉：华中科技大学出版社，2005.

[11] 潘旭华，陈刚，姜书浩，赵玉刚. 大学C语言实用教程[M]. 北京：清华大学出版社，2011.

[12] 潘旭华，陈刚，姜书浩，赵玉刚. 大学C语言实用教程实验指导与习题[M]. 北京：清华大学出版社，2011.

[13] Jeri R.Hanly，Elliot B.Koffman（美），著. 潘蓉，郑海红，孟广兰，万波，译. C语言详解（第6版）[M]. 北京：人民邮电出版社，2010.

[14] 何钦铭，颜晖. C语言程序设计[M]. 北京：高等教育出版社，2007.

[15] 崔武子，赵重敏，李青. C程序设计教程（第2版）[M]. 北京：清华大学出版社，2007.

参考文献